여러분의 합격을 응원하는

해커스군무원의 특

FREE 군무원 행정학 **특강**

해커스군무원(army.Hackers.com) 접속 후 로그인 ▶
상단의 [무료특강 → 군무원 무료특강] 또는
[무료특강 → 교재 무료특강] 클릭하여 이용

📄 **OMR 답안지**(PDF)

해커스군무원(army.Hackers.com) 접속 후 로그인 ▶
상단의 [교재·서점 → 무료 학습 자료] 클릭 ▶
본 교재의 [자료받기] 클릭

🎟 해커스군무원 온라인 단과강의 **20% 할인쿠폰**

54CC4B63E5D535TD

해커스군무원(army.Hackers.com) 접속 후 로그인 ▶ 상단의 [나의 강의실] 클릭 ▶
[쿠폰/포인트] 클릭 ▶ 위 쿠폰번호 입력 후 이용

* 쿠폰 등록 후 7일간 사용 가능(ID당 1회에 한해 등록 가능)

🎟 해커스 회독증강 콘텐츠 **5만원 할인쿠폰**

ED37E4BC6C32EDG6

해커스공무원(gosi.Hackers.com) 접속 후 로그인 ▶ 상단의 [나의 강의실] 클릭 ▶
좌측의 [쿠폰등록] 클릭 ▶ 위 쿠폰번호 입력 후 이용

* 쿠폰 등록 후 7일간 사용 가능(ID당 1회에 한해 등록 가능)
* 월간 학습지 회독증강 행정학/행정법총론 개별상품은 할인쿠폰 할인대상에서 제외

✉ 합격예측 온라인 모의고사 응시권 + 해설강의 수강권

7EBBD266EA3A8LHG

해커스군무원(army.Hackers.com) 접속 후 로그인 ▶ 상단의 [나의 강의실] 클릭 ▶
[쿠폰/포인트] 클릭 ▶ 위 쿠폰번호 입력 후 합격예측 모의고사 페이지에서 이용

* ID당 1회에 한해 등록 가능

모바일 자동 채점 + 성적 분석 서비스

교재 내 수록되어 있는 문제의 채점 및 성적 분석 서비스를 제공합니다.

* 세부적인 내용은 해커스공무원(gosi.Hackers.com)에서 확인 가능합니다.

바로 이용하기 ▶

쿠폰 이용 관련 문의 1588-4055

단기 합격을 위한
해커스 커리큘럼

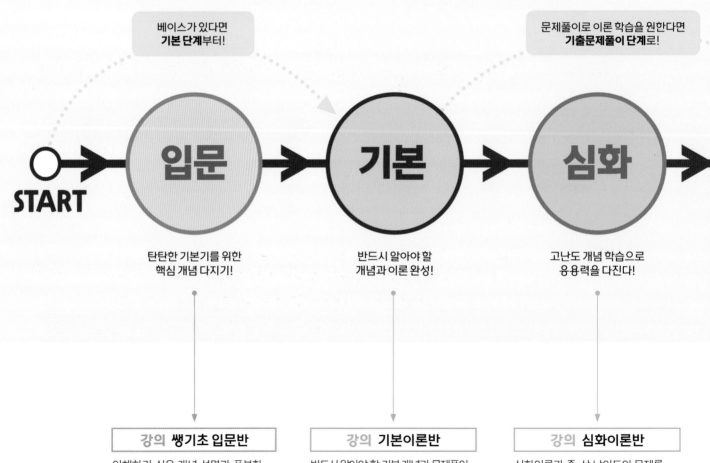

베이스가 있다면
기본 단계부터!

문제풀이로 이론 학습을 원한다면
기출문제풀이 단계로!

START

입문
탄탄한 기본기를 위한
핵심 개념 다지기!

기본
반드시 알아야 할
개념과 이론 완성!

심화
고난도 개념 학습으로
응용력을 다진다!

강의 **쌩기초 입문반**

이해하기 쉬운 개념 설명과 풍부한
연습문제 풀이로 부담 없이 기초를
다질 수 있는 강의

강의 **기본이론반**

반드시 알아야 할 기본 개념과 문제풀이
전략을 학습하여 핵심 개념 정리를
완성하는 강의

강의 **심화이론반**

심화이론과 중·상 난이도의 문제를
함께 학습하여 고득점을 위한 발판을
마련하는 강의

단계별 교재 확인 및
수강신청은 여기서!

army.Hackers.com

* 커리큘럼은 과목별·선생님별로 상이할 수 있으며, 자세한 내용은 해커스군무원 사이트에서 확인하세요.

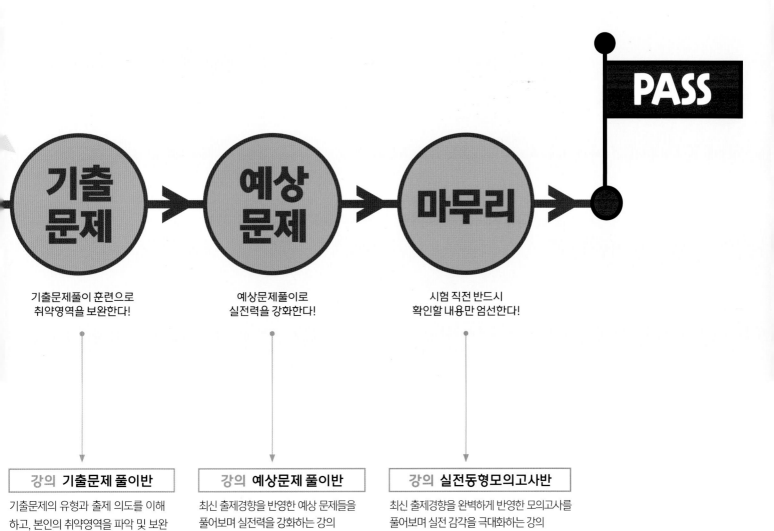

기출문제

기출문제풀이 훈련으로
취약영역을 보완한다!

예상문제

예상문제풀이로
실전력을 강화한다!

마무리

시험 직전 반드시
확인할 내용만 엄선한다!

PASS

강의 **기출문제 풀이반**

기출문제의 유형과 출제 의도를 이해
하고, 본인의 취약영역을 파악 및 보완
하는 강의

강의 **예상문제 풀이반**

최신 출제경향을 반영한 예상 문제들을
풀어보며 실전력을 강화하는 강의

강의 **실전동형모의고사반**

최신 출제경향을 완벽하게 반영한 모의고사를
풀어보며 실전 감각을 극대화하는 강의

강의 **봉투모의고사반**

시험 직전에 실제 시험과 동일한 형태의
모의고사를 풀어보며 실전력을 완성하는 강의

해커스군무원
명품 행정학
실전동형모의고사

해커스군무원

군무원 난이도에 딱 맞는 모의고사

해커스가 군무원 행정학의 난이도·경향을 완벽 반영하여 만들었습니다.

얼마 남지 않은 시험까지 모의고사를 풀며 실전 감각을 유지하고 싶은 수험생 여러분을 위해, 군무원 행정학 시험의 최신 출제 경향을 완벽 반영한 교재를 만들었습니다.

『해커스군무원 명품 행정학 실전동형모의고사』를 통해 12회분 모의고사로 행정학 실력을 완성할 수 있습니다.

실전 감각은 하루아침에 완성할 수 있는 것이 아닙니다. 실제 시험과 동일한 형태의 모의고사를 여러 번 풀어봄으로써 정해진 시간 안에 문제가 요구하는 바를 정확하게 파악하는 연습을 해야 합니다. 『해커스군무원 명품 행정학 실전동형모의고사』는 군무원 시험의 출제 경향을 반영하여, 회차별 25문항으로 구성된 실전동형모의고사 12회를 수록하였습니다. 이를 통해 실제 시험과 가장 유사한 형태로 실전에 철저히 대비할 수 있습니다. 또한 상세한 해설을 통해 군무원 행정학의 핵심 출제포인트를 확인할 수 있습니다.

『해커스군무원 명품 행정학 실전동형모의고사』는 군무원 행정학 시험에 최적화된 교재입니다.

제한된 시간 안에 문제 풀이는 물론 답안지까지 작성하는 훈련을 할 수 있도록 OMR 답안지를 수록하였습니다. 시험 직전, 실전과 같은 훈련 및 최신 출제 경향의 파악을 통해 효율적인 시간 안배를 연습하고 효과적으로 학습을 마무리할 수 있습니다.

**군무원 합격을 위한 여정,
해커스군무원이 여러분과 함께 합니다.**

실전 감각을 키우는 모의고사

실전동형모의고사

해설집 [책 속의 책]

 OMR 답안지 추가 제공

해커스군무원(army.Hackers.com) ▶
사이트 상단의 '교재·서점' ▶ 무료 학습 자료

: 이 책의 특별한 구성

문제집 구성

01 회 실전동형모의고사

제한시간: 20분 시작 시 분 ~ 종료 시 분 점수 확인 개/25개

실전동형모의고사

· 군무원 행정학 시험과 동일한 유형의
실전동형모의고사 12회분 수록

· 20분의 제한된 문제 풀이 시간을 통하여
효율적인 시간 안배 연습 가능

해커스군무원 실전동형모의고사 답안지

실전동형모의고사 답안지

실제 시험과 같이 시간 안에
답안지까지 작성하는 훈련을
함께할 수 있도록 OMR 답안지
수록

컴퓨터용 흑색사인펜만 사용

상세한 해설

빠른 정답 확인

모든 문제의 정답과 단원을
표로 한눈에 확인 가능

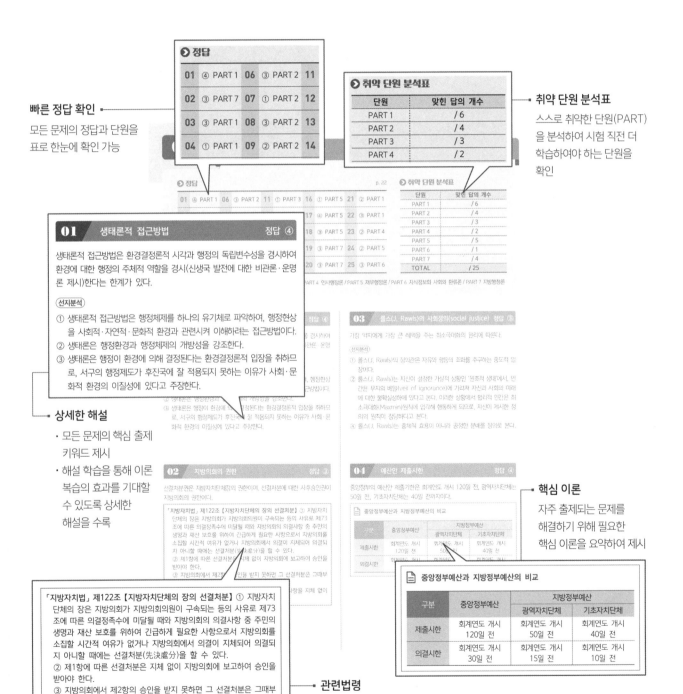

○ 정답

01	④ PART 1	06	③ PART 2	11
02	③ PART 7	07	① PART 2	12
03	③ PART 1	08	③ PART 2	13
04	① PART 1	09	② PART 2	14

○ 취약 단원 분석표

단원	맞힌 답의 개수
PART 1	/ 6
PART 2	/ 4
PART 3	/ 3
PART 4	/ 2

취약 단원 분석표

스스로 취약한 단원(PART)
을 분석하여 시험 직전 더
학습하여야 하는 단원을
확인

○ 정답   p. 22

01	④ PART 1	06	③ PART 2	11	① PART 3	16	③ PART 5	21	① PART 1
17	④ PART 5	22	① PART 1
18	③ PART 5	23	④ PART 4
19	③ PART 7	24	⑤ PART 5
20	③ PART 7	25	③ PART 6

○ 취약 단원 분석표

단원	맞힌 답의 개수
PART 1	/ 6
PART 2	/ 4
PART 3	/ 3
PART 4	/ 2
PART 5	/ 5
PART 6	/ 1
PART 7	/ 4
TOTAL	/ 25

PART 4 인사행정론 / PART 5 재무행정론 / PART 6 지식정보화 사회와 환류론 / PART 7 지방행정론

---

01 생태론적 접근방법   정답 ④

생태론적 접근방법은 환경결정론적 시각과 행정의 독립변수성을 경시하여
환경에 대한 행정의 주체적 역할을 경시(신생국 발전에 대한 비관론·운명
론 제시)한다는 한계가 있다.

〔선지분석〕
① 생태론적 접근방법은 행정체제를 하나의 유기체로 파악하여, 행정현상
   을 사회적·자연적·문화적 환경과 관련시켜 이해하려는 접근방법이다.
② 생태론은 행정환경과 행정체제의 개방성을 강조한다.
③ 생태론은 행정이 환경에 의해 결정된다는 환경결정론적 입장을 취하므
   로, 서구의 행정제도가 후진국에 잘 적용되지 못하는 이유가 사회·문
   화적 환경의 이질성에 있다고 주장한다.

상세한 해설

· 모든 문제의 핵심 출제
  키워드 제시
· 해설 학습을 통해 이론
  복습의 효과를 기대할
  수 있도록 상세한
  해설을 수록

03 롤스(J. Rawls)의 사회정의(social justice) 정답 ③

가장 약자에게 가장 큰 혜택을 주는 최소극대화의 원리에 따른다.

〔선지분석〕
① 롤스(J. Rawls)의 정의관은 자유와 평등의 조화를 추구하는 중도적 입
   장이다.
② 롤스(J. Rawls)는 자신이 설정한 가설적 상황인 '원초적 상태'에서, 인
   간은 무지의 베일(veil of ignorance)에 가려져 자신과 사회의 미래
   에 대한 불확실성하에 있다고 본다. 이러한 상황에서 합리적 인간은 최
   소극대화(Maximin)원칙에 입각해 행동하게 되므로, 자신이 제시한 정
   의의 원칙이 정당하다고 본다.
④ 롤스(J. Rawls)는 총체적 효용이 아니라 공정한 분배를 정의로 본다.

02 지방의회의 권한   정답 ③

선결처분권은 지방자치단체장의 권한이며, 선결처분에 대한 사후승인권이
지방의회의 권한이다.

「지방자치법」 제122조【지방자치단체의 장의 선결처분】 ① 지방자치
단체의 장은 지방의회가 지방의회의원이 구속되는 등의 사유로 제73
조에 따른 의결정족수에 미달될 때와 지방의회의 의결사항 중 주민의
생명과 재산 보호를 위하여 긴급하게 필요한 사항으로서 지방의회를
소집할 시간적 여유가 없거나 지방의회에서 의결이 지체되어 의결되
지 아니할 때에는 선결처분(先決處分)을 할 수 있다.
② 제1항에 따른 선결처분은 지체 없이 지방의회에 보고하여 승인을
받아야 한다.
③ 지방의회에서 제2항의 승인을 받지 못하면 그 선결처분은 그때부
터 효력을 상실한다.

04 예산안 제출시한   정답 ④

중앙정부의 예산안 제출기한은 회계연도 개시 120일 전, 광역자치단체는
50일 전, 기초자치단체는 40일 전까지이다.

중앙정부예산과 지방정부예산의 비교

구분	중앙정부예산	지방정부예산	
		광역자치단체	기초자치단체
제출시한	회계연도 개시 120일 전	회계연도 개시 50일 전	회계연도 개시 40일 전
의결시한			

핵심 이론

자주 출제되는 문제를
해결하기 위해 필요한
핵심 이론을 요약하여 제시

「지방자치법」 제122조【지방자치단체의 장의 선결처분】 ① 지방자치
단체의 장은 지방의회가 지방의회의원이 구속되는 등의 사유로 제73
조에 따른 의결정족수에 미달될 때와 지방의회의 의결사항 중 주민의
생명과 재산 보호를 위하여 긴급하게 필요한 사항으로서 지방의회를
소집할 시간적 여유가 없거나 지방의회에서 의결이 지체되어 의결되
지 아니할 때에는 선결처분(先決處分)을 할 수 있다.
② 제1항에 따른 선결처분은 지체 없이 지방의회에 보고하여 승인을
받아야 한다.
③ 지방의회에서 제2항의 승인을 받지 못하면 그 선결처분은 그때부
터 효력을 상실한다.
④ 지방자치단체의 장은 제2항이나 제3항에 관한 사항을 지체 없이
공고하여야 한다.

관련법령

문제 풀이에 참고하면 더
좋을 관련법령 수록

중앙정부예산과 지방정부예산의 비교

구분	중앙정부예산	지방정부예산	
		광역자치단체	기초자치단체
제출시한	회계연도 개시 120일 전	회계연도 개시 50일 전	회계연도 개시 40일 전
의결시한	회계연도 개시 30일 전	회계연도 개시 15일 전	회계연도 개시 10일 전

실전동형 모의고사

잠깐! 실전동형모의고사 전 확인사항

실전동형모의고사도 실전처럼 문제를 푸는 연습이 필요합니다.

- ✔ 휴대전화는 전원을 꺼주세요.
- ✔ 연필과 지우개를 준비하세요.
- ✔ 제한시간 20분 내 최대한 많은 문제를 정확하게 풀어보세요.

매 회 실전동형모의고사 전, 위 사항을 점검하고 시험에 임하세요.

01회 실전동형모의고사

제한시간: 20분 시작 시 분 ~ 종료 시 분 점수 확인 개/ 25개

01 행정학의 행태론적 접근방법의 특징으로 옳지 않은 것은?

① 종합학문적 접근방법
② 보편적 법칙성 추구
③ 환경과의 상호작용을 통한 진화과정 강조
④ 조직구조나 기능보다는 인간중심의 접근

02 규제개혁의 방향과 방식에 대한 설명으로 옳지 않은 것은?

① 정부의 규제정책을 심의·조정하고 규제의 심사·정비 등에 관한 사항을 종합적으로 추진하기 위하여 대통령 소속으로 규제개혁위원회를 둔다.
② 규제는 규제의 목적달성에 필요한 최소한의 범위에 국한되어야 한다.
③ 중앙행정기관의 장은 규제를 신설·강화·완화하려면 규제영향분석을 하고 규제영향분석서를 작성하여야 한다.
④ 규제개혁위원회는 위원장 2명을 포함한 20명 이상 25명 이하의 위원으로 구성한다.

03 행정이념에 대한 설명으로 옳지 않은 것은?

① 행정환경이 급변하는 경우, 주민이 원하는 서비스를 제공한다는 대응성은 합법성과 충돌할 가능성이 크다.
② 절차적 합리성은 목표에 비추어 적합한 행동이 선택되는 정도를 의미한다.
③ 효과성을 추구하는 과정에서 능률성의 희생이 발생될 수 있다.
④ 합법성은 행정활동에 대한 법의 우위를 보여주는 것으로, 근대 입헌민주주의의 이념과 상통하는 점이 있다.

04 정책의제설정모형에 대한 설명으로 가장 옳은 것은?

① 내부접근형은 대중의 지지를 획득하기 위한 공중의 제화 과정이 없다는 점에서 공중의제화 과정을 거치는 동원형과 다르다.
② 조합주의이론은 정책과정에서 국가의 역할이 소극적·제한적이라고 본다.
③ 외부주도형 정책의제설정은 주로 정부 내 최고 통치자나 고위정책결정자가 주도적으로 정부의제를 만드는 것을 의미한다.
④ 공고화형은 대중의 지지가 낮은 정책문제에 대한 정부의 주도적 해결을 설명한다.

05 공무원직장협의회 설립에 대한 설명으로 가장 옳지 않은 것은?

① 기관장이 4급 이상 공무원 및 이에 상당하는 공무원인 기관단위의 설립을 원칙으로 한다.
② 일반직공무원은 공무원직장협의회에 가입할 수 있다.
③ 기관단위로 설립하는 것을 원칙으로 하며 하나의 기관에 하나의 협의회만 설립이 가능하다.
④ 경찰공무원과 소방공무원은 공무원직장협의회에 가입할 수 없다.

06 넛지(nudge)의 특성으로 옳지 않은 것은?

① 넛지 방식으로 정책을 설계하는 것을 선택설계라고 한다.
② 넛지이론의 학문적 토대는 행동경제학이다.
③ 넛지이론은 정부 역할의 근거와 한계를 행동적 시장 실패와 정부실패로 본다.
④ 넛지이론에서 공무원상은 정치적 기업가이다.

07 다음 중 정책결정모형에 대한 설명으로 옳은 것을 모두 고른 것은?

> ㄱ. 사이버네틱스모형은 한정된 범위의 변수에만 관심 을 집중함으로써 불확실성을 통제하려는 모형이다.
> ㄴ. 만족모형은 제한된 합리성을 기초로 한다.
> ㄷ. 회사모형은 조직이 단일한 목표를 지닌 구성원들의 연합체라고 가정한다.
> ㄹ. 점증모형은 비가분적(indivisible) 정책의 결정에 적 용하기 용이한 모형이다.

① ㄱ, ㄴ
② ㄱ, ㄹ
③ ㄴ, ㄷ
④ ㄷ, ㄹ

08 재정에 관한 현행법령상 올바르지 않은 것은?

① 국가의 회계는 일반회계와 특별회계로 구분한다.
② 우체국보험특별회계, 국민연금기금, 공무원연금기금 등은 여유재원을 전입 또는 전출하여 통합적으로 활 용할 수 있다.
③ 국회의 사무총장, 법원행정처장, 헌법재판소의 사무 처장 및 중앙선거관리위원회의 사무총장은 「국가재 정법」을 적용할 때 중앙관서의 장으로 본다.
④ 계속비의 지출 연한은 그 회계연도부터 5년 이내로 한다. 다만, 사업규모 및 국가재원 여건을 고려하여 필요한 경우에는 예외적으로 10년 이내로 할 수 있다.

09 동기부여이론에 관한 설명으로 옳은 것은?

① 앨더퍼(Alderfer)의 욕구내용 중 관계욕구는 매슬로 (Maslow)의 생리적 욕구와 안전욕구에 해당한다.
② 매클리랜드(McClelland)의 성취동기이론은 모든 사 람이 비슷한 욕구의 계층을 갖고 있다고 보는 점에 서 매슬로(Maslow)의 이론을 계승하고 있다.
③ 동기부여이론은 일반적으로 내용이론과 형식이론으 로 분류된다.
④ 앨더퍼(Alderfer)의 ERG이론은 인간의 욕구를 계층 화한 점에서는 매슬로(Maslow)와 공통된 견해를 지 니고 있다.

10 조직이론에 대한 설명으로 옳지 않은 것은?

① 행정조직은 행정수요의 변동에 적응하는 탄력성을 가져야 한다.
② 신고전적 조직이론은 인간에 대한 관심을 불러 일으 켰고, 조직행태론 연구의 출발점이 되었다.
③ 신고전적 조직이론은 인간의 조직 내 사회적 관계와 더불어 조직과 환경의 관계를 중점적으로 다루었다.
④ 현대적 조직이론은 동태적이고 유기체적인 조직을 상정하며, 조직발전(OD)을 중시해 왔다.

11 조직문화의 기능에 대한 설명으로 옳지 않은 것은?

① 조직구성원의 사고와 행동에 방향을 제시하여 준다.
② 조직문화는 경계를 타파한다.
③ 조직구성원을 동일한 방향으로 응집시키고 결속시키는 역할을 한다.
④ 조직문화는 사회화 기능을 수행한다.

12 다음 중 조직의 사활이 환경에 의해 좌우되거나 결정된다는 환경결정론에 해당하는 것으로만 묶인 것은?

> ㄱ. 제도화이론
> ㄴ. 자원의존이론
> ㄷ. 전략적 선택이론
> ㄹ. 조직군생태학이론
> ㅁ. 조직경제학이론
> ㅂ. 공동체생태학이론

① ㄱ, ㄴ, ㅂ
② ㄱ, ㄹ, ㅁ
③ ㄴ, ㄷ, ㅂ
④ ㄷ, ㄹ, ㅁ

13 대표관료제에 대한 설명으로 옳지 않은 것은?

① 대표관료제는 내부통제의 한 방안이다.
② 관료의 전문성과 생산성 제고에 기여한다.
③ 구성론적 대표성 확보에 어려움이 있다.
④ 피동적 대표가 능동적 대표를 확보할 수 있다는 것을 전제로 한다.

14 우리나라 국가공무원에 대한 내용으로 옳지 않은 것은?

① 인사혁신처에 설치된 소청심사위원회는 위원장 1명을 포함한 5명 이상 7명 이하의 상임위원과 상임위원 수의 2분의 1 이상인 비상임위원으로 구성하되, 위원장은 정무직으로 보한다.
② 소속 장관은 소속 장관별로 경력직공무원으로 임명할 수 있는 고위공무원단직위 총수의 100분의 30의 범위에서 공모 직위를 지정하되, 중앙행정기관과 소속 기관 간 균형을 유지하도록 하여야 한다.
③ 재산등록사항의 심사와 그 결과의 처리를 위한 업무는 인사혁신처의 소관으로 한다.
④ 주식백지신탁 심사위원회의 위원장 및 위원은 대통령이 임명하거나 위촉한다. 이 경우 위원 중 3명은 국회가, 3명은 대법원장이 추천하는 자를 각각 임명하거나 위촉한다.

15 전문경력관제도에 대한 설명으로 옳지 않은 것은?

① 계급 구분과 직군 및 직렬의 분류를 적용하지 않는다.
② 임용권자는 전직시험을 거쳐 다른 일반직공무원을 전문경력관으로 전직시킬 수 있다.
③ 임용권자는 전직시험을 거쳐 전문경력관을 다른 일반직공무원으로 전직시킬 수 있다.
④ 인사혁신처장은 일반직공무원 직위 중 순환보직이 곤란하거나 장기 재직 등이 필요한 특수 업무 분야의 직위를 전문경력관직위로 지정할 수 있다.

16 현재 우리나라의 예산·결산제도에 대한 설명으로 옳은 것은?

① 세계잉여금에는 일반회계, 특별회계가 포함되고 기금은 제외된다.

② 정부가 제출한 결산서는 예산서와는 달리 상임위원회의 심사를 거치지 않고, 전문위원의 검토를 거친 후 예산결산특별위원회의 종합심사를 거쳐 본회의에 보고한다.

③ 세입·세출 결산의 검사는 국회가 한다.

④ 결산 결과 위법·부당한 지출이 확인된 경우, 예산집행을 무효화 할 수 있다.

17 자본예산에 대한 설명으로 옳지 않은 것은?

① 외부효과가 크고 장기간 국민경제에 효과를 유발하는 사회간접자본 투자에 적절하다.

② 수익자 부담 원칙에는 적절하지 않다.

③ 유효수요를 창출하여 불황을 극복하는 데 적절하다.

④ 인플레이션을 조장할 우려가 있다.

18 지방자치단체장의 권한 및 기능에 해당하지 않는 것은?

① 지방의회에 조례안을 제출할 수 있다.

② 지방공기업평가는 「지방공기업법」에 근거를 두고 있으며, 원칙적으로 지방자치단체장이 실시하되, 필요시 행정안전부장관이 실시할 수 있다.

③ 주민에게 과도한 부담을 주거나 중대한 영향을 미치는 지방자치단체의 주요 결정사항 등에 대하여 주민투표에 부칠 수 있다.

④ 법령 또는 조례의 범위에서 그 권한에 속하는 사무에 관하여 규칙을 제정할 수 있다.

19 행정협의조정위원회와 중앙지방협력회의에 대한 설명으로 옳은 것은?

① 지역 간 균형발전 또는 지방자치단체의 재정 및 세제에 영향을 미치는 국가 정책에 관한 사항을 심의하기 위해 행정협의조정위원회를 둔다.

② 중앙지방협력회의의 의장은 대통령이 위촉하는 민간위원이 된다.

③ 시·군 및 자치구의회의 의장이 상호 간의 교류와 협력을 증진하고 공동의 문제를 협의하기 위하여 설립한 전국적 협의체의 대표자는 중앙지방협력회의의 구성원이 된다.

④ 대통령 소속으로 행정협의조정위원회를 둔다.

20 티부(C. Tiebout)모형의 가정으로 옳지 않은 것은?

① 지방정부의 재원에 국고보조금은 포함되지 않아야 한다.

② 지방정부의 공공서비스에 외부효과가 발생하지 않아야 한다.

③ 경쟁의 원리에 의해 지방행정의 민주성과 형평성을 높일 수 있다는 가능성을 제시하고 있다.

④ 다수의 소규모 지방자치단체가 존재해야 한다.

21 정부에서 운영 중인 적극행정에 대한 설명으로 가장 옳지 않은 것은?

① 「적극행정 운영규정」은 적극행정을 "공무원이 불합리한 규제를 개선하는 등 공공의 이익을 위해 창의성과 전문성을 바탕으로 적극적으로 업무를 처리하는 행위"로 정의하고 있다.

② 공무원이 적극행정을 추진한 결과에 대해서는 고의 또는 중대한 과실이 없는 경우에 징계면제를 받을 수 있다.

③ 적극행정위원회의 위원장은 중앙행정기관장이다.

④ 중앙부처의 적극행정 추진체계상 적극행정 총괄 및 제도운영은 인사혁신처가 담당하고 있다.

22 다음 중 정부규제에 대한 설명으로 옳은 것만을 고르면?

> ㄱ. 관리규제란 정부가 피규제자가 만든 목표 달성계획의 타당성을 평가하고 그 이행을 요구하는 방식으로, 식품위해요소 중점관리기준(HACCP)이 대표적 예이다.
>
> ㄴ. 포지티브 규제는 원칙허용·예외금지를 의미하는 것으로, 명시적으로 금지하는 것 이외에는 모든 것이 자유롭다.
>
> ㄷ. 포획이론은 정부가 피규제자에게 포획됨으로써 일반 시민이 아닌 특정 집단의 사익을 옹호한다고 말한다.
>
> ㄹ. 윌슨(Wilson)의 규제정치이론에 따르면 고객정치 상황에서는 응집력이 강한 소수의 편익 수혜자와 소수의 비용 부담자가 격렬하게 충돌할 가능성이 있다.
>
> ㅁ. 규제피라미드는 규제를 지키지 않는 행위를 막기 위해 또 다른 새로운 규제가 반복해서 생기는 현상을 말한다.

① ㄱ, ㄴ, ㄷ

② ㄱ, ㄷ, ㅁ

③ ㄱ, ㄹ, ㅁ

④ ㄴ, ㄷ, ㄹ

23 나카무라(R. Nakamura)와 스몰우드(F. Smallwood)의 정책집행 유형에 대한 설명으로 가장 옳지 않은 것은?

① 고전적 기술관료형은 정책결정자가 구체적 목표를 설정하고 집행자에게 기술적 문제에 관한 권한을 위임하는 유형이다.

② 지시적 위임형은 정책결정자가 목표를 설정하고 집행자에게 기술적·행정적 권한을 위임하는 유형이다.

③ 재량적 실험가형은 정책결정자가 추상적 목표를 제시하고 집행자와 목표 또는 목표 달성 수단에 대해 협상하는 유형이다.

④ 관료적 기업가형은 정책결정자가 형식상 결정권을 가지고 집행자는 정책결정의 권한을 장악하며 정책 과정의 통제권을 행사하는 유형이다.

24 다음 중 민츠버그(H. Mintzberg)의 조직성장경로모형에 대한 설명으로 옳은 것만을 모두 고르면?

> ㄱ. 단순구조(simple structure)는 한 사람이나 소수에게 집권화되며, 환경변화에 대응하기 위한 신속한 의사결정에 적합하다.
>
> ㄴ. 전문적 관료제(professional bureaucracy)는 핵심운영 중심의 구조이며, 복잡하고 안정적인 환경에 적합하다.
>
> ㄷ. 사업부 조직(divisionalized form)은 참모 중심의 신축적이고 혁신적인 조직구조이다.
>
> ㄹ. 핵심운영 부문(operating core)은 조직의 제품이나 서비스를 생산해내는 기본적인 일들이 발생하는 곳이다.
>
> ㅁ. 지원 스태프 부문(support staff)은 기본적인 과업 흐름 내에서 발생하는 조직의 문제를 지원하는 모든 전문가로 구성되어 있다.

① ㄱ, ㄴ, ㄹ

② ㄱ, ㄴ, ㅁ

③ ㄱ, ㄷ, ㅁ

④ ㄴ, ㄷ, ㄹ

25 관료의 예산극대화모형에 대한 설명으로 옳은 것은?

① 관료와 정치인은 쌍방독점의 관계이다.

② 관료는 사회후생의 극대화를 위해 노력한다.

③ 관료는 한계편익과 한계비용이 교차하는 점에서 공공서비스를 공급하려 한다.

④ 윌다브스키(Wildavsky)가 주장한 것으로, 관료는 소속 부서의 예산규모를 극대화한다.

01회 실전동형모의고사
모바일 자동 채점 + 성적 분석 서비스
바로 가기 (gosi.Hackers.com)

QR코드를 이용하여 해커스공무원의 '모바일 자동 채점 + 성적 분석 서비스'로 바로 접속하세요!

* 해커스공무원 사이트의 가입자에 한해 이용 가능합니다.

02회 실전동형모의고사

제한시간: 20분 **시작** 시 분 ~ **종료** 시 분 **점수 확인** 개/ 25개

01 신제도주의에 관한 설명으로 옳은 것은?

① 합리적 선택 제도주의의 연장선상에서 오스트롬(E. Ostrom)은 '공유재의 비극'의 해결방안으로 공동체 중심의 자치제도를 제시한다.

② 역사적 제도주의는 서로 다른 국가들 사이의 제도가 유사해지는 현상을 설명하는데 유리하다.

③ 신제도주의는 그동안 내생변수로만 다루어 오던 정책 혹은 행정환경을 외생변수와 같이 직접적인 분석대상에 포함시켜 종합·분석적인 연구에 기여하고 있다.

④ 사회학적 제도주의는 연역적 방법에 주로 의존한다.

02 지방자치단체장의 직무이행명령에 대한 설명 중 가장 옳지 않은 것은?

① 주무부장관은 시·도지사가 시장·군수 및 자치구의 구청장에게 이행명령을 하였으나 이를 이행하지 아니한 데 따른 대집행 등을 하지 아니하는 경우에는 시·도지사에게 기간을 정하여 대집행 등을 하도록 명할 수 있을 뿐이지, 그 기간에 대집행 등을 하지 아니하면 주무부장관이 직접 대집행 등을 할 수는 없다.

② 주무부장관은 지방자치단체장이 국가위임사무에 대한 이행명령을 이행하지 아니하면 지방자치단체의 비용부담으로 대집행하거나 행정상·재정상 필요한 조치를 할 수 있다.

③ 지방자치단체장은 주무부장관의 이행명령에 이의가 있으면 이행명령서를 접수한 날부터 15일 이내에 대법원에 소를 제기할 수 있다.

④ 지방자치단체장은 이행명령의 집행을 정지하게 하는 집행정지결정을 신청할 수 있다.

03 롤스(J. Rawls)의 사회정의(social justice)에 대한 설명으로 옳지 않은 것은?

① 롤스(J. Rawls)의 정의론은 자유와 평등의 조화를 추구하는 중도적 입장을 취하고 있다.

② 이념적·가설적 상황으로서 원초적 상태를 설정하였고, 사회계약론의 입장에서 정의의 원리를 도출한다.

③ 원초적 상태하에서 합리적 인간은 최대극소화원리에 따른다고 본다.

④ 현저한 불평등 위에서는 사회의 총체적 효용 극대화를 추구하는 공리주의가 정당화될 수 없다고 본다.

04 고용노동부의 인증을 받고 활동하고 있는 사회적 기업에 대한 설명으로 옳은 것은?

① 사회적 기업은 취약계층에 대한 일자리 창출과 사회서비스 수요에 대한 공급확대 정책으로 시작되었다.

② 이익을 재투자하거나 그 일부를 연계기업에 배분할 수 있다.

③ 한국의 「사회적 기업 육성법」에 규정된 사회적 기업은 취약계층에게 사회서비스 또는 일자리를 제공하거나 지역사회에 공헌함으로써 지역주민의 삶의 질을 높이는 등의 사회적 목적을 추구하면서 재화 및 서비스의 생산·판매 등 영업활동을 하는 기업으로서 법 제7조에 따라 기획재정부장관의 인증을 받은 기업을 말한다.

④ 고용노동부장관은 매년 사회적 기업 육성 기본계획을 수립·시행하여야 한다.

05 오스본(Osborne)과 프래스트릭(Plastrik)이 제시한 정부재창조의 전략에 대한 설명으로 옳지 않은 것은?

① 문화전략(cultural strategy)은 기업가적 조직문화를 추구하는 것이다.

② 결과전략(consequence strategy)은 직무성과의 결과를 확립하기 위하여 경쟁관리·성과관리를 추진하는 것이다.

③ 고객전략(customer strategy)은 정부조직의 책임을 대상으로 하고, 고객에 대한 정부의 책임확보와 고객에 의한 선택의 확대를 추구하는 것이다.

④ 통제전략(control strategy)은 권력을 대상으로 하고, 관료의 권력의 비대화나 남용을 방지하기 위해 외부통제를 강화하는 것이다.

06 정책결정모형에 대한 설명으로 가장 옳은 것은?

① 만족모형에서는 정책대안의 분석과 비교가 총체적·종합적으로 이루어진다.

② 점증주의 모형은 정책결정자나 정책분석가가 절대적 합리성을 가지고 있고, 주어진 상황하에서 목표의 달성을 극대화할 수 있는 최선의 정책대안을 찾아낼 수 있다고 본다.

③ 혼합주사모형은 거시적 맥락의 근본적 결정에 해당하는 부분에서는 합리모형의 의사결정 방식을 따른다.

④ 최적모형에서 정책결정자의 직관적 판단은 정책결정의 중요한 요인으로 인정되지 않는다.

07 정책문제의 구조화 방법의 일종인 브레인스토밍(brain storming)에 대한 설명으로 옳지 않은 것은?

① 아이디어 개발과 아이디어 평가는 동시에 이루어져야 한다.

② 참가자들이 독창적 의견을 가능한 많이 내도록 노력해야 하므로, 이미 제시된 여러 아이디어를 종합하여 새로운 아이디어를 만들어내는 편승기법(piggy backing)의 사용을 인정한다.

③ 아이디어 평가는 첫 단계에서 모든 아이디어가 총망라된 다음에 시작되어야 한다.

④ 아이디어 개발단계에서의 브레인스토밍 활동의 분위기는 개방적이고 자유롭게 유지되어야 한다.

08 비용효과(cost-effectiveness)분석에 대한 설명으로 옳은 것은?

① 비용효과분석은 산출물을 금전적 가치로 환산하기 어렵거나, 산출물이 이질적인 사업의 평가에 주로 이용되고 있다.

② 비용효과분석은 비용과 효과가 서로 다른 단위로 측정되기 때문에 총효과가 총비용을 초과하는지의 여부에 대한 직접적 증거를 제시할 수 없다.

③ 시장가격의 메커니즘에 전적으로 의존한다.

④ 국방, 치안, 보건 등의 영역에 적용하는 데는 한계가 있다.

09 정책평가의 타당성에 대한 설명으로 옳지 않은 것은?

① 두 변수 A와 B의 관계에 있어서 실제로는 관계가 있는데도 없는 것으로 나타나게 하는 제3의 변수(Z)를 억제변수라 한다.

② 호손효과(Hawthone Effect)란 자신이 실험대상에 속했다고 간주하면 평상시와 다른 행동을 보이는 것으로, 이는 내적 타당성을 저해하는 요인이다.

③ 외적 타당성은 조작화된 구성요소들 가운데서 관찰된 효과들이 다른 이론적 구성요소들에게까지도 일반화 될 수 있는 정도를 의미한다.

④ 프로그램논리모형은 평가의 타당성을 제고한다.

10 조직발전(OD)에 대한 설명으로 가장 옳지 않은 것은?

① 조직발전은 구조·형태·기능 등을 바꾸고, 조직의 환경 변화에 대한 대응능력과 문제해결능력을 향상시키려는 관리전략이다.

② 조직 전체의 변화를 추구하는 계획적이고 의도적인 개입방법이다.

③ 외부의 전문가들이 참여하는 하향적 개혁 관리방식이다.

④ 감수성훈련은 환경과 단절시킨 상태에서 교육훈련이 이루어진다.

11 매슬로우(Maslow)의 욕구계층이론에 대한 설명으로 옳지 않은 것은?

① 개인차를 고려한 다양한 욕구 단계를 설정하고 있다.
② 하나의 욕구가 충족되면 더 이상 동기(욕구)가 유발되지 않는다.
③ 동기는 욕구의 계층에 따라 순차적으로 발로한다고 주장한다.
④ 욕구의 계층에서 하위에 있는 3가지 욕구를 결핍욕구(deficiency needs)라 하며, 상위에 있는 2가지 욕구를 성장욕구(growth needs)라 한다.

12 「책임운영기관의 설치·운영에 관한 법률」의 내용으로 옳지 않은 것은?

① 행정안전부장관은 5년 단위로 책임운영기관의 관리 및 운영 전반에 관한 중기관리계획을 수립한다.
② 중앙책임운영기관의 장의 임기는 2년으로 하되, 한 차례만 연임할 수 있다.
③ 소속책임운영기관에는 소속기관을 둘 수 있다.
④ 중앙책임운영기관의 장은 고위공무원단에 속하는 공무원을 포함한 소속 공무원에 대한 일체의 임용권을 가진다.

13 중앙정부, 광역자치단체, 기초자치단체가 각각 국회나 지방의회에 회계연도가 개시되기 며칠 전까지 예산안을 제출하는지에 대한 제출시한을 연결한 것으로 옳은 것은?

① 30일 - 15일 - 10일
② 30일 - 20일 - 15일
③ 90일 - 40일 - 30일
④ 120일 - 50일 - 40일

14 「보조금 관리에 관한 법률」에 대한 설명으로 옳지 않은 것은?

① 국가는 보조금의 예산 계상 신청이 없는 보조사업의 경우에도 국가시책 수행상 부득이하여 대통령령으로 정하는 경우에는 필요한 보조금을 예산에 계상할 수 있다.
② 중앙관서의 장은 보조사업을 수행하려는 자로부터 신청받은 보조금의 명세 및 금액을 조정하여 기획재정부장관에게 보조금 예산을 요구하여야 한다.
③ 보조사업을 수행하려는 자는 매년 중앙관서의 장에게 보조금의 예산 계상(計上)을 신청하여야 한다.
④ 기준보조율에서 일정 비율을 빼는 차등보조율은 「지방교부세법」에 따른 보통교부세를 교부받는 지방자치단체에 대하여만 적용할 수 있다.

15 「국가재정법」상 기금에 관한 설명으로 올바르지 않은 것은?

① 정부는 기금운용계획안을 회계연도 개시 120일 전까지 국회에 제출하여야 한다.
② 기금관리주체(기금관리주체가 중앙관서의 장이 아닌 경우에는 소관 중앙관서의 장을 말한다)는 기금운용계획 중 주요항목 지출금액을 변경하고자 하는 때에는 기획재정부장관과 협의·조정하여 마련한 기금운용계획변경안을 국무회의의 심의를 거쳐 대통령의 승인을 얻은 후 국회에 제출하여야 한다.
③ 기금관리주체는 기금의 관리·운용에 관한 중요한 사항을 심의하기 위하여 기금별로 기금운용심의회를 설치하여야 한다.
④ 금융성 기금 외의 기금은 주요항목 지출금액의 변경 범위가 10분의 3 이하는 기금운용계획변경안을 국회에 제출하지 아니하고 대통령령으로 정하는 바에 따라 변경할 수 있다.

16 전통적 예산원칙과 대비되는 현대적 예산원칙으로 옳은 것을 모두 고른 것은?

> ㄱ. 모든 정부기관은 다양한 예산절차와 형식을 활용함으로써 효율적으로 예산을 운용해야 한다.
> ㄴ. 예산은 주어진 목적, 금액, 시간에 따라 한정된 범위 내에서 집행되어야 한다.
> ㄷ. 예산의 편성·심의·집행 등은 정부의 각 행정기관으로부터 올라오는 보고에 기초하여 이루어져야 한다.
> ㄹ. 예산구조나 과목은 국민들이 이해하기 쉽게 단순해야 한다.

① ㄱ, ㄴ
② ㄱ, ㄷ
③ ㄴ, ㄷ
④ ㄴ, ㄹ

17 정부가 국가재정의 효율적 운용을 위해 도입한 제도로 가장 옳지 않은 것은?

① 국가재정운용계획의 수립
② 재정활동에 대한 성과관리체계의 구축
③ 회계와 기금 간 여유재원의 전입과 전출
④ 추가경정예산안 편성사유의 명문화

18 다음 중 공무원 평정방법에 대한 설명으로 옳지 않은 것은?

① 도표식 평정척도법은 전형적인 평정방법으로 직관과 선험에 근거하여 평가요소를 결정하기 때문에 작성이 용이하지 않고, 비경제적이라는 단점이 있다.
② 도표식 평정척도법은 평정요소와 등급의 추상성이 높기 때문에 평정자의 자의적 해석에 의한 평가가 이루어지기 쉽다는 단점이 있다.
③ 목표관리제 평정법은 참여를 통한 명확한 목표의 설정과 개인과 조직 간 목표의 통합을 추구한다.
④ 직무성과계약제는 주로 개인의 성과평가제도로 조직 전반의 성과관리를 중심으로 하는 균형성과지표(BSC)와 구분된다.

19 조직구조 설계 시 고려해야 할 기본요소에 관한 설명으로 옳지 않은 것은?

① 누구에게 보고하는지를 정하는 명령체계
② 조직의 일차적 목표와 관련된 사업을 수행하는 참모와 이를 지원하는 계선
③ 의사결정이 이루어지는 계층이 위치한 수준을 의미하는 집권과 분권
④ 조직 내에 존재하는 분화의 정도

20 법률상 주민의 권리에 관한 설명으로 옳지 않은 것은?

① 주민은 그 지방자치단체와 그 장의 권한에 속하는 사무의 처리가 법령에 위반되거나 공익을 현저히 해친다고 인정되면 시·도의 경우에는 주무부장관에게, 시·군 및 자치구의 경우에는 시·도지사에게 감사를 청구할 수 있다.
② 지방의회는 주민청구조례안이 수리된 날부터 1개월 이내에 주민청구조례안을 의결하여야 한다.
③ 행정기구의 설치·변경에 관한 사항은 주민투표에 부칠 수 없다.
④ 공공시설의 설치를 반대하는 사항은 주민조례청구 대상에서 제외한다.

21 공익의 실체설과 과정설에 관한 설명으로 옳은 것을 모두 고른 것은?

> ㄱ. 플라톤(Plato)과 루소(Rousseau) 모두 공익 실체설을 주장하였다.
> ㄴ. 실체설은 개인이나 집단 사이의 이해를 조정하는 행정의 조정자 역할을 강조한다.
> ㄷ. 과정설은 이해당사자 사이의 협상과 타협을 통해 규범적 절대가치에 도달할 수 있다고 본다.
> ㄹ. 「지방재정법」에 규정된 주민참여예산제도의 준수를 통해 지방자치단체의 예산을 배분하는 것은 과정설과 연관된다.

① ㄱ, ㄴ
② ㄱ, ㄹ
③ ㄴ, ㄷ
④ ㄱ, ㄷ, ㄹ

22 정부실패에 대한 설명으로 가장 옳지 않은 것은?

① 니스카넨(W. A. Niskanen)은 미국 국방성 관료들의 예산극대화 행동을 연구하여 정부실패의 근거를 찾았다.
② 파생적 외부효과로 인한 정부실패는 규제완화의 방식으로 대응할 수 있다.
③ 파레토 효율(pareto efficiency)을 달성하기 어려운 시장의 상황은 정부실패의 원인이다.
④ 정부가 재화나 서비스를 직접 독점적으로 제공하기 때문에 발생하는 관리상의 비효율성을 X – 비효율성이라고 한다.

23 공무원의 정치적 중립을 완화해야 한다는 주장의 논거로 가장 옳지 않은 것은?

① 정치와 행정은 현실적으로 분리하기 어렵고 유기적으로 협력해야 한다.
② 공무원은 국민 전체에 대한 봉사자로서 불편부당한 직무활동을 통하여 공익성과 객관성을 확보할 수 있다.
③ 공무원의 정치적 중립의 개념은 정치적 민주주의의 확립으로 실적주의가 정착되고 있는 시대의 상황에 맞지 않으므로 적극적 개념으로 변화해야 한다.
④ 지나친 정치적 중립의 강조는 공무원집단을 오히려 폐쇄적으로 만들 수 있다.

24 우리나라 예산(안)과 법률(안)의 의결방식에 대한 설명으로 가장 옳지 않은 것은?

① 법률안에 대해서는 대통령의 거부권 행사가 가능하지만, 예산은 거부권을 행사할 수 없다.
② 예산으로 법률의 개폐가 불가능하지만, 법률로는 예산을 변경할 수 있다.
③ 법률안과 달리 예산안은 정부만이 편성하여 제출할 수 있다.
④ 예산안을 심의할 때 국회는 정부가 제출한 예산안의 범위 내에서 삭감할 수 있고, 정부의 동의 없이 지출예산의 각 항의 금액을 증가하거나 새 비목을 설치할 수 없다.

25 옴부즈만제도에 대한 설명으로 옳은 것은?

① 1809년 스웨덴에서 처음 채택된 옴부즈만은 입법부 소속으로, 직무수행상 의회의 간섭과 통제를 받았다.
② 옴부즈만에 민원을 신청할 수 있는 사항은 공무원의 불법행위에 한정된다.
③ 국민권익위원회는 국무총리 소속의 옴부즈만이다.
④ 국민권익위원회는 직권조사권을 가지고 있어, 고충민원 신청이 없어도 사전심사와 구제가 가능하다.

02회 실전동형모의고사
모바일 자동 채점+성적 분석 서비스
바로 가기 (gosi.Hackers.com)

QR코드를 이용하여 해커스공무원의 '모바일 자동 채점+성적 분석 서비스'로 바로 접속하세요!

* 해커스공무원 사이트의 가입자에 한해 이용 가능합니다.

03회 실전동형모의고사

제한시간: 20분 **시작** 시 분 ~ **종료** 시 분 점수 확인 개/ 25개

01 공공서비스에 대한 설명으로 옳지 않은 것은?

① 공유재(commonpool goods)는 잠재적 사용자의 배제가 불가능 또는 곤란한 자원이다.
② 공유지의 비극(tragedy of commons)은 개인의 합리성과 집단의 합리성이 충돌하는 딜레마 현상이다.
③ 노벨상을 수상한 오스트롬(E. Ostrom)은 정부의 규제에 의해 공유자원의 고갈을 방지할 수 있다는 보편적 이론을 제시하였다.
④ 공공재(public goods)의 성격을 가진 재화와 서비스는 시장에 맡겼을 때 바람직한 수준 이하로 공급될 가능성이 높다.

02 정부규제에 대한 설명으로 옳은 것은?

① 환경규제 완화 상황인 경우에는 비용이 넓게 분산되고 감지된 편익이 좁게 집중되는 고객정치의 상황이 된다.
② 윌슨(J. Q. Wilson)은 규제로 인한 비용은 분산되고 규제의 편익이 집중되는 상황을 이익집단정치로 정의 하였다.
③ 정부실패 원인 중 파생적 외부효과의 문제를 해결하기 위한 최선의 대안으로 민영화를 추진할 수 있다.
④ 우리나라 규제영향분석은 규제를 완화하거나 신설·강화 시 활용되고 있다.

03 정치와 행정의 관계에 대한 설명으로 옳은 것은?

① 윌슨(W. Wilson)은 『행정의 연구』에서 정치와 행정의 유사성에 초점을 두고, 정부가 수행하는 업무들을 과학적으로 연구해야 한다고 주장하였다.
② 사이먼(H. Simon)은 『행정행태론』에서 정치적 요인과 가치문제를 중심으로 조직 내 개인들의 의사결정과정을 분석하였다.
③ 애플비(P. Appleby)는 『거대한 민주주의』에서 현실의 행정과 정치 간 관계는 연속적·순환적·정합적이기 때문에 실제 정책형성 과정에서 정치와 행정을 구분하는 것은 적절하다고 주장하였다.
④ 디목(Dimock)은 정치행정일원론을 주장하였다.

04 체제론적 접근방법에 대한 설명으로 옳지 않은 것은?

① 행정과 환경과의 교호작용을 강조한다.
② 계서적 관점을 중시한다.
③ 안정적인 선진국의 행정 현상을 연구하는 데 적합하다.
④ 정태성과 현상유지적 성격을 지니므로 시간중시적 관점을 비판한다.

05 바흐라흐와 바라츠(P. Bachrach & M. Baratz)의 무의사결정론에 관한 설명으로 옳은 것을 모두 고른 것은?

ㄱ. 무의사결정은 의사결정자의 가치나 이익에 대한 잠재적이거나 현재적인 도전을 억압하거나 방해하는 결과를 초래하는 결정을 의미한다.
ㄴ. 무의사결정은 정책의제 채택과정과 정책결정에서 나타나며 집행과정에서는 일어나지 않는다.
ㄷ. 무의사결정을 추진하기 위하여 편견의 동원이 이용되기도 한다.
ㄹ. 엘리트론을 비판하면서 다원론을 계승·발전시킨 신다원론적 이론이다.

① ㄱ, ㄴ
② ㄱ, ㄷ
③ ㄱ, ㄹ
④ ㄴ, ㄹ

06 갈등의 유형에 대한 설명으로 옳지 않은 것은?

① 목표나 가치의 성격과 관련해 선택 상황에서 두 가지의 대안이 모두 선택하고자 하는 대안일 경우 겪는 갈등을 접근 - 접근 갈등이라 한다.

② 관료제적 갈등은 이해당사자 간의 갈등을 말한다.

③ 체제적 갈등은 동일 수준의 기관 간·개인 간에 나타나는 갈등을 말한다.

④ 전략적 갈등은 조직구조의 변화를 초래하는 갈등을 말한다.

07 정책집행수단 중 바우처(voucher)제도의 특징에 대한 설명으로 옳지 않은 것은?

① 주민 대응성을 제고하고 저소득층을 지원하는 성격이 강하다.

② 시장에 존재하는 다양한 공급주체를 활용한다.

③ 소비자가 아닌 공급자에게 서비스의 선택권을 부여한다.

④ 민간부문을 활용하지만 여전히 최종적인 책임은 정부에 있다.

08 관련자들이 서면으로 대안에 대한 아이디어를 제출하도록 하고, 모든 아이디어가 제시된 이후 제한된 토의를 거쳐 투표로 의사결정을 하는 집단의사결정기법으로 옳은 것은?

① 델파이기법(delphi method)

② 브레인스토밍(brain storming)

③ 지명반론자기법(devil's advocate method)

④ 명목집단기법(normal group technique)

09 조직은 외부환경의 불확실성에 대응하는 조직구조상의 특징에 따라 기계적 조직과 유기적 조직으로 구분된다. 다음 중 기계적 조직의 특성으로 옳은 것만을 고르면?

ㄱ. 예측 가능성
ㄴ. 넓은 직무범위
ㄷ. 적은 규칙과 절차
ㄹ. 모호한 책임관계
ㅁ. 비공식적이고 인간적인 대면관계
ㅂ. 표준 운영절차
ㅅ. 분명한 책임관계
ㅇ. 계층제

① ㄱ, ㄷ, ㄹ, ㅂ
② ㄱ, ㅂ, ㅅ, ㅇ
③ ㄴ, ㄷ, ㅅ, ㅇ
④ ㄴ, ㅁ, ㅂ, ㅇ

10 1960년대 격동기의 미국사회를 배경으로 행태주의에 대한 비판과 후기행태주의가 주장되면서, 1960년대 후반기부터 문제 중심의 정책학은 폭발적인 성장을 하였는 바, 이에 대표적인 학자가 라스웰(Lasswell)이다. 라스웰(Lasswell)의 정책학에 대한 설명으로 옳지 않은 것은?

① 정책학 연구의 최종목적은 인간존엄성의 실현을 위한 지식을 개발하는 것으로 보고, 이를 민주주의의 정책학이라고 하였다.

② 라스웰의 주장은 1950년대 행태주의에 의해 밀려났다가 행태주의가 퇴조하게 된 1960년대 말에 재출발하게 된다.

③ 라스웰은 정책학이 추구해야 할 기본적인 속성으로 문제지향성, 맥락성, 방법론적 다양성, 규범성과 처방성을 제시하였다.

④ 정책과정에 관한 지식이란 현실의 정책과정에 대한 과학적 연구결과로부터 얻는 경험적·실증적 지식을 의미하며, 정책분석론과 정책평가론이 해당된다.

11 공공기관에 대한 설명으로 옳지 않은 것은?

① 공기업은 시장형과 준시장형으로 구분하여 지정한다.

② 준정부기관은 기금관리형과 위탁집행형으로 구분하여 지정한다.

③ 기획재정부장관은 직원 정원이 300명 이상, 수입액이 200억 원 이상, 자산규모가 30억 원 이상인 공공기관을 공기업·준정부기관으로 지정한다.

④ 기획재정부장관은 지방자치단체가 설립하고 그 운영에 관여하는 기관을 공공기관으로 지정할 수 있다.

12 우리나라의 공무원연금제도에 대한 설명으로 옳지 않은 것은?

① 공무원연금제도는 기여제를 채택하고 있다.

② 공무원연금제도의 주무부처는 인사혁신처이며, 공무원연금기금은 공무원연금공단이 관리·운용한다.

③ 「공무원연금법」상 공무원연금 대상에는 군인이 포함된다.

④ 기여금을 부담하는 재직기간은 최대 36년까지이다.

13 「전자정부법」상 전자정부에 대한 설명으로 옳지 않은 것은?

① 중앙사무관장기관장은 전자정부의 구현·운영 및 발전을 위하여 5년마다 전자정부 기본계획을 수립하여야 한다.

② '정보기술아키텍처'란 정보의 수집·가공·저장·검색·송신·수신 및 그 활용과 관련되는 기기와 소프트웨어의 조직화된 체계를 말한다.

③ 행정안전부장관은 전자적 대민서비스와 관련된 보안대책을 국가정보원장과 사전 협의를 거쳐 마련하여야 한다.

④ 전자정부의 발전과 촉진을 위해 「전자정부법」은 전자정부의 날을 규정하고 있다.

14 계층화분석법(analytical hierarchy process)에 대한 설명으로 옳지 않은 것은?

① 1970년대 사티(T. Saaty) 교수에 의해 개발되어 광범위한 분야의 예측에 활용되어 왔다.

② 불확실성을 나타내는 데 확률 대신에 우선순위를 사용한다.

③ 두 대상의 상호비교가 불가능한 경우에도 사용할 수 있다는 장점을 지니고 있다.

④ 문제를 몇 개의 계층 또는 네트워크 형태로 구조화하여 구성요소들을 둘씩 짝을 지어 상위 계층의 어느 한 목표 또는 평가기준에 비추어 평가하는 쌍대비교를 시행한다.

15 직무분석과 직무평가에 대한 설명으로 옳은 것은?

① 직무분석은 직무들의 상대적인 가치를 체계적으로 분류하여 등급화하는 것이다.

② 분류법에서는 등급기준표가 완성되기까지 직무평가가 이루어져서는 안 된다.

③ 일반적으로 직무평가 이후에 직무 분류를 위한 직무분석이 이루어진다.

④ 직무평가 방법으로 서열법, 요소비교법 등 비계량적 방법과 점수법, 분류법 등 계량적 방법을 사용한다.

16 예산의 종류에 대한 설명으로 옳은 것은?

① 추가경정예산이란 예산심의가 종료된 후 발생한 변화에 대처하기 위하여 연 1회 편성하는 예산이다.

② 성인지예산제도(남녀평등예산)는 세입·세출예산이 남성과 여성에게 미치는 영향은 다르지 않다고 전제한다.

③ 국고채무부담행위는 법률에 의한 것, 세출예산금액, 그리고 계속비 범위 이외의 것에 한하여 사전에 국회의 의결을 얻어 지출할 수 있는 권한이다.

④ 준예산은 새로운 회계연도가 개시될 때까지 예산이 성립되지 못할 경우 의회승인 없이 특정경비를 전년도에 준하여 지출할 수 있도록 하는 제도이다.

17 재정사업 성과관리에 대한 설명으로 올바르지 않은 것은?

① 재정사업 성과관리의 대상이 되는 재정사업의 기준은 성과관리의 비용 및 효과를 고려하여 기획재정부장관이 정한다.

② 국무총리는 매년 재정사업의 성과목표관리 결과를 종합하여 국무회의에 보고하여야 한다.

③ 기획재정부장관은 중앙관서의 장과 기금관리주체에게 기획재정부장관이 정하는 바에 따라 주요 재정사업을 스스로 평가하도록 요구할 수 있다.

④ 기획재정부장관은 재정사업 성과관리를 효율적으로 실시하기 위하여 5년마다 재정사업 성과관리 기본계획을 수립하여야 한다.

18 제도적 책임성(accountability)과 대비되는 자율적 책임성(responsibility)에 대한 설명으로 가장 옳지 않은 것은?

① 자율적 책임성이란 공무원이 전문가로서의 직업윤리와 책임감에 기초하여 자발적인 재량을 발휘함으로써 확보되는 행정책임을 의미한다.

② 객관적으로 기준을 확정하기 곤란하므로 내면의 가치와 기준에 따른다.

③ 국민들의 요구와 기대를 정확하게 인식하여 이에 능동적으로 대응한다.

④ 고객 만족을 위해 성과보다는 절차에 대한 책임을 강조한다.

19 특별지방자치단체에 대한 설명으로 옳지 않은 것은?

① 2개 이상의 지방자치단체가 공동으로 특정한 목적을 위하여 광역적으로 사무를 처리할 필요가 있을 때에는 특별지방자치단체를 설치할 수 있다.

② 특별지방자치단체의 장은 소관 사무를 처리하기 위한 기본계획을 수립하여 특별지방자치단체 의회의 의결을 받아야 한다.

③ 특별지방자치단체의 장은 규약으로 정하는 바에 따라 특별지방자치단체의 의회에서 선출한다.

④ 특별지방자치단체 의회는 조례를 제정할 수 없다.

20 「지방교부세법」상 특별교부세에 대한 설명으로 옳지 않은 것은?

① 행정안전부장관이 필요하다고 인정하는 경우에는 신청이 없는 경우에도 일정한 기준을 정하여 특별교부세를 교부할 수 있다.

② 기준재정수요액의 산정방법으로는 파악할 수 없는 지역현안에 대한 특별한 재정수요가 있는 경우 특별교부세의 재원의 100분의 40에 해당하는 금액을 교부할 수 있다.

③ 국가적 장려사업 등 특별한 재정수요가 있을 경우 특별교부세 재원의 100분의 10에 해당하는 금액을 교부할 수 있다.

④ 행정안전부장관은 특별교부세를 교부하는 경우 민간에 지원하는 보조사업에 대하여도 교부할 수 있다.

21 거래비용이론에 대한 설명으로 옳지 않은 것은?

① 기회주의적 행동을 제어하는 데에는 계층제보다 시장이 효율적인 수단이다.

② 거래비용은 탐색비용, 거래의 이행 및 감시비용 등을 포함한다.

③ 시장의 자발적 교환행위에서 발생하는 거래비용이 계층제의 조정비용보다 크면 내부화하는 것이 효율적이다.

④ 거래비용이론은 민주성이나 형평성 등을 고려하지 못한다.

22 조직구조의 기본 변수에 대한 설명으로 가장 옳지 않은 것은?

① 신설조직의 경우 조직을 안정적으로 운영하기 위해 집권화되는 경향이 강하다.

② 조직규모가 커질수록 집권성 정도가 높은 조직구조가 적절하다.

③ 공식화의 정도가 높을수록 환경 변화에 대한 조직적 응력은 떨어진다.

④ 교통·통신기술의 발전은 집권화를 강화하는 데 유리하다.

23 다음 중 총체주의예산이론에 대한 설명으로 옳은 것만을 고르면?

> ㄱ. 예산은 합리적이고 분석적인 과정을 거쳐서 결정된다.
> ㄴ. 예산과정을 행정부와 의회의 선형적 함수관계로 파악한다.
> ㄷ. 예산은 한계효용 개념을 이용한 상대적 가치에 의해서 결정된다.
> ㄹ. 참여자 간의 합의를 중시한다.
> ㅁ. 예산의 규모는 사회후생 극대화 기준에 의해 결정된다.

① ㄱ, ㄴ, ㄷ

② ㄱ, ㄷ, ㅁ

③ ㄱ, ㄹ, ㅁ

④ ㄴ, ㄷ, ㄹ

24 탄력근무제의 장점으로 가장 옳지 않은 것은?

① 일과 삶의 균형을 통한 효율성과 생산성 향상

② 업무시간에 대한 자율성 부여로 근로의욕 고취

③ 기관 간·부서 간 업무 연계 향상

④ 통근 혼잡 회피 등 사회적 비용 절감

25 에머리(Emery)와 트리스트(Trist)가 구분한 조직환경의 변화에 대한 설명으로 옳은 것은?

① '정적·집약적' 환경은 환경적 요소가 안정되어 있고 무작위적으로 분포되어 있는 가장 단순한 환경이다.

② '정적·임의적' 환경에서는 각 조직이 상호작용을 하면서 경쟁한다.

③ '교란·반응적' 환경의 예로는 1차산업의 환경 등이 있다.

④ '교란·반응적' 환경보다 '격동의 장'에서의 불확실성·복잡성이 더 높다.

03회 실전동형모의고사
모바일 자동 채점＋성적 분석 서비스
바로 가기 (gosi.Hackers.com)

QR코드를 이용하여 해커스공무원의 '모바일 자동 채점＋성적 분석 서비스'로 바로 접속하세요!

＊ 해커스공무원 사이트의 가입자에 한해 이용 가능합니다.

04회 실전동형모의고사

제한시간: 20분 | 시작 시 분 ~ 종료 시 분 | 점수 확인 | 개/ 25개

01 퀸(Quinn)과 로보그(Rohrbaugh)의 이론에 의하면 조직의 효과성 측정은 조직의 성장단계에 따라 달라져야 한다. 조직의 성장단계와 조직효과성모형의 연결이 옳지 않은 것은?

① 조직의 집단공동체 단계 - 인간관계모형
② 창업 단계 - 합리목표모형
③ 공식화 단계 - 내부과정모형
④ 정교화 단계 - 개방체제모형

02 합리적 행동이 항상 최적의 결과를 가져다주지는 않는다는 것을 지적하고 있는 이론으로, 개인적 합리성의 추구가 사회적 합리성을 저해할 수 있는 상황을 설명하는 이론은?

① 파레토 최적
② 공유지의 비극
③ X - 비효율성
④ 불가능성의 정리

03 행정학의 접근방법에 대한 설명으로 가장 옳지 않은 것은?

① 행태론은 가설검증을 위해 현상들을 경험적으로 관찰하고, 관찰할 수 없는 현상은 연구대상에서 제외한다.
② 생태론은 선진국의 행정현상을 설명하는 데 크게 기여했으며, 행정의 보편적 이론보다는 중범위이론의 구축에 자극을 주어 행정학의 과학화에 기여하였다.
③ 신공공관리론은 기업경영의 원리와 기법을 그대로 정부에 이식하려고 한다는 비판을 받는다.
④ 공공선택론은 비시장적 의사결정, 즉 정치적 문제에 대한 경제학적인 연구이다.

04 조직이론에 대한 설명으로 옳지 않은 것은?

① 상황이론은 유일한 최선의 대안이 존재한다는 것을 부정한다.
② 조직군생태론은 횡단적 조직분석을 통하여 조직의 동형화(isomorphism)를 주로 연구한다.
③ 거래비용이론은 거래비용의 발생으로 인해 시장실패가 발생하며 이에 대한 대안으로 계서적 조직을 선호한다고 주장한다.
④ 전략적 선택이론은 조직구조의 변화가 외부환경 변수보다는 조직 내 정책결정자의 상황판단과 전략에 의해 결정된다고 본다.

05 다음 중 정책결정모형에 대한 설명으로 옳은 것만을 모두 고르면?

ㄱ. 점증모형은 기존의 정책을 수정·보완해 약간 개선된 상태의 정책대안이 선택된다.
ㄴ. 사이버네틱스모형은 설정된 목표달성을 위하여 정보제어와 환류 과정을 통해 자신의 행동을 스스로 조정해 나간다고 가정한다.
ㄷ. 합리모형은 정치적 합리성에 기반하기 때문에 현실에 대한 설명력이 높다.
ㄹ. 만족모형은 모든 대안을 탐색한 후 만족할 만한 결과를 도출하는 것이다.

① ㄱ, ㄴ
② ㄱ, ㄷ
③ ㄴ, ㄷ
④ ㄴ, ㄹ

06 정책과정의 권력모형에 대한 설명으로 옳지 않은 것은?

① 넓은 의미의 무의사결정은 정책의제설정 과정뿐만 아니라 정책결정 과정, 그리고 정책집행 과정에서도 발생한다.

② 하위정부론은 정책분야별로 이익집단·정당·해당 관료조직으로 구성된, 실질적 정책결정권을 공유하는 네트워크가 존재한다고 주장한다.

③ 신다원주의는 다원주의에 대한 비판적 입장에서, 거대 이익집단이 정책과정을 지배하는 현상과 전문성으로 무장된 국가의 적극적 역할을 인정하고 있다.

④ 사회의 이익대표체계의 유형으로서 코포라티즘은 사회 각 분야(특히 자본과 노동)의 독점적 이익대표를 조정하는 메커니즘으로, 다원주의 이론과 구별된다.

07 슈나이더와 잉그램(Schneider & Ingram)의 사회구성주의(Social Consturction) 중 정책대상집단에 대한 설명에서 권력은 낮지만 이미지는 긍정적인 집단으로 옳은 것은?

① 수혜집단(Advantaged)

② 주장집단(Contender)

③ 의존집단(Dependents)

④ 이탈집단(Deviants)

08 우리나라의 책임운영기관에 대한 설명으로 옳지 않은 것은?

① 책임운영기관은 집행기능 중심의 조직이다.

② 특허청은 중앙책임운영기관이다.

③ 책임운영기관은 공공성이 강하고 성과관리가 어려운 분야에 적용할 필요가 있다.

④ 행정안전부장관 소속하에 책임운영기관운영위원회를 둔다.

09 정책평가의 유형에 대한 설명으로 옳지 않은 것은?

① 평가성 사정(evaluability assessment)은 영향평가 또는 총괄평가를 실시한 후에 평가의 유용성, 평가의 성과 증진 효과 등을 평가하는 활동이다.

② 메타평가란 평가의 평가로서 평가결과를 다시 재확인하는 것이다.

③ 형성평가는 정책집행 도중에 과정의 적정성과 수단 – 목표 간 인과성 등을 평가하는 것이다.

④ 총괄평가란 정책이 집행된 후에 과연 그 정책이 당초 의도했던 효과를 성취했는지의 여부를 판단하는 활동이다.

10 우리나라의 주민소송제도에 대한 설명으로 옳은 것은?

① 주민소송에서 당사자는 법원의 허가를 받지 않더라도 소의 취하, 소송의 화해 또는 청구의 포기를 할 수 있다.

② 주민소송의 피고는 주무장관이나 시·도지사이다.

③ 주민소송은 주민감사청구의 결과에 불복하는 경우에 하는 것이다.

④ 소송의 계속 중에 소송을 제기한 주민이 사망하거나 주민의 자격을 잃더라도 소송절차는 중단되지 않는다.

11 우리나라의 조세지출예산제도에 대한 설명으로 가장 적절하지 않은 것은?

① 정부가 세금을 줄여 주거나 받지 않는 등 세제지원을 통해 혜택을 준 재정지원을 예산지출로 인정하는 제도이다.
② 조세지출은 눈에 보이지 않는 간접보조금이라고도 한다.
③ 국회예산정책처장은 「조세특례제한법」에 따른 조세지출예산서를 작성하여야 한다.
④ 「국가재정법」에서는 조세지출예산서를 국회에 제출하는 예산안에 첨부하도록 하고 있다.

12 리더십이론에 대한 설명으로 옳지 않은 것은?

① 하우스(House)의 경로 – 목표이론에 의하면 참여적 리더십은 부하들이 구조화되지 않은 과업을 수행할 때 필요하다.
② 카리스마적(charismatic) 리더십은 리더가 특출한 성격과 능력으로 추종자들의 강한 헌신과 리더와의 일체화를 이끌어내는 리더십이다.
③ 지식정보사회는 상호연계적 리더십을 강조하고 있다.
④ 피들러(Fiedler)의 상황론이 제시하는 상황변수에는 리더와 부하와의 관계, 리더가 지닌 공식적 권한의 정도, 부하의 성숙도가 있다.

13 중앙정부의 지출 성격상 옳지 않은 것은?

① 의무지출은 '법률에 따라 지출 의무가 발생하고 법령에 따라 지출 규모가 결정되는 법정지출 및 이자지출'을 말한다.
② 우리나라는 2013년 예산안부터 재정지출 사업을 의무지출과 재량지출로 구분하여 국가재정 운용계획에 포함하여 국회에 제출하고 있다.
③ 「지방교부세법」에 따른 지방교부세, 「지방교육재정교부금법」에 따른 지방교육재정교부금은 의무지출에 해당한다.
④ 국방비는 의무지출에 해당한다.

14 기존 전자정부 대비 지능형 정부의 특징에 대한 설명으로 가장 옳지 않은 것은?

① 일상틈새 + 생애주기별 비서형서비스를 추구한다.
② 현장 행정에서 복합문제의 해결이 가능하다.
③ 국민주도의 정책결정을 한다.
④ 서비스 전달방식은 온라인 + 모바일 채널이다.

15 공공부문에서의 희소성의 법칙에 관한 설명으로 옳지 않은 것은?

① 급성 희소성(acute scarcity)은 가용자원이 정부의 계속사업을 지속할 만큼 충분하지 못한 경우에 발생한다.
② 완화된 희소성(relaxed scarcity)의 상태에서 예산제도는 PPBS 도입이다.
③ 만성적 희소성(chronic scarcity) 하에서 예산은 주로 관리의 개선에 역점을 두는 ZBB를 고려한다.
④ 희소성은 '정부가 얼마나 원하는가'에 대해서 '정부가 얼마나 보유하고 있는가'의 양면적 조건으로 이루어져 있다.

16 감수성 훈련 등을 통해 관료의 가치관, 신념, 태도의 변화를 유도하는 행정개혁의 접근방법은?

① 과정적 접근방법
② 구조적 접근방법
③ 행태적 접근방법
④ 종합적 접근방법

17 특별회계예산에 대한 설명으로 옳지 않은 것은?

① 특별회계는 법률로써 설치한다.
② 예산단일성과 통일성의 원칙의 예외에 해당한다.
③ 세출예산뿐 아니라 세입예산도 일반회계와 특별회계로 구분한다.
④ 일반회계와 구분해 경리할 필요가 있을 때 설치하므로, 일반회계로부터 전입은 금지된다.

18 레짐이론에 대한 설명으로 옳지 않은 것은?

① 다른 사회영역(정부와 기업, 국가와 시장, 정치와 경제)이 정책결정에서 왜, 어떻게 협력에 도달하게 되는가를 설명하는 이론이다.
② 공식적 통치연합이다.
③ 스톤(Stone) 등에 의해 체계화되었다.
④ 성장연합은 교환가치를 중시한다.

19 학습조직에 관한 설명으로 옳지 않은 것은?

① 리더의 사려 깊은 리더십이 요구된다.
② 시스템적 사고에 의한 유기적, 체제적 조직관을 바탕으로 한다.
③ 조직구성원은 조직의 공식자료에 접근할 수 있어야 한다.
④ 전체보다 부분을 중시한다.

20 주민참여에 대한 설명으로 옳은 것은?

① 주민감사청구제도는 주민소송제도의 제도적 보완장치이다.
② 18세 이상의 주민은 해당 지방자치단체의 의회에 조례를 제정하거나 개정 또는 폐지할 것을 청구할 수 있다.
③ 선출직 지방공직자의 임기개시일부터 주민소환을 할 수 있다.
④ 기초지방자치단체의 주민투표관리는 상급 지방자치단체의 선거관리위원회에서 한다.

21 매트릭스조직에 대한 설명으로 옳지 않은 것은?

① 기능구조의 기술 전문성과 제품사업부의 혁신을 동시에 꾀한다.
② 조직에 필요한 인적·물적 자원을 유기적으로 확보·배분·이용한다.
③ 구성원들이 다양한 경험과 기술을 습득할 수 있다.
④ 이원적 조직구조로 인한 상호작용 증가로 조직 내 갈등수준을 완화한다.

22 재정준칙(Fiscal Rule)에 대한 설명으로 가장 옳지 않은 것은?

① 재정준칙의 유형에는 채무준칙, 재정수지준칙, 지출준칙, 수입준칙 등이 있다.
② 재정에 대한 행정부의 재량권을 확대하고 재정규율을 확립하여 재정건전화를 도모할 수 있다.
③ 총량적인 재정지표에 대해 구체적인 목표수치를 포함한 국가의 재정운용 목표를 법제화한 재정운용정책을 의미한다.
④ 미국의 페이고(PAYGO: pay-as-you-go)제도는 의무지출의 증가를 내용으로 하는 신규 입법 시, 이에 상응하는 세입 증가나 다른 의무지출 감소 등과 같은 재원조달방안을 동시에 입법하도록 의무화하는 것이다.

23 행정윤리에 대한 설명으로 가장 옳지 않은 것은?

① 왈도(D. Waldo)는 공공윤리를 자신과 가족보다는 광범위한 대중의 이익에 봉사하는 행위로 정의한다.
② 소극적 의미의 행정윤리는 부정부패, 직권남용, 무사안일과 같은 비윤리적 행위를 하지 말아야 한다는 것을 의미한다.
③ 「공직자윤리법」은 퇴직공직자의 취업제한을 규정하고 있다.
④ 현대 행정이 전문화·과학화되어 감에 따라 행정윤리의 중요성이 과거에 비해 감소하고 있다.

24 공무원 평정제도에 대한 설명으로 옳지 않은 것은?

① 다면평가제도는 다수의 평정자로 인해 평가의 객관성과 공정성을 향상시킬 수 있다.
② 도표식 평정법은 상벌의 목적에 이용하기 편리하다.
③ 행태기준평정척도법은 행태에 관한 구체적인 사건을 기준으로 평정하며, 사건의 빈도수를 표시하는 척도를 이용한다.
④ 우리나라는 평정결과에 대해 소청할 수 없다.

25 지식행정에 관한 설명으로 옳은 것은?

① 행정지식은 구조적이고 단기간에 창출되기 때문에 관리에 많은 시간과 자원이 적게 든다는 장점이 있다.
② 지식은 정보와 동일하므로 지식행정은 정보행정과 동일한 수준의 활동이다.
③ 지식행정은 행정활동의 조직구조 개선에는 유용하나 프로세스 개선과는 무관하다.
④ 지식행정은 지식사회를 설계하고 지식관리를 통해 가치를 창출하고 극대화하는 것을 의미한다.

04회 실전동형모의고사
모바일 자동 채점+성적 분석 서비스
바로 가기 (gosi.Hackers.com)

QR코드를 이용하여 해커스공무원의 '모바일 자동 채점+성적 분석 서비스'로 바로 접속하세요!

＊ 해커스공무원 사이트의 가입자에 한해 이용 가능합니다.

05 회 실전동형모의고사

제한시간: 20분 시작   시   분 ~ 종료   시   분 점수 확인 개/ 25개

01 정부실패이론의 설명으로 옳지 않은 것은?

① 정부예산의 공유재적 성격 때문에 자원배분의 비효율성이 발생한다.
② 정부의 X-비효율성은 정부서비스의 공급측면보다는 사회적·정치적 수요측면 때문에 발생한다.
③ 선거에 민감한 정치인들의 정치적 보상기제로 인해 사회문제가 과장되거나 단기적 해결책에 그치는 경우가 발생한다.
④ '내부성(internalities)'은 공공조직이 공익적 목표보다는 관료개인이나 소속기관의 이익을 우선적으로 고려하는 것이다.

02 대리인이론에 대한 설명으로 옳지 않은 것은?

① 행동자들이 이기적인 존재임을 전제한다.
② 위임자는 대리인이 알고 있는 정보를 알고 있지 못하거나 대리인의 행동을 관찰할 수 없다.
③ 이기적인 대리인이 노력을 최소화하고 이익을 극대화하려는 기회주의적 행동을 하는 경우 위임자의 불리한 선택이 발생할 수 있다.
④ 위임자와 대리인은 확실한 환경하에서 서로 업무에 대한 계약을 체결한다는 것을 전제로 한다.

03 센게(P. Senge)가 제시한 학습조직(Learning Organization) 구축을 위한 다섯 가지 방법에 해당하지 않는 것은?

① 조직 구성원들이 공동으로 추구하는 목표와 원칙에 관한 공감대를 형성하는 것으로, 이를 위해 공유된 리더십과 참여가 필요하다.
② 구성원들이 진정한 대화와 집단적인 사고의 과정을 통해 개인적 능력의 합계를 능가하는 지혜와 능력을 구축할 수 있게 팀 역량을 구축·개발하는 것이다.
③ 각 개인은 원하는 결과를 창출할 수 있는 자기역량의 확대 방법을 학습해야 한다.
④ 세계를 보는 관점으로서 세상에 관한 사람들의 생각과 관점, 그것이 자신의 선택과 행동에 어떤 영향을 미치는지에 대해 끊임없이 성찰하고 다듬어야 하는 시스템 중심의 사고가 필요하다.

04 제도적 동형화(institutional isomorphism)에 대한 설명으로 옳지 않은 것은?

① 서로 상이한 환경이나 장(organizational field)에 존재하는 조직들의 구조가 서로 닮는 것을 의미한다.
② 제도적으로 조직이 동형화될 경우 조직이 교란되는 것을 막을 수 있다.
③ 자체 대안을 갖지 못한 불확실한 상태에 처한 조직의 선택 결과로 동형화가 나타날 수 있다.
④ 한국의 방송국 조직과 미국의 방송국 조직의 형태나 제도가 서로 유사한 것은, 방송이라는 전문직업분야의 구성원들이 전문화를 추구하는 과정에서 발생했기 때문이라고 보는 것이 규범적 동형화이다.

05 쓰레기통 의사결정모형에 대한 설명으로 옳은 것은?

① 문제(problem)·해결책(solution)·참여자(participant)·의사결정의 기회(chance)가 상호의존적으로 흘러 다니다가, 어떤 계기로 우연히 만나게 될 때 의사결정이 이루어진다고 본다.
② 현실 적합성이 낮아 이론적으로만 설명이 가능한 모형이다.
③ 문제성 있는 선호(problematic preferences)는 목표와 수단 사이의 인과관계가 명확하지 않음을 의미한다.
④ 쓰레기통모형의 의사결정 방식에는 날치기 통과(choice by oversight)와 진빼기 결정(choice by flight)이 포함된다.

06 규제에 대한 설명으로 옳지 않은 것은?

① 관리규제란 정부가 특정한 사회문제 해결에 대한 목표달성 수준을 정하고 피규제자에게 이를 달성할 것을 요구하는 것이다.

② 규제의 역설은 기업의 상품정보공개가 의무화될수록 소비자의 실질적 정보량은 줄어든다고 본다.

③ 공해배출권 거래제도, 폐기물처리비 예치제도 등은 외부효과에 대한 간접적 규제 방법이다.

④ 지대추구이론은 규제나 개발계획과 같은 정부의 시장개입이 클수록 지대추구행태가 증가하고, 그에 따른 사회적 손실도 증가한다고 주장한다.

07 정책평가과정에서 실험집단과 통제집단을 구성할 때, 두 집단에 서로 다른 개인들을 선발하여 할당함으로써 오게 될지도 모르는 편견을 일컫는 개념으로 옳은 것은?

① 선정효과

② 회귀효과

③ 누출효과

④ 역사요인

08 비용편익분석에 대한 설명으로 옳지 않은 것은?

① 내부수익률은 순현재가치를 0으로 만드는 할인율이다.

② 순현재가치는 편익의 총현재가치에서 비용의 총현재가치를 뺀 것이다.

③ 재화에 대한 잠재가격(shadow price)의 측정과정에서 실제가치를 왜곡할 수 있다.

④ 할인율이 낮을 경우 단기투자가, 높을 경우 장기투자가 유리하다.

09 집단사고의 한계에 대한 설명으로 옳지 않은 것은?

① 만장일치에 대한 환상을 야기한다.

② 소수의 강한 사람에 의해 주도될 수 있다.

③ 반대의견이나 비판적인 대안이 제시된다.

④ 책임이 불분명하다.

10 지방자치단체의 재정에 대한 설명으로 옳지 않은 것은?

① 재정자주도는 일반회계 세입에 대비하여 일반재원이 차지하는 비율로 계산된다.

② 조정교부금이란 광역자치단체가 관할 기초자치단체 간 재정격차를 해소함으로써 균형적인 행정서비스를 제공하기 위한 재정조정제도를 말한다.

③ 지방교부세의 기본 목적은 지방자치단체 간 재정격차를 줄임으로써 기초적인 행정서비스가 제공될 수 있도록 하는 데 있다.

④ 지방세 중 목적세로는 지방교육세와 지방소비세가 있다.

11 관료제 및 과학적 관리론에 대한 설명으로 가장 옳은 것은?

① 베버(Weber)의 관료제론은 폐쇄 - 합리적 이론이지만 조직 구성원 간에 상호작용하는 인간에 대한 고려를 하였다.

② 과학적 관리론은 공직분류에 있어서 계급제의 확립에 이론적 기초를 제시하였다.

③ 베버(Weber)의 관료제에서 관료는 법규가 정한 직위의 담당자로서 직위의 목표와 법규에 충성을 바친다.

④ 과학적 관리론은 인간은 내재적 보상에 의해 동기가 유발된다고 주장한다.

12 혼돈이론(Chaos theory)에 대한 설명으로 옳지 않은 것은?

① 비선형적 · 역동적 체제에서의 불규칙성을 중시한다.

② 혼돈이론이 대상으로 하는 혼돈상태는 예측과 통제가 아주 어려운 복잡한 상황이지만, 완전한 혼란이 아니라 한정된 것으로서 결정론적 혼돈이다.

③ 혼돈이론의 시사점은 가급적 확실성의 세계를 전제로 사회현상을 단순화할 것을 주문한다는 점이다.

④ 조직의 자생적 학습 능력과 자기조직화 능력을 전제한다.

13 역량기반 교육훈련 방식에 대한 설명으로 옳은 것만을 모두 고르면?

> ㄱ. 멘토링은 개인 간의 신뢰와 존중을 바탕으로 조직 내 발전과 학습이라는 공통 목표의 달성을 도모하고자 하는 상호 관계를 말한다. 조직 내에서 직무에 대한 많은 경험과 전문지식을 갖고 있는 멘토가 일대일 방식으로 멘티를 지도함으로써 조직 내 업무 역량을 조기에 배양시킬 수 있는 학습활동이다.
> ㄴ. 학습조직은 조직 내 모든 구성원의 학습과 개발을 촉진시키는 조직 형태로, 지식의 창출 및 공유와 상시적 관리 역량을 갖춘 조직으로 조직설계 기준 제시가 용이하다.
> ㄷ. 액션러닝은 정책 현안에 대한 현장 방문, 사례조사와 성찰 미팅을 통해 문제 해결 능력을 함양하는 것으로 교육생들이 실제 현장에서 부딪치는 현안 문제를 가지고 자율적 학습 또는 전문가의 지원을 받으며 구체적인 문제 해결 방안을 모색한다.
> ㄹ. 워크아웃 프로그램은 전 구성원의 자발적 참여에 의한 행정혁신을 추진하는 방법으로, 관리자의 의사결정과 문제 해결이 지연되는 한계가 있다.

① ㄱ, ㄴ ② ㄱ, ㄷ

③ ㄱ, ㄹ ④ ㄴ, ㄷ

14 예산집행의 신축성 유지 방안에 대한 설명으로 옳지 않은 것은?

① 국고채무부담행위는 법률에 의한 것, 세출예산금액, 그리고 계속비 범위 이외의 것에 한하여 사전에 국회의 의결을 얻어 지출할 수 있는 권한이다.

② 계속비를 사용하면서 당 회계연도의 연부액을 다 지출하지 못했을 때에는 계속 다음 연도로 이월할 수 있다.

③ 한 번 사고이월된 경비는 다음 회계연도로 재차 이월될 수 없다.

④ 국고채무부담행위는 사항마다 그 필요한 이유를 명백히 하고, 그 행위를 할 연도 및 상환연도와 채무부담의 금액을 표시해야 한다.

15 「공직자의 이해충돌 방지법」에 관한 설명으로 가장 적절하지 않은 것은?

① 공직자의 직무수행과 관련한 사적 이익추구를 금지함으로써 공직자의 직무수행 중 발생할 수 있는 이해충돌을 방지하여, 공정한 직무수행을 보장하고 공공기관에 대한 국민의 신뢰를 확보하는 것을 목적으로 한다.

② 인 · 허가를 담당하는 공직자는 자신의 직무관련자가 사적이해관계자임을 안 경우, 안 날부터 14일 이내에 소속기관장에게 그 사실을 서면으로 신고하고 회피를 신청하여야 한다.

③ 감사원은 이 법에 따른 공직자의 이해충돌 방지에 관한 제도개선 및 교육 · 홍보 계획의 수립 및 시행 등 공직자의 이해충돌방지에 관한 업무를 총괄한다.

④ 고위공직자는 그 직위에 임용되거나 임기를 개시하기 전 3년 이내에 민간 부문에서 업무활동을 한 경우, 그 활동 내역을 그 직위에 임용되거나 임기를 개시한 날부터 30일 이내에 소속기관장에게 제출하여야 한다.

16 정보통신정책에서 보편적 서비스의 준거로 부적당한 것은?

① 배제성
② 접근성
③ 활용가능성
④ 훈련과 지원

17 행정이념에 대한 설명으로 옳지 않은 것은?

① 합법성은 법치행정을 추구하여 국민의 자유와 권리를 보호해야 한다는 이념이다.
② 공익실체설은 개인의 사익을 모두 합한 것이 공익이라고 보지 않는다.
③ 능률성은 행정목표의 달성도를 말하므로, 수단적·과정적이 아니라 목적적·기능적인 이념이다.
④ 롤스(Rawls)는 사회정의의 제1원리와 제2원리가 충돌할 경우 제1원리가 우선한다고 주장한다.

18 탈신공공관리론(Post – NPM)에 대한 설명으로 가장 옳지 않은 것은?

① 정치·행정 체제의 통제와 조정을 개선하기 위하여 재집권화와 재규제를 주장한다.
② 정부기능 측면에서 정부의 정치·행정적 역량의 강화를 반대한다.
③ 총체적 정부(whole of government) 혹은 통합적 정부형태(joined – up government)를 통한 정부의 전체적인 역량 및 조정의 향상을 주장한다.
④ 공공서비스 제공방식에 있어 민간·공공부문의 파트너십을 강조한다.

19 「지방자치법」에 규정된 특별지방자치단체에 관한 내용으로 옳지 않은 것은?

① 특별지방자치단체는 법인으로 한다.
② 2개 이상의 지방자치단체가 특별지방자치단체를 설치하는 경우 구성하는 지방자치단체의 지방의회 의결을 거쳐 지방시대위원회 승인을 받아야 한다.
③ 특별지방자치단체의 의회는 규약으로 정하는 바에 따라 구성 지방자치단체의 의회 의원으로 구성한다.
④ 특별지방자치단체의 구역은 특별한 사정이 있을 때에는 해당 지방자치단체 구역의 일부만을 구역으로 할 수 있다.

20 「지방자치법」과 「주민소환에 관한 법률」상 지방의회의원이 퇴직하거나 직을 상실하는 경우가 아닌 것은?

① 지방자치단체 구역변경의 사유로 그 지방자치단체의 구역 밖으로 주민등록이 변경된 때
② 징계에 따라 제명될 때
③ 주민소환투표에 의하여 주민소환이 확정되고 그 결과가 공표된 때
④ 농업협동조합 임직원에 취임할 때

21 「국가재정법」에 대한 설명으로 옳지 않은 것은?

① 정부는 국회에서 추가경정예산안이 확정되기 전에 이를 미리 배정하거나 집행할 수 없다.

② 국회는 정부의 동의 없이 정부가 제출한 지출예산 각 항의 금액을 증가하거나 새 비목을 설치할 수 없다.

③ 국세감면율이란 당해 연도 국세 수입총액 대비 국세 감면액 총액의 비율을 말한다.

④ 예비비란 예산편성 시 예측할 수 없는 예산 외의 지출 또는 예산초과지출에 충당하기 위하여 일반회계 예산총액의 100분의 1이내에 해당하는 금액을 세출예산에 계상하도록 하는 것을 말한다.

22 우리나라 고향사랑 기부금에 대한 설명으로 옳지 않은 것은?

① 지방자치단체는 해당 지방자치단체의 주민이 아닌 사람만 고향사랑 기부금을 모금·접수할 수 있다.

② 지방자치단체는 고향사랑 기부금의 효율적인 관리·운용을 위하여 기금을 설치하여야 한다.

③ 「고향사랑 기부금에 관한 법률」에 따른 고향사랑 기부금의 모금·접수 및 사용 등에 관하여는 「기부금품의 모집 및 사용에 관한 법률」을 적용하지 아니한다.

④ 개인별 고향사랑 기부금의 연간 상한액은 300만 원으로 한다.

23 미래예측기법에 대한 설명 중 옳지 않은 것은?

① 비용·편익분석은 정책의 능률성 내지 경제성에 초점을 맞춘 정책분석의 접근방법이다.

② 판단적 미래예측에서는 경험적 자료나 이론이 중심적인 역할을 한다.

③ 이론적 미래예측은 인과관계 분석이라고도 하며 선형계획, 투입·산출분석, 회귀분석 등을 예로 들 수 있다.

④ 교차영향분석은 연관사건의 발생여부에 따라 대상사건이 발생할 가능성에 관한 주관적 판단을 구하고 그 관계를 분석하는 기법이다.

24 행정학의 접근방법에 대한 설명으로 옳지 않은 것은?

① 체제론적 접근방법은 행정현상을 포괄적인 전체를 구성하는 부분이라고 파악하여 통합적인 분석을 시도한다.

② 현상학적 접근방법은 행정현상이 사람들의 의식·생각·언어·개념 등으로 구성되며, 상호주관적인 경험으로 이루어진 것으로 본다.

③ 공공선택론적 접근방법은 정부를 공공재의 생산자, 시민을 공공재의 소비자라고 규정하며, 방법론적 전체주의의 입장을 취한다.

④ 생태론적 접근방법은 행정현상을 자연적·사회적·문화적 환경과 관련시켜 이해하려고 한다.

25 리더십의 행태적 접근법에 대한 설명으로 옳지 않은 것은?

① 블레이크(Blake)와 머튼(Mouton)은 사람 중심과 생산 중심의 2가지 행태 모두 중간 수준인 유형을 가장 성공적인 리더로 본다.

② 화이트(White)와 리피트(Lippitt)는 권위형·민주형·자유방임형으로 리더 유형을 구분하였다.

③ 미시간 대학의 연구에서는 리더의 행태를 생산 중심과 직원 중심으로 구분하였다.

④ 리더십은 특정 행태에 기인하므로 훈련을 통하여 습득이 가능하다고 본다.

05회 실전동형모의고사
모바일 자동 채점 + 성적 분석 서비스
바로 가기 (gosi.Hackers.com)

QR코드를 이용하여 해커스공무원의 '모바일 자동 채점 + 성적 분석 서비스'로 바로 접속하세요!

＊ 해커스공무원 사이트의 가입자에 한해 이용 가능합니다.

06회 실전동형모의고사

제한시간: 20분 **시작** 시 분 ~ **종료** 시 분 **점수 확인** 개/ 25개

01 관료제의 문제점에 대한 설명으로 옳지 않은 것은?

① 훈련된 무능(trained incapacity)이란 관료가 기존 및 변화된 상황에서 모두 무능력하여 부적절한 결과를 가져왔음을 뜻한다.

② 다양한 외부 환경의 변화에 둔감하고 조직목표의 혁신에 적극적으로 저항하는 현상이 발생한다.

③ 번문욕례(red tape)란 국민의 요구보다 규칙·절차만을 지나치게 중시하는 것을 뜻한다.

④ 관료제는 소수의 상관과 다수의 부하로 구성되는 피라미드 형태를 취하며 과두제의 철칙이 나타날 수 있다.

02 다음 중 의사결정자가 각 대안의 결과를 알고는 있으나 대안 간 비교결과 중 어떤 것이 최선의 결과인지를 알 수 없어 발생하는 개인적 갈등의 원인으로 가장 옳은 것은?

① 비수락성(Unacceptability)

② 불확실성(Uncertainty)

③ 비비교성(Incomparability)

④ 창의성(Creativity)

03 탈신공공관리론(Post – NPM)에 대한 설명으로 옳지 않은 것은?

① 정부의 정치·행정적 역량 강화, 재규제의 주장

② 재집권화·분권화와 집권화의 조화

③ 자율을 강조하는 탈관료제

④ 분절화의 축소

04 신공공관리론에 대한 설명으로 가장 옳지 않은 것은?

① 사회적 요구에 대한 능동적 대처를 위해 구조적 통합을 통한 분절화의 축소를 지향하고 있다.

② 수익자 부담원칙의 강화, 정부부문 내 경쟁원리 도입 등을 행정개혁의 방향으로 제시한다.

③ 행정 효율성을 향상시키기 위해 기업가적 재량권을 선호하므로 공공책임성의 문제를 야기할 수 있다.

④ 관료제는 비효율적이므로 다른 수단으로 대체되어야 하며, 혁신을 통해 기업형 정부로 변화되어야 한다고 본다.

05 합리적 선택 신제도주의의 제도분석 틀에 대한 설명으로 옳지 않은 것은?

① 방법론적 전체주의 입장에서 제도를 개인으로 환원시키지 않고, 제도 그 자체를 전체로서 이해함을 강조한다.

② 행동의 장에서 행위자는 완전한 합리성이 아닌 제한된 합리성하에서, 자신의 이익을 최대로 달성하기 위해 광범위한 계산에 따른 전략적인 행동을 한다.

③ 경제학에 이론적 배경을 두고 있다.

④ 개인적 차원에서의 합리적 선택이 집단적 차원에서 합리적이지 못한 결과를 창출하는 이유는 적절한 제도적 메커니즘이 존재하지 않기 때문이라고 본다.

06 정책네트워크의 특징에 대한 설명으로 옳지 않은 것은?

① 정책네트워크는 제도적인 구조보다 개별 구조를 고려한다.
② 헤클로(Heclo)는 하위정부모형을 비판적으로 검토하면서, 정책이슈를 중심으로 유동적이고 개방적인 참여자들 간의 상호작용 현상을 묘사하기 위한 대안적 모형을 제안하였다.
③ 철의 삼각(iron triangle)모형은 소수 엘리트 행위자들이 특정 정책의 결정을 지배한다는 점을 강조한다.
④ 정책형성뿐만 아니라 정책집행까지 설명하는 유용한 도구이다.

07 정책집행에 대한 설명으로 옳은 것은?

① 하향식 접근방법은 공식적 정책목표를 중요한 변수로 취급하지 않는다.
② 프레스만(Pressman)과 윌다브스키(Wildavsky)는 『집행론(Implementation)』에서 정책집행을 잃어버린 고리(missing link)에 비유하여, 정책결정과 정책산출을 연계하는 정책집행 연구의 중요성과 필요성을 주장한다.
③ 하향식 접근방법에서는 정책결정과 정책집행은 시점이 동일하다고 본다.
④ 사바티어(Sabatier)는 정책 대상집단의 행태 변화의 정도가 크면 정책집행의 성공은 어렵다고 본다.

08 정책결정의 혼합모형(Mixed Scanning Model)에 대한 설명으로 옳은 것은?

① 갈등의 준해결, 문제 중심의 탐색, 불확실성의 회피, 조직의 학습, 표준운영절차(SOP)의 활용 등을 특징으로 한다.
② 거시적이고 장기적인 안목에서 대안의 방향성을 탐색하는 한편, 그 방향성 안에서 심층적이고 대안적인 변화를 시도하는 것이 바람직하다고 본다.
③ 정책결정과정을 이미 프로그램화되어 있는 특정한 상태를 유지하기 위한 것으로 파악한다.
④ 목표와 수단이 분리될 수 없으며, 전체를 하나의 패키지로 하여 정치적 지지와 합의를 이끌어 내는 것이 중요하다고 주장한다.

09 애드호크라시(adhocracy)에 대한 설명으로 옳지 않은 것은?

① 업무수행자가 복잡한 환경에 탄력적으로 대응하도록 하기 위해서 업무수행방식을 법규나 지침으로 경직화시키지 않는다.
② 전문성이 강한 전문인들로 구성되기 때문에 업무의 동질성이 높다.
③ 수평적 분화의 정도는 높은 반면, 수직적 분화의 정도는 낮다.
④ 태스크포스는 특수한 과업완수를 목표로 기존의 서로 다른 부서에서 사람들을 선발하여 구성한 팀으로 본래 목적이 달성되면 해체되는 임시조직이다.

10 다음 중 균형성과표(BSC)에 대한 설명으로 옳은 것만을 고르면?

ㄱ. 내부프로세스 관점에서는 통합적인 일처리 절차보다 개별 부서별로 각각 이루어지는 일처리 방식에 초점을 맞춘다.
ㄴ. 카플란(Kaplan)과 노턴(Norton)은 균형성과표(BSC)의 네 가지 관점으로 고객 관점, 내부 프로세스 관점, 재무적 관점, 학습과 성장 관점을 제시하였다.
ㄷ. 무형자산에 대한 강조는 성과평가의 시간에 대한 관점을 단기에서 장기로 전환시킨다.
ㄹ. 고객 관점에서의 성과지표는 시민참여, 적법절차, 내부 직원의 만족도, 정책 순응도, 공개 등이 있다.

---

① ㄱ, ㄴ
② ㄱ, ㄷ
③ ㄴ, ㄷ
④ ㄴ, ㄹ

11 공무원의 징계에 대한 설명으로 옳지 않은 것은?

① 징계로 파면처분을 받은 때부터 5년이 지나지 아니한 자와, 징계로 해임처분을 받은 때부터 3년이 지나지 아니한 자는 공무원으로 임용될 수 없다.

② 금품 및 향응 수수, 공금의 횡령·유용으로 징계 해임된 자의 퇴직급여는 감액하지 아니한다.

③ 탄핵 또는 징계에 의하여 파면된 경우, 재직기간이 5년 이상인 사람의 퇴직급여는 2분의 1을 감액하여 지급한다.

④ 감봉은 1개월 이상 3개월 이하의 기간 동안 보수의 3분의 1을 감한다.

12 다음 중 오츠(Oates)의 분권화정리가 성립하기 위한 조건에 대한 설명으로 옳은 것만을 고르면?

> ㄱ. 중앙정부의 공공재 공급비용이 지방정부의 공공재 공급비용보다 더 적게 든다.
> ㄴ. 공공재의 지역 간 외부효과가 없다.
> ㄷ. 지방정부가 해당 지역에서 파레토 효율적 수준으로 공공재를 공급한다.

① ㄱ

② ㄷ

③ ㄱ, ㄴ

④ ㄴ, ㄷ

13 국가공무원의 적극행정에 대한 설명으로 옳지 않은 것은?

① 적극행정은 공무원이 불합리한 규제를 개선하는 등 공공의 이익을 위해 창의성과 전문성을 바탕으로 적극적으로 업무를 처리하는 행위이다.

② 적극행정 우수공무원으로 선정될 경우 특별승진이나 특별승급 등의 인사상 우대조치를 부여받을 수 있다.

③ 공무원이 적극행정을 추진한 결과에 대해 그의 행위에 고의 또는 중대한 과실이 없는 경우에는 징계 요구 등 책임을 묻지 않는다.

④ 적극행정의 주무부처인 국무총리실 국무조정실장은 중앙행정기관의 장에게 적극행정 실행계획과 그 성과에 관한 자료의 제출을 요구할 수 있다.

14 다음 중 정책결정과정에 대한 설명으로 옳은 것은 모두 몇 개인가?

> ㄱ. 다원주의는 다양한 이익집단이 정부의 정책과정에 동등한 접근 기회를 가지고 있으며 이익집단들 간의 영향력에 차이가 있음을 인정하지 않는다.
> ㄴ. 바흐라흐(Bachrach) 등이 제시한 무의사결정론은 고전적 다원주의를 비판하며 등장한 신다원론에 해당한다.
> ㄷ. 밀스(Mills)의 지위접근법은 사회적 명성이 있는 소수자들이 결정한 정책을 일반대중이 수용한다는 입장이다.
> ㄹ. 조합주의는 국가의 독자성과 지도적·개입적 역할을 강조한다.
> ㅁ. 사회조합주의는 사회경제체제의 변화에 순응하려는 이익집단의 자발적 시도로부터 생성되었다.

① 1개

② 2개

③ 3개

④ 4개

15 다음 중 예산제도에 대한 설명으로 옳은 것만을 모두 고르면?

> ㄱ. 성과주의예산제도(Performance Budgeting System)는 계량화된 정보를 통해 합리적인 의사결정과 관리 개선에 기여할 수 있다는 장점이 있다.
> ㄴ. 계획예산제도(Planning & Programming Budgeting System)는 장기적인 안목을 중시하며 비용편익분석 등 계량적인 분석기법의 사용을 강조한다.
> ㄷ. 품목별예산제도(Line-item Budgeting System)는 주어진 재원 수준에서 달성한 산출물 수준을 성과지표에 포함한다.
> ㄹ. 영기준예산제도(Zero-based Budgeting System)는 합리적 선택을 강조하는 총체주의 방식의 예산제도로, 예산 편성에 비용·노력의 과다한 투입을 요구한다는 비판을 받는다.
> ㅁ. 프로그램예산제도는 투입 중심의 예산운영을 위해 설계·도입된 제도이다.

① ㄱ, ㄴ, ㄷ

② ㄱ, ㄴ, ㄹ

③ ㄴ, ㄷ, ㄹ

④ ㄴ, ㄷ, ㅁ

16 쉬크(Schick)의 예산규범에 관한 설명으로 가장 적절하지 않은 것은?

① 쉬크(Schick)는 총량적 재정규율, 배분적 효율성, 운영적 효율성이라는 세 가지 규범을 제시하였다.

② 총량적 재정규율은 한 국가의 재정총액을 일정한 한도에서 효과적으로 통제해야 한다는 규범이다.

③ 배분적 효율성은 부문 간 재원배분을 통한 재정지출의 총체적 효율성을 도모한다.

④ 운영적 효율성은 각 사업부문에 투입된 예산으로 공공서비스의 산출을 최대한으로 달성하는 것을 말하며, 이를 위해 정부는 불용액의 이월을 엄격히 통제하여야 한다.

17 우리나라의 공무원 노동조합에 가입할 수 없는 공무원은?

① 일반직공무원

② 특정직공무원 중 외무영사직렬·외교정보기술직렬 외무공무원, 소방공무원 및 교육공무원(다만, 교원은 제외한다)

③ 별정직공무원

④ 공무원이었던 사람으로서 대통령령으로 정하는 사람

18 재정준칙에 대한 설명으로 옳지 않은 것은?

① 재정준칙은 재정수입, 재정지출, 재정수지, 국가채무 등 총량적 재정규율에 대한 법적 구속력을 부여함으로써 구체적인 재정운용목표로 재정 규율을 확보하기 위한 재정건전화 제도이다.

② 재정수지준칙은 경기 안정화 기능이 탁월하다.

③ 국가채무준칙은 재정 건전성을 확보하기 위해 국가채무의 규모에 상한선을 설정한다.

④ 재정준칙은 이익집단이나 정치적 압력으로부터 재정확대 압력을 방어하는 수단이 된다.

19 정부회계제도에 대한 설명으로 가장 옳지 않은 것은?

① 재정상태표에는 현금주의와 단식부기가, 재정운영표에는 발생주의와 복식부기가 각각 적용되고 있다.

② 정부회계를 복식부기의 원리에 따라 기록할 경우 차입금의 감소는 차변에 기입하고 순자산(자본)의 증가, 현금의 감소는 대변에 기입한다.

③ 복식부기에서는 계정과목 간에 유기적 관련성이 있기 때문에 상호 검증을 통한 부정이나 오류의 발견이 쉽다.

④ 현금주의 회계방식은 화폐자산과 차입금을 측정대상으로 하며, 발생주의 회계방식은 재무자원, 비재무자원을 포함한 모든 경제자원을 측정대상으로 한다.

20 지방자치단체조합에 대한 설명으로 옳지 않은 것은?

① 지방자치단체조합의 사무처리 효과는 지방자치단체가 아닌 지방자치단체조합에 귀속된다.

② 지방자치단체조합도 따로 법률로 정하는 바에 따라 지방채를 발행할 수 있다.

③ 관계 자치단체사무의 일부를 공동처리하기 위해 설립되는 일부사무조합과 사무의 전부를 공동 처리하기 위하여 설치되는 전부사무조합으로 구분되는데, 전부사무조합이 일반적이다.

④ 공동처리하는 업무는 고유사무, 단체위임사무, 기관위임사무 모두 상관이 없다.

21 합리적 의사결정을 제약하는 요인에 대한 설명으로 가장 옳지 않은 것은?

① 표준운영절차(SOP)는 합리적 의사결정을 보장하는 최상의 방법이다.
② 행정조직 간 종적·횡적 의사소통이 원활하지 않으면 합리적 의사결정이 제약될 가능성이 높다.
③ 의사결정자가 일체감을 느끼는 외부의 준거집단은 합리적 의사결정을 제약하는 요인이다.
④ 의사결정자가 자기 경험에 지나치게 의존하는 것과 선입견을 갖는 것은 합리적 의사결정을 어렵게 한다.

22 다음 중 계급제에 대한 설명으로 옳은 것만을 고르면?

> ㄱ. 계급은 사람이 어떠한 일을 할 수 있는가를 결정하여 준다.
> ㄴ. 계급제는 일반행정가보다는 전문행정가의 원리를 강조한다.
> ㄷ. 테일러(Taylor)식 과학적 관리법을 적용한 것이다.
> ㄹ. 계급제는 인적자원을 탄력적으로 운용할 수 있다는 장점이 있다.

① ㄱ, ㄴ
② ㄱ, ㄹ
③ ㄴ, ㄷ
④ ㄷ, ㄹ

23 4차 산업혁명에 대한 설명으로 가장 옳지 않은 것은?

① 4차 산업혁명을 지식·정보혁명이라고 한다.
② 사물인터넷(Internet of Things), 빅데이터(Big Data), 인공지능(Artificial Intelligence) 등을 핵심 기술로 한다.
③ 4차 산업혁명의 사회는 변동성, 불확실성, 복잡성, 모호성으로 설명된다.
④ 세계경제포럼은 4차 산업혁명 시대의 정부모형으로 FAST(Flatter, Agile, Streamlined, Tech - savvy)정부를 제시하였다.

24 환경오염과 관련된 외부효과(External Effect)에 대한 설명으로 가장 옳지 않은 것은?

① 어떤 사람의 경제활동이 의도하지 않게 대가나 비용의 교환 없이 다른 주체에게 불이익을 주는 것을 외부불경제(external diseconomy)라 한다.
② 외부불경제의 경우 사회적으로 바람직한 수준 이상으로 과다하게 생산하는 문제를 야기한다.
③ 정부는 환경오염이라는 외부불경제를 줄이기 위해 과세, 행정규제 등의 수단을 주로 활용한다.
④ 이해관계자 간의 자발적인 협상에 의해 문제를 해결할 수 있다고 보는 코즈의 정리(Coase's Theorem)는 거래비용이 크게 존재하는 것을 전제로 한다.

25 지능정보사회의 부정적 측면에 관한 설명으로 가장 적절하지 않은 것은?

① 인포데믹스의 문제는 정부의 합리적 정책결정을 어렵게 만들 수 있다.
② 정보취약계층은 정보사회에서 정보획득과 참여, 전자정부 기반 공공서비스를 충분히 누리지 못해 디지털 소외 현상에 노출되어 있다.
③ 선택적 정보접촉(selective exposure to information)은 전자파놉티콘과 동일한 의미로 이해된다.
④ 정보의 활용과 교환의 증가에 비례한 적절한 보호제도 등 안전장치들이 수반되지 않는다면, 개인 권리의 침해 가능성이 높아질 것이다.

06회 실전동형모의고사
모바일 자동 채점＋성적 분석 서비스
바로 가기 (gosi.Hackers.com)

QR코드를 이용하여 해커스공무원의 '모바일 자동 채점＋성적 분석 서비스'로 바로 접속하세요!
＊ 해커스공무원 사이트의 가입자에 한해 이용 가능합니다.

07회 실전동형모의고사

제한시간: 20분 | 시작 시 분 ~ 종료 시 분 | 점수 확인 | 개/ 25개

01 살라몬(Salamon)의 정책수단유형 중 간접수단에 해당하는 것으로 옳은 것은?

① 경제적 규제
② 조세지출
③ 정보제공
④ 정부소비

02 공공서비스의 공급과 생산에 대한 설명으로 가장 옳은 것은?

① 민간위탁은 정부기관이 조사·검사·검정 등 국민의 권리·의무와 직접 관계된 사무 일부를 민간부문에 위탁하는 것이다.
② 시장성이 큰 서비스를 다루는 공기업을 민영화하게 되면 지나친 경쟁체제에 노출되기 때문에 민영화의 실익이 없다.
③ 계약 및 면허 두 방식 모두 정부가 생산자에게 비용을 지불한다.
④ 집합적(collective) 공동생산(협동생산)은 시민들의 참여도에 관계없이 혜택이 공통으로 돌아가게 한다는 재분배적 사고가 기저에 있다.

03 신공공관리론과 뉴거버넌스론에 대한 설명으로 가장 옳지 않은 것은?

① 신공공관리론의 인식론은 신자유주의이며, 뉴거버넌스론의 인식론은 공동체주의이다.
② 신공공관리는 공공부문과 민간부문을 명확하게 구분하는데 비하여, 뉴거버넌스는 명확하게 구분하지 않는다.
③ 신공공관리론은 관료의 역할을 공공기업가로 보며, 뉴거버넌스론은 관료의 역할을 조정자로 본다.
④ 신공공관리는 조직 내부 문제, 뉴거버넌스는 조직 간 문제를 다룬다.

04 무의사결정에 대한 설명으로 옳지 않은 것은?

① 변화를 주장하는 사람으로부터 기존에 누리는 혜택을 박탈하거나 새로운 혜택을 제시하여 매수한다.
② 무의사결정을 위해 정치체제 내의 지배적 규범이나 절차를 강조하여 변화나 혁신적 주장을 억제하기도 한다.
③ 엘리트들의 가치중립적 행동을 강조한다.
④ 위협과 같은 폭력적 방법을 통해 특정한 이슈의 등장이 방해받기도 한다고 주장한다.

05 행정학의 접근방법에 대한 설명으로 옳지 않은 것은?

① 생태론적 접근방법은 기본적으로 유기체와 환경과의 상호관계를 기초로 행정학을 연구하고자 한다.
② 후기행태주의는 가치중립적인 과학적 연구를 기반으로 하는 행태론을 비판하고, 가치지향적·실천지향적인 연구를 통하여 정책과학의 발전에 견인차 역할을 하였다.
③ 공공선택론은 시민과 기업의 참여를 통한 서비스의 공동 공급을 주장하지만, 이는 실현 불가능한 이상향에 가깝다.
④ 사회학적 신제도주의는 경제적 효율성이 아니라, 사회적 정당성 때문에 새로운 제도적 관행이 채택된다고 주장한다.

06 정책분석에 대한 설명으로 가장 옳지 않은 것은?

① 정책분석은 비용과 효과의 사회적 배분을 중시하지만, 체제분석은 자원배분의 효율성을 중시한다.

② 정책델파이분석은 주요 정책이슈의 잠정적인 해결책에 대하여 있을 수 있는 강력한 반대의견을 창출한 후, 토론을 거쳐 최종보고서를 작성하는 기법이다.

③ 던(W. N. Dunn)은 정책대안의 결과를 예측하는 양적 방법으로 연장적 예측과 이론적 예측방법을 제시하였다.

④ 정책분석은 비용편익분석의 양적 분석에 치중하지만 체제분석은 질적 분석을 중요시한다.

07 국가채무에 대한 설명으로 옳지 않은 것은?

① 국가채무관리계획을 기획재정부장관이 수립하여야 한다.

② 국채를 발행하고자 할 때에는 국회의 의결을 얻어야 한다.

③ 우리나라가 발행하는 국채의 종류에는 국고채, 재정증권, 국민주택채권, 외국환평형기금채권(외평채)이 있다.

④ 국공채, 차입금, 차관은 국고채무부담행위에 포함된다.

08 「국가재정법」 및 「국가재정법 시행령」에 따른 우리나라의 재정운용에 관한 설명으로 가장 적절하지 않은 것은?

① 정부는 재정사업 성과관리를 통하여 재정운용에 대한 효율성과 책임성을 높이도록 노력하여야 한다.

② 성인지 예산서는 기획재정부장관이 여성가족부장관과 협의하여 제시한 작성기준 및 방식 등에 따라 각 중앙관서의 장이 작성한다.

③ 정부는 재정운용의 효율화와 건전화를 위하여 매년 해당 회계연도부터 5회계연도 이상의 기간에 대한 재정운용계획을 수립하여 회계연도 개시 120일 전까지 국회에 제출하여야 한다.

④ 온실가스감축인지 예산서에는 온실가스감축인지 예산의 개요, 규모 및 온실가스 감축에 대한 기대효과, 성과목표 및 효과분석, 그 밖에 예산이 온실가스 감축에 미칠 영향을 분석하기 위하여 환경부장관이 필요하다고 인정하는 사항이 포함되어야 한다.

09 BSC(Balanced Score Card, 균형성과관리)에 대한 설명으로 옳지 않은 것은?

① 학습과 성장 관점은 구성원의 능력개발이나 직무만족과 같이 주로 인적자원에 대한 성과를 포함한다.

② 균형성과표를 정부부문에 적용시키는 경우 가장 중요한 변화는 재무적 관점보다 고객의 관점이 강조된다는 점이다.

③ 공공부문에서 재무적 관점은 목표가 아니라 제약조건으로 작용한다.

④ 상향식 접근방법에 기초하여 공무원의 개인별 실적평가를 중시한다.

10 관료제의 병리현상에 대한 설명으로 옳지 않은 것은?

① 동조과잉이란 목표 달성을 위해 마련된 규정이나 절차에 집착함으로써 결국 수단이 목표를 압도해버리는 현상을 일컫는다.

② 자신이 소속된 기관이나 부서만을 생각하고, 다른 기관이나 부서를 배려하지 않는 현상을 할거주의라고 한다.

③ 무사안일주의란 관료들이 적극적으로 새로운 일, 조언, 결정 등을 하려고 하지 않고 선례에 따르거나 상관의 지시·명령에 맹목적으로 복종하여 책임을 회피하는 소극적 행동을 의미한다.

④ 다양한 외부 환경의 변화에 둔감하고 조직목표의 혁신에 적극적으로 저항하는 현상을 피터의 원리라 한다.

11 「정부조직법」상 국가행정기관에 관한 설명으로 옳지 않은 것은?

① 국무총리가 특별히 위임하는 사무를 수행하기 위하여 부총리 2명을 두고, 기획재정부장관과 교육부장관이 각각 겸임한다.

② 재외동포에 관한 사무를 관장하기 위하여 외교부장관 소속으로 재외동포청을 둔다.

③ 과학기술정보통신부에 과학기술혁신사무를 담당하는 본부장 1명을 두되, 본부장은 고위공무원단 소속 공무원으로 한다.

④ 행정안전부의 안전·재난 업무 담당은 소방공무원으로 보할 수 있다.

12 배치전환에 대한 설명으로 옳지 않은 것은?

① 겸임은 한 사람에게 둘 이상의 직위를 부여하는 것으로, 겸임 기간은 2년 이내로 한다.

② 전보는 동일한 직급·직렬 내에서 계급의 변동 없이 직위만 변동되는 것을 말한다.

③ 전직은 직급은 동일하나 직렬이 다른 직위로 이동하는 것으로, 전직시험에 합격한 후에 가능하다.

④ 전입은 국회·법원·헌법재판소·선거관리위원회 및 행정부 간에 타 소속 공무원을 영입하여 전과 동일한 계급의 직위에 배치하는 것으로, 전입시험을 거치지 않아도 된다.

13 측정의 타당성에 대한 설명으로 옳은 것은?

① 직무수행 성공과 관련 있다고 이론적으로 구성·추정한 능력요소(traits)를 얼마나 정확하게 측정하느냐를 구성개념 타당성이라 한다.

② 내용 타당성은 시험 성적이 직무수행실적과 얼마나 부합하는가를 판단하는 타당성으로, 두 요소 간 상관계수로 측정된다.

③ 기준 타당성은 직무수행에 필요한 지식·기술·태도 등 능력요소를 얼마나 정확하게 측정하느냐에 관한 타당성이다.

④ 같은 개념을 상이한 측정방법으로 측정했을 때, 그 측정값 사이의 상관관계의 정도를 차별적 타당성이라 한다.

14 조직구조에 대한 설명으로 옳지 않은 것은?

① 조직의 규모가 커짐에 따라 공식화가 높아질 것이다.

② 조직구조의 구성요소 중 집권화란 조직 내에 존재하는 활동이 분화되어 있는 정도를 말한다.

③ 지나친 전문화(분업)는 구성원을 기계 부품화 내지는 비인간화시키고 조정을 어렵게 만든다.

④ 공식화의 정도가 높을수록 조직적응력은 떨어진다.

15 계급제와 직위분류제에 대한 설명으로 옳지 않은 것은?

① 우리나라 「국가공무원법」에는 직위분류제 주요 구성 개념인 직위, 직군, 직렬, 직류, 직급 등이 제시되어 있다.

② 직위분류제는 단기적 행정계획 수립에 적절하며, 계급제는 장기적 행정계획 수립에 적절하다.

③ 계급제에 비해 직위분류제는 공무원의 신분을 강하게 보장하는 경향이 있는 제도이다.

④ 계급제에서는 공무원 간의 유대의식이 높아 행정의 능률성을 제고할 수 있다.

16 공무원연금의 재원형성방식 중 적립방식의 특징으로 옳지 않은 것은?

① 전반적으로 관리운영이 복잡하고 비용이 많이 든다.
② 기금을 조성하여 운영하므로 기금식이라고도 한다.
③ 경제사정이나 정부의 재정상황에 따른 연금지급의 불안정을 줄일 수 있다.
④ 일반적으로 제도를 시작하는 데 소요되는 개시비용 (start-up cost)이 적게 든다.

17 공무원의 징계에 대한 설명으로 옳지 않은 것은?

① 감봉은 1개월 이상 3개월 이하의 기간 동안 보수의 3분의 1을 감한다.
② 정직은 1개월 이상 3개월 이하의 기간 동안 공무원의 신분은 보유하지만 직무에 종사할 수 없도록 하는 것이다. 정직기간 중 보수의 3분의 2를 삭감한다.
③ 강등은 1계급 아래로 직급을 내리고 3개월간 직무에 종사하지 못하며, 그 기간 중 보수의 전액을 감한다.
④ 파면된 경우, 재직기간이 5년 미만인 사람의 퇴직급여는 4분의 1을 감액하여 지급한다.

18 「국가재정법」 제16조상 예산의 원칙에 대한 설명으로 옳지 않은 것은?

① 정부는 예산과정의 전문성과 효율성을 제고하기 위하여 노력하여야 한다.
② 정부는 국민부담의 최소화를 위하여 최선을 다하여야 한다.
③ 온실가스 감축에 미치는 효과를 평가하고, 그 결과를 정부의 예산편성에 반영하기 위하여 노력하여야 한다.
④ 정부는 재정을 운용할 때 재정지출 및 조세지출의 성과를 제고하여야 한다.

19 예비타당성조사제도에 대한 설명으로 옳지 않은 것은?

① 정책적 분석의 대상으로는 지역경제 파급 효과, 재원 조달 가능성, 환경성, 추진 의지 등이 있다.
② 경제성 분석에는 경제·재무성 평가와 민감도분석 등이 포함된다.
③ 예비타당성조사는 대규모 건설사업, 정보화사업, 연구개발사업 등을 대상으로 하며, 교육·보건·환경 분야 등에는 아직 적용되지 않고 있다.
④ 문화재 복원사업은 예비타당성조사대상에서 제외한다.

20 「국가경찰과 자치경찰의 조직 및 운영에 관한 법률」상 자치경찰제에 대한 설명으로 옳지 않은 것은?

① 변호사 자격이 있는 사람으로서 국가기관, 지방자치단체, 「공공기관의 운영에 관한 법률」 제4조에 따른 공공기관에서 법률에 관한 사무에 5년 이상 종사한 경력이 있는 사람은 시·도자치경찰위원회 위원의 자격이 있다.
② 시·도경찰청 및 경찰서의 명칭, 위치, 관할구역, 하부조직, 공무원의 정원, 그 밖에 필요한 사항은 「정부조직법」을 준용하여 대통령령 또는 행정안전부령으로 정한다.
③ 국가는 지방자치단체가 이관 받은 자치경찰사무를 원활히 수행할 수 있도록 인력, 장비 등에 소요되는 비용에 대하여 재정적 지원을 하여야 한다.
④ 시·도자치경찰위원회 위원장과 위원의 임기는 3년으로 하며, 연임할 수 있다.

21 다음 중 조직의 갈등해소전략으로 옳은 것만을 고르면?

> ㄱ. 회피
> ㄴ. 상위목표의 제시
> ㄷ. 타협
> ㄹ. 정보전달통로의 변경

① ㄱ, ㄴ, ㄷ
② ㄱ, ㄴ, ㄹ
③ ㄱ, ㄷ, ㄹ
④ ㄴ, ㄷ, ㄹ

22 학습조직과 관련된 설명으로 옳지 않은 것은?

① 개방체계와 자아실현적 인간관에 기반한다.
② 자극·반응적 학습을 주된 방법으로 활용한다.
③ 역량기반 교육훈련제도의 대표적인 방식으로 활용되고 있다.
④ 핵심가치는 의사소통과 수평적 협력을 통한 조직의 문제해결이다.

23 정부예산과 기금의 관계에 대한 설명으로 옳지 않은 것은?

① 정부는 매년 기금운용계획안을 마련하여 국무회의의 의결을 받아야 하며, 국회에 제출할 필요는 없다.
② 기금은 특정 수입과 지출을 연계한다는 점에서 특별회계와 공통점이 있다.
③ 모두 정부의 재정활동의 수단으로, 통합예산의 구성요소가 된다.
④ 기금이란 국가가 특정한 목적을 위하여 특정한 자금을 신축적으로 운용할 필요가 있을 때에 법률로써 설치한다.

24 사회적 자본에 대한 설명으로 옳지 않은 것은?

① 경제자본에 비해 형성과정이 투명하고 경계가 명확하여 상호 간 거래가 촉진된다.
② 개념적으로 추상적이기에 객관적으로 계량화하기 쉽지 않다.
③ 사회적 자본은 사회 내 신뢰 강화를 통해 거래비용을 감소시킨다.
④ 사회적 자본은 집단결속력으로 인해 다른 집단과의 관계에 있어서 부정적 효과를 나타낼 수도 있다.

25 행정의 가외성에 대한 설명으로 옳지 않은 것은?

① 능률성을 제고하고 조직의 적응력을 높인다.
② 가외성이 전체의 신뢰성을 증가시킬 수 있는 조건은 각 부분이 어느 정도 동의할 수 있는 범위 내에서 독립적으로 움직여야 한다는 것이다.
③ 대체수단의 확보 등으로 수단과 목표의 전도 현상을 완화시킨다.
④ 조직의 과업환경이 이질적이고 불확정적인 때에 가외적 구조를 가진 조직은 생존가능성이나 과업 성취 가능성이 높다.

07회 실전동형모의고사
모바일 자동 채점 + 성적 분석 서비스
바로 가기 (gosi.Hackers.com)

QR코드를 이용하여 해커스공무원의 '모바일 자동 채점 + 성적 분석 서비스'로 바로 접속하세요!

* 해커스공무원 사이트의 가입자에 한해 이용 가능합니다.

08회 실전동형모의고사

제한시간: 20분 | 시작 시 분 ~ 종료 시 분 | 점수 확인 | 개/ 25개

01 정부규제에 대한 설명으로 옳지 않은 것은?

① 수단규제는 정부의 목표를 달성하기 위해 필요한 기술이나 행위에 대해 사전적으로 규제하는 것을 의미한다.

② 네거티브 규제는 원칙허용·예외금지를 의미하는 것으로 '~ 할 수 있다' 혹은 '~ 이다'의 형식을 띤다.

③ 「행정규제기본법」은 규제법정주의를 규정하고 있다.

④ 네거티브 규제가 포지티브 규제에 비해 피규제자의 자율성을 더 보장해 준다는 측면에서 바람직하다고 평가받고 있다.

02 민간부문의 자율성을 높이고 그 역할을 확대하는 민간화(privatization) 방법으로 옳지 않은 것은?

① 공기업의 설립
② 바우처 제공
③ 정부계약(contracting out) 활용
④ 공동생산(co - production)

03 행정의 가치에 대한 설명으로 옳지 않은 것은?

① 행정환경이 급변하는 경우 주민이 원하는 서비스를 제공한다는 대응성은 합법성과 충돌할 가능성이 크다.

② 대응성은 행정이 시민의 이익을 반영하고, 그에 반응하는 행정을 수행해야 한다는 것을 뜻한다.

③ 제도적 책임성은 자율적이고 적극적인 행정책임을 의미한다.

④ 체제 운영의 안정성과 신뢰성을 확보하려는 가외성은 능률성의 개념과 충돌될 우려가 있다.

04 포스트모더니티(post - modernity) 행정이론에 대한 설명으로 옳지 않은 것은?

① 보편적인 질서의 모색을 가정하는 모더니즘적 경향성을 비판한다.

② 파머(D. Farmer)는 관점에 따라 다양한 가능성이 허용되는 상상(imagination)보다는 과학적 합리성(rationality)이 더 중요하다고 본다.

③ 바람직한 행정서비스는 다품종·소량생산체제에서 제공될 가능성이 높다.

④ 행정은 객관적으로 연구될 수 있다는 설화를 해체해야 한다고 주장한다.

05 정책의제설정에 대한 설명으로 옳지 않은 것은?

① 외부주도형에 대해 허쉬만(Hirshman)은 강요된 정책문제라고 하였다.

② 내부접근형에서 정부기관 내부의 집단 혹은 정책결정자와 빈번히 접촉하는 집단은 공중의제화하는 것을 꺼린다.

③ 킹던(J. Kingdon)은 어떤 중요한 시점에서 문제·정책·정치 등 세 가지 흐름(streams)의 결합에 의하여 정책의제가 설정된다고 주장하였다.

④ 일상화된 정책문제보다는 새로운 문제가 보다 쉽게 정책의제화된다.

06 데이터기반 및 증거기반 행정에 대한 설명으로 가장 적절하지 않은 것은?

① 공공기관이 데이터를 수집·저장·가공·분석·표현하는 등의 방법으로 정책 수립 및 의사결정에 활용하는 것을 말한다.

② 증거기반이론은 정책결정 현실을 충분히 반영하지 못하고 있다는 비판이 있다.

③ 보건정책 분야, 사회복지정책 분야, 교육정책 분야, 형사정책 분야 등은 증거기반 정책결정의 적용이 상대적으로 용이하지 않다.

④ 데이터기반 행정은 정부가 보유하고 있는 빅데이터를 적극 활용함으로써 공공기관의 책임성, 대응성 및 신뢰성을 높이고 국민의 삶의 질 향상을 위한 목적으로 도입되었다.

07 정책의 유형과 분류에 대한 설명으로 가장 옳은 것은?

① 로위(Lowi)의 정책 분류는 다원주의와 엘리트주의를 통합하려는 노력의 일환으로 볼 수 있다.

② 알몬드와 포웰(Almond & Powell)에 따르면 조세 및 부담금 등은 재분배정책으로 볼 수 있다.

③ 로위(Lowi)는 공무원연금에 관한 정책을 분배정책으로 분류한다.

④ 로위(Lowi)는 정책유형을 배분정책, 구성정책, 규제정책, 재분배정책으로 구분하였으며, 구분의 기준이 되는 것은 강제력의 행사방법(간접적, 직접적)과 비용의 부담주체(소수에 집중 아니면 다수에 분산)이다.

08 공직자의 이해충돌에 대한 설명으로 옳지 않은 것은?

① 우리나라는 2021년 5월 「공직자의 이해충돌 방지법」을 제정하였다.

② 이해충돌은 그 특성에 따라 실제적, 외견적, 잠재적 형태로 분류할 수 있다.

③ 「공직자의 이해충돌 방지법」의 위반행위는 위반행위가 발생한 기관 또는 그 감독기관에는 신고할 수 없다.

④ 「공직자의 이해충돌 방지법」의 위반행위는 감사원, 수사기관, 국민권익위원회 등에 신고할 수 있다.

09 호프스테드(Hofstede)가 비교한 문화의 비교차원과 가장 옳지 않은 것은?

① 남성성 대 여성성
② 권력거리
③ 보수주의 대 진보주의
④ 장기성향 대 단기성향

10 정부의 역할 범위와 관련된 이념적 스펙트럼은 크게 진보주의와 보수주의로 구분된다. 진보주의와 보수주의에 대한 설명으로 옳은 것은?

① 보수주의는 시장의 효율과 공정, 번영과 진보에 대한 시장의 잠재력을 인정하되 시장의 결함도 인정한다.

② 적극적 자유란 무엇을 할 수 있는 자유를 의미하는 것으로, 자유를 행사할 수 있는 여건 보장과 이를 위한 정부의 적극적 간섭을 요구하며, 진보주의에서 강조된다.

③ 진보주의 정부관은 정부에 대한 불신이 강하고 정부실패를 우려한다.

④ 신자유주의·신보수주의로 대표되는 신우파는 고전적 자유주의로의 복귀와 복지국가의 해체 과정에서 약한 정부의 역할을 강조한다.

11 네거티브규제인 규제샌드박스의 유형이 아닌 것은?

① 규제 신속 확인
② 임시 허가
③ 실증특례
④ 규제품질관리

12 다음의 내용을 조직이론의 발전 과정에 따라 고전적 조직이론 → 신고전적 조직이론 → 현대적 조직이론의 순서로 배열한 것은?

ㄱ. 조직을 환경과 상호작용하는 동태적이고 유기체적인 존재로 파악한다.
ㄴ. 인간의 감정적·정서적 측면에 관심을 기울인다.
ㄷ. 과학적 관리론과 관료제 등이 대표적이다.
ㄹ. 상황이론과 자원의존이론 등이 대표적이다.
ㅁ. 행정의 체계화와 합리화, 능률의 향상을 목적으로 한다.
ㅂ. 호손실험연구 등을 포함한 인간관계학파가 대표적이다.

① (ㄱ, ㄹ) → (ㄴ, ㅂ) → (ㄷ, ㅁ)
② (ㄴ, ㄹ) → (ㄷ, ㅂ) → (ㄱ, ㅁ)
③ (ㄴ, ㅂ) → (ㄱ, ㄹ) → (ㄷ, ㅁ)
④ (ㄷ, ㅁ) → (ㄴ, ㅂ) → (ㄱ, ㄹ)

13 대표관료제에 대한 설명으로 가장 옳지 않은 것은?

① 우리나라에서는 대표관료제를 균형인사정책이라 부른다.
② 개인주의와 자유주의 원리를 기반으로 하고 있다.
③ 공무원의 정치적 중립과 모순되는 경향이 있다.
④ 기회의 평등보다 결과의 평등을 강조한다.

14 「인사혁신처 예규」상 유연근무제에 대한 설명으로 옳지 않은 것은?

① 시차출퇴근형: 1일 8시간 근무체제를 유지하되, 출근시간 선택이 가능한 근무형태
② 근무시간선택형: 출퇴근 의무 없이 전문 프로젝트를 수행하며, 주 40시간이 인정되는 근무형태
③ 집약근무형: 1일 10 ~ 12시간 근무, 주 3.5 ~ 4일 근무하는 근무형태
④ 스마트워크근무형: 원격 근무제에 속하는 근무형태

15 행정의 능률성(efficiency)과 효과성(effectiveness)에 관한 설명으로 옳은 것은?

① 효과성은 목표와 무관하게 자원을 낭비 없이 사용하는 것을 의미한다.
② 능률성은 사회문제의 해결정도를 의미한다.
③ 어떤 해결대안이 효과적이면 그 대안은 항상 능률적이다.
④ 정책영향평가는 사후평가이며 동시에 효과성 평가로 볼 수 있다.

16 디징(Diesing)의 합리성의 유형에 대한 설명으로 옳지 않은 것은?

① 정치적 합리성이란 경쟁 상태에 있는 목표를 어떻게 비교하고 선택할 것인가의 합리성을 의미한다.
② 법적 합리성이란 보편성과 공식적 질서를 통해 예측 가능성을 높이는 합리성을 의미한다.
③ 기술적 합리성은 목표를 성취하기 위한 적합한 수단을 채택하는 합리성을 의미한다.
④ 사회적 합리성이란 사회구성원 간의 조정과 조화된 통합성의 정도를 의미한다.

17 영기준예산(ZBB)에 대한 설명으로 옳지 않은 것은?

① 자원의 효율적인 배분 및 예산절감의 효과를 얻을 수 있다.
② 국방비, 공무원의 보수, 교육비와 같은 경직성 경비가 많으면 영기준예산제도의 효용이 커진다.
③ 영기준예산의 기본절차는 의사결정 단위의 확인, 의사결정 패키지의 작성, 우선순위의 결정, 실행예산의 편성 순으로 이루어진다.
④ 예산과정에서 상향적 의사결정이 이루어지므로 실무자의 참여가 확대된다.

18 다음에 해당하는 개념으로 옳은 것은?

일정한 기준과 절차에 따라 업무·응용·데이터·기술·보안 등 조직 전체의 구성요소들을 통합적으로 분석한 뒤, 이들 간의 관계를 구조적으로 정리한 체제 및 이를 바탕으로 정보화 등을 통하여 구성요소들을 최적화하기 위한 방법을 말한다.

① 블록체인 네트워크
② 정보기술아키텍처
③ 스마트워크센터
④ 데이터마이닝

19 다음 중 지방자치단체에 대한 설명으로 옳은 것만을 고르면?

ㄱ. 지방자치단체의 장은 법령이나 조례의 범위에서 규칙을 제정할 수 있다.
ㄴ. 지방의회에서 의결된 조례안은 20일 이내에 지방자치단체의 장에게 이송되어야 한다.
ㄷ. 재의요구를 받은 조례안은 재적의원 과반수의 출석과 출석의원 과반수의 찬성으로 재의결되면, 조례로 확정된다.
ㄹ. 지방자치단체의 장은 재의결된 조례가 법령에 위반된다고 판단되면 재의결된 날부터 20일 이내에 대법원에 제소할 수 있다.

① ㄱ, ㄴ
② ㄱ, ㄹ
③ ㄴ, ㄹ
④ ㄷ, ㄹ

20 우리나라 공무원 보수제도에 대한 설명으로 옳지 않은 것은?

① 인사혁신처는 보수의 합리적인 책정을 위하여 민간의 임금, 표준생계비 및 물가의 변동 등에 대한 조사를 한다.
② 봉급이라 함은 직무의 곤란성 및 책임의 정도에 따라 직책별로 지급되는 기본급여 또는 직무의 곤란성 및 책임의 정도와 재직기간 등에 따라 계급별·호봉별로 지급되는 기본급여를 말한다.
③ 공무원의 호봉 간의 승급에 필요한 기간은 1년으로 한다.
④ 직무성과급적 연봉제를 적용하는 고위공무원의 성과연봉은 개인의 경력 및 누적성과를 반영하여 책정되는 기준급과, 직무의 곤란성 및 책임의 정도를 반영하여 직무등급에 따라 책정되는 직무급으로 구성한다.

21 전통적 델파이(Delphi)기법에 대한 설명으로 가장 옳지 않은 것은?

① 익명성을 보장하기 위해 응답의 통계 값으로 평균만 제공한다.
② 집단토론에서 나타나는 왜곡된 의사전달의 문제를 해결하기 위하여 고안되었다.
③ 익명성을 바탕으로 조사되며, 통제된 환류를 수행하는 반복된 과정을 통해 전문가 합의를 유도한다.
④ 미국 랜드연구소에서 개발되어 다양한 예측활동 영역에서 이용되고 있다.

22 근무성적평정에서 나타날 수 있는 문제점에 대한 설명으로 가장 옳지 않은 것은?

① 연쇄효과(halo effect)는 평정자가 중시하는 하나의 평정요소에 대한 긍정적인 평가가 다른 평정 요소에도 긍정적 영향을 미치는 것을 말한다.
② 도표식 평정척도법은 연쇄효과를 예방하기 위해 개발된 것이다.
③ 근접효과(recency effect)는 평가시점에 가까운 실적을 평정에 더 많이 반영하여서 나타나는 오류이다.
④ 선입견은 평정자가 평소에 가지고 있던 개인적 특성(출신학교, 출신종교 등)에 대한 편향성을 평정에 반영하여 오류를 유발한다.

23 자본예산제도에 대한 설명으로 가장 옳지 않은 것은?

① 자본예산은 정부 예산을 경상지출과 자본지출로 이원화 한다는 점에서 복식예산(double budget)이라고 한다.
② 자본지출에 대한 전문적 분석과 심의를 돕는다.
③ 인플레이션기에 적합한 예산제도로, 경제안정에 도움을 준다.
④ 자본지출의 혜택을 누릴 미래세대와 부채상환의 책임을 분담함으로써 비용부담의 형평성을 높인다.

24 「국가공무원법」상 공무원에 대한 설명으로 옳지 않은 것은?

① 일반직공무원은 기술·연구 또는 행정 일반에 대한 업무를 담당하는 공무원이다.
② 특수경력직공무원은 경력직공무원 외의 공무원으로, 정무직공무원과 별정직공무원이 이에 해당한다.
③ 별정직공무원은 고도의 정책결정 업무를 담당하거나 이러한 업무를 보조하기 위하여 법령에서 별정직으로 지정하는 공무원이다.
④ 특정직공무원은 법관, 검사, 경호공무원 등 특수 분야의 업무를 담당하는 공무원으로서 다른 법률에서 특정직공무원으로 지정하는 공무원이다.

25 「주민투표법」상 주민투표에 관한 규정으로 옳지 않은 것은?

① 주민투표는 현장투표를 채택하고 있으며 전자투표는 도입하고 있지 않다.
② 「공직선거법」상 선거권이 없는 사람은 주민투표권이 없다.
③ 주민투표권자의 연령은 투표일 현재를 기준으로 산정한다.
④ 출입국관리 관계 법령에 따라 대한민국에 계속 거주할 수 있는 자격을 갖춘 외국인으로서 지방자치단체의 조례로 정한 사람은 투표권이 있다.

08회 실전동형모의고사
모바일 자동 채점 + 성적 분석 서비스
바로 가기 (gosi.Hackers.com)

QR코드를 이용하여 해커스공무원의 '모바일 자동 채점 + 성적 분석 서비스'로 바로 접속하세요!

* 해커스공무원 사이트의 가입자에 한해 이용 가능합니다.

09회 실전동형모의고사

제한시간: 20분 시작 시 분 ~ 종료 시 분 점수 확인 개/ 25개

01 비용편익분석과 비교했을 때 비용효과분석에 대한 설명으로 옳은 것은?

① 변동하는 비용과 효과의 문제분석에 활용한다.
② 경제적 합리성과 정책대안의 효과성을 강조한다.
③ 시장가격에 대한 의존도가 낮으므로 상대적으로 공공부문의 사업분석에 더 유용한 기법이다.
④ 외부효과와 무형적 가치분석에 적합하지 않다.

02 시장실패의 원인과 그에 따른 정부의 대응 방식의 연결이 옳지 않은 것은?

① 공공재의 존재 - 정부규제(권위)
② 외부효과의 발생 - 공적 유도(보조금)
③ 자연독점 - 정부규제(권위)
④ 정보의 비대칭성 - 공적 유도(보조금)

03 다양성 관리(Diversity Management)에 대한 설명으로 옳지 않은 것은?

① 다양성의 유형 중 직업, 직급, 교육수준은 변화가능성(variability)이 높다.
② 다양성의 유형 중 출신 지역, 학교, 성적(性的) 지향, 종교는 가시성(visibility)이 높다.
③ 협의로는 균형인사정책에 한정되지만, 광의로는 일 - 삶의 균형정책까지 확대된다.
④ 이질적인 조직구성원 간의 소통과 교류를 통해 조직의 효과성과 만족도를 높이려고 노력한다.

04 숙의민주주의에 대한 설명으로 올바르지 않은 것은?

① 숙의(deliberation)가 의사결정의 중심이 되는 민주주의의 형식이다.
② 숙의민주주의는 실현가능한 방법론의 명확성이 장점이다.
③ 합의회의는 시민들이 전문가에게 질의하고 의견청취하고 의견교환과 심의를 통해 일치된 의견을 도출하는 방식이다.
④ 주민배심은 대표 시민들이 정책 질의 및 심의과정에 참여하여 정책 권고안을 제시하는 방식이다.

05 정책실험에서 내적 타당성을 위협하는 요인 중 다음에 해당하는 것으로 옳은 것은?

사전측정을 경험한 실험 대상자들이 측정 내용에 대해 친숙해지거나 학습 효과를 얻음으로써 사후측정 때 실험집단의 측정값에 영향을 주는 효과이며, 눈에 띄지 않는 관찰방법 등으로 통제할 수 있다.

① 검사요인
② 선발요인
③ 도구요인
④ 역사요인

06 발생주의 회계에 관한 설명으로 가장 적절하지 않은 것은?

① 재정상태표와 재정운영표에는 발생주의와 복식부기가 각각 적용되고 있다.
② 미지급 비용과 미수 수익금의 경우 발생주의에서는 기록되지 않는다.
③ 감가상각과 대손상각은 발생주의에서는 비용으로 인식된다.
④ 국가회계는 디브레인(dBrain)시스템을 통해, 지방자치단체회계는 e-호조시스템을 통해 처리된다.

07 민영화의 유형에 대한 설명으로 가장 옳지 않은 것은?

① 전자 바우처(vouchers) 방식은 개별적인 바우처 사용행태를 분석하여 실제 이용자의 실시간 모니터링이 가능하다.
② 보조금 방식은 공공서비스가 기술적으로 복잡하여 예측하기 어렵고, 서비스 목표달성의 방법을 정확히 알 수 없는 경우에 주로 이용하는 방식이다.
③ 자조활동이란 공공서비스의 수혜자와 제공자가 같은 집단에 소속되어 서로 돕는 방식이다.
④ 면허방식은 정부가 서비스 제공자에게 서비스 비용을 직접 지불하여 이용자의 비용부담을 경감시키는 장점이 있다.

08 다음 중 미국 행정학의 특징을 시대적 순서대로 나열한 것은?

> ㄱ. 가치중립적인 관리론보다는 민주적 가치 규범에 입각한 정책연구를 지향한다.
> ㄴ. 행정학은 이론과 법칙을 정립하는 데 목적을 두어야 하며 사실판단의 문제를 연구대상으로 삼아야 한다.
> ㄷ. 과업별로 가장 효율적인 표준시간과 동작을 정해서 수행할 필요가 있다.
> ㄹ. 정부는 공공재의 생산·공급자이며 국민을 만족시킬 수 있는 최선의 제도적 장치를 설계해야 한다.
> ㅁ. 조직 구성원의 생산성은 조직의 관리통제보다는 조직 구성원 간의 관계에 더 많은 영향을 받는다.

① ㄴ - ㄷ - ㄱ - ㄹ - ㅁ
② ㄴ - ㄷ - ㅁ - ㄱ - ㄹ
③ ㄷ - ㅁ - ㄱ - ㄹ - ㄴ
④ ㄷ - ㅁ - ㄴ - ㄱ - ㄹ

09 드로(Y. Dror)의 최적모형에 대한 설명으로 옳지 않은 것은?

① 정책결정을 위한 자원·시간이 부족하고 상황이 불확실할 때에는 결정자의 직관이나 통찰력에 따라 결정을 내리는 것이 더 바람직한 경우가 많다고 본다.
② 초정책결정단계(meta-policy making stage)는 '정책결정에 대한 정책결정'의 단계로, 정책결정체제를 하나의 전체로서 관리하고 정책결정의 주된 전략을 결정하는 단계이다.
③ 정책결정 이후 단계(post-policy making stage)에는 집행과 평가가 포함된다.
④ 중요한 정책결정구조라도 중첩성(redundancy)을 갖추는 것은 조직의 비능률을 초래하므로 바람직하지 않고, 조직의 단순화가 정책비용의 감소를 가져와 정책결정의 최적화를 기할 수 있다.

10 예산결정이론에 대한 설명으로 옳지 않은 것은?

① 단절적 균형이론(punctuated equilibrium theory)은 예산의 배분 형태가 항상 일정한 것은 아니라고 보기 때문에 점진적 변동에 따른 안정을 다루지 않는다.
② 점증주의 예산결정은 정책과정상의 갈등을 완화하고 해결하는 데 필요한 정치적 합리성을 갖는다.
③ 다중합리성이론(multiple rationalities budget theory)은 예산과정의 단계별로 경제적·정치적·사회적·법적 기준 등 다양한 측면이 영향을 미친다고 본다.
④ 공공선택론(public choice theory)은 관료를 자신의 효용을 극대화하는 이기적인 주체로 가정하며, 니스카넨(Niskanen)의 예산극대화모형이 여기에 속한다.

11 행정통제에 대한 설명으로 옳지 않은 것은?

① 행정통제에 있어서 가장 이상적인 것은 행정인이 스스로 직업윤리를 확립하고, 그 기준에 의하여 자기를 규제하는 자율적 통제이다.

② 감사원에 의한 통제는 외부통제이다.

③ 옴부즈만에 의한 통제는 외부통제이다.

④ 행정이 고도의 전문성과 복잡성을 지니게 된 현대행정국가에서는 외부통제만으로는 통제의 효과를 제대로 기하기 어려워 내부통제의 중요성이 한층 더 강조되고 있다.

12 하우스(House)와 에반스(Evans)의 경로 – 목표모형(Path – goal Model)에서 상황요인(상황변수)에 해당하는 것으로 옳은 것은?

① 수단성

② 근무성과

③ 과업환경

④ 구성원의 만족도

13 고위공무원단제도에 대한 설명으로 옳지 않은 것은?

① 고위공무원단의 성과연봉은 전년도 근무성과에 따라 결정된다.

② 고위공무원단의 대상은 일반직공무원이며 별정직공무원은 그 대상에 제외된다.

③ 지방자치단체의 지방공무원에 대해서는 도입되지 않고 있다.

④ 개방과 경쟁 중심의 인사관리제도이다.

14 엽관주의와 실적주의에 대한 설명으로 옳은 것은?

① 엽관주의는 각 개인이 가지고 있는 능력에는 차이가 있음을 인정하는 인간의 상대적 평등주의를 신봉한다.

② 행정국가 현상의 등장은 실적주의 수립의 환경적 기반을 제공하였다.

③ 실적주의의 주요 구성요소로 유능한 인재의 적극적 유치가 있다.

④ Northcote – Trevelyan 보고서 발표가 미국의 실적주의 성립에 기반이 되었다.

15 우리나라 중앙예산부서의 재정관리 혁신에 대한 설명으로 옳지 않은 것은?

① 총사업비가 500억 원 이상이고 국가재정 지원 규모가 300억 원 이상인 신규사업 중 지능정보화사업은 예비타당성조사의 대상사업이 될 수 있다.

② 총사업비가 500억 이상이고 국가재정지원이 300억 이상인 기존사업은 예비타당성조사의 대상사업이 될 수 있다.

③ 총사업비가 200억 이상인 연구개발사업은 총사업비 관리대상사업이 될 수 있다.

④ 총사업비가 500억 이상이고 국가재정지원이 300억 이상인 토목 및 정보화사업은 총사업비 관리대상사업이 될 수 있다.

16 공무원고충처리에 대한 설명으로 옳지 않은 것은?

① 5급 이상 공무원 및 고위공무원단에 속하는 일반직 공무원의 고충을 다루는 중앙고충심사위원회의 기능은 소청심사위원회가 관장한다.

② 고충처리는 공무원의 사기진작과 관련이 있다.

③ 고충심사위원회의 결정은 처분청에 대한 법적 기속력이 있으므로, 임용권자에게 결정 결과에 따라 고충해소를 위한 노력을 할 의무를 부과한다.

④ 고충심사위원회가 청구서를 접수한 때에는 30일 이내에 고충심사에 대한 결정을 해야 한다.

17 다음 중의 예산의 원칙과 그 예외 사항을 옳게 연결한 것은?

> ㄱ. 예산은 가능한 한 모든 재정활동을 포괄하는 단일의 예산 내에서 정리되어야 한다.
> ㄴ. 모든 수입과 지출은 예산에 계상되어야 한다.
> ㄷ. 정해진 목표를 위하여 정해진 금액을 정해진 기간 내에 사용해야 한다.

	ㄱ	ㄴ	ㄷ
①	추가경정예산	현물출자	이용과 전용
②	특별회계	예비비	준예산
③	추가경정예산	이체	이월
④	특별회계	계속비	수입대체경비

18 품목별예산제도에 대한 설명으로 옳지 않은 것은?

① 비교적 운영하기 쉬우며 회계 책임을 분명히 할 수 있다.

② 재정민주주의 구현에 유리한 통제지향 예산제도이다.

③ 미국에서는 1900년대 초반 행정의 절약과 능률을 증진시키기 위하여 도입되었다.

④ '무엇을 위한 지출인가'에 대해서 충분한 정보를 제공해 준다.

19 블랙스버그 선언에 대한 설명으로 옳지 못한 것은?

① 행정과 행정가에 대한 필요 이상의 과도한 공격(관료후려치기: bureaucrat bashing)과 反관료적 시각을 초래한 미국의 사회적·정치적 상황을 비판하고, 행정이 스스로 정당성과 위상을 회복할 수 있는 규범적·윤리적 방안을 제안하려는 학문적 개혁운동이다.

② 민간부문에 대해 공공부문이 상대적으로 비효율적이라는 믿음은 근거가 없는 것이라고 보며, 관료제 옹호론을 제기한다.

③ 행정의 정당성 확보방안(행정재정립)으로, 행정의 속성을 관리적 측면으로 이해한다.

④ 행정 나름대로의 대리인(agent) 관점을 강조하여, 대리인(agent)으로서의 관료제는 가치중립적인 도구가 아니라, 사회적 관계 및 정치적·경제적 역할을 포함하여 공익 추구를 위해 나름대로의 가치와 미션을 지닌 사회적 축조물을 의미한다.

20 우리나라의 지방의회에 대한 설명으로 가장 옳지 않은 것은?

① 위원회의 종류는 상임위원회와 특별위원회의 두 가지로 구분한다.

② 지방의회의원은 「지방공기업법」에 규정된 지방공사와 지방공단의 임직원을 겸할 수 있다.

③ 조례로 정하는 바에 따라 광역의회에는 사무처를 둘 수 있으며, 기초의회에는 사무국이나 사무과를 둘 수 있다.

④ 지방의회는 매년 2회 정례회를 개최한다.

21 경쟁적 가치접근법(Competing Values Approach)에 대한 설명으로 가장 옳지 않은 것은?

① 퀸(Quinn)과 로보그(Rohrbaugh)는 조직의 효과성은 이를 평가하는 평가자의 이익과 가치에 크게 의존한다고 주장하였다.

② 조직구조가 통제를 강조하는지 유연성을 강조하는지와 조직의 초점이 인간인지 또는 조직 자체인지를 기준으로 네 가지 효과성 평가모형을 제시하였다.

③ 네 가지 조직효과성 평가모형은 개방체제모형, 합리적목표모형, 내부과정모형, 인간관계모형이다.

④ 창업 단계에서는 개방체제모형으로 평가하는 것이 적절하고, 집단공동체 단계에서는 합리적목표모형을 적용하는 것이 적절하다고 주장한다.

22 직무급(Job - based Pay)의 장점에 대한 설명으로 가장 옳지 않은 것은?

① 동일 직무에 대한 동일 보수의 적용

② 배치전환, 노동의 자유 이동 등의 인사관리상 융통성 강화

③ 직무를 중시하여 개인별 보수 차등에 대한 불만 해소

④ 능력 위주의 인사 풍토 조성

23 국가의 재정지출을 조세수입에 의해 충당하는 경우에 대한 설명으로 옳지 않은 것은?

① 현 세대의 의사결정에 대한 재정부담이 미래세대로 전가되지 않는다.

② 납세자인 국민들은 정부지출을 통제하기 어렵고, 성과에 대한 직접적인 책임을 요구하기 어렵다.

③ 조세를 통해 투자된 자본시설은 대가를 지불하지 않는 자유재(free goods)로 인식되어, 과다수요 혹은 과다지출되는 비효율성 문제가 발생한다.

④ 과세의 대상과 세율을 결정하는 법적 절차가 복잡하고 시간이 많이 소요되기 때문에 경직적이다.

24 회사모형에 대한 설명으로 옳지 않은 것은?

① 개인적 차원의 만족모형을 조직 차원의 의사결정에 적용한 모형이다.

② 조직은 느슨하게 연결된 준독립적인 하위조직의 집합체로 간주된다.

③ 조직 환경을 매우 유동적이고 불확실한 것으로 간주한다.

④ 회사는 내부 갈등을 상급자의 권위를 바탕으로 통합적으로 해결하고자 한다.

25 우리나라의 전자정부와 지능정보화에 대한 설명으로 옳지 않은 것은?

① 중앙사무관장기관의 장은 전자정부의 구현·운영 및 발전을 위하여 5년마다 전자정부기본계획을 수립하여야 한다.

② 지능정보화책임관은 해당 기관의 지능정보사회 시책의 효율적인 수립·시행 업무와 지능정보화 사업의 조정 등 대통령령으로 정하는 업무를 총괄한다.

③ 국가의 안전보장과 관련된 행정정보일지라도 공동이용센터를 통한 공동이용 대상정보에서 제외할 수 없다.

④ 지속적인 전자정부의 발전을 촉진하기 위하여 매년 6월 24일을 전자정부의 날로 정하였다.

10회 실전동형모의고사

제한시간: 20분 시작 시 분 ~ 종료 시 분 점수 확인 개/ 25개

01 다음은 던(W. Dunn)이 분류한 정책대안 예측유형과 그에 따른 기법이다. 분류가 옳지 않은 것만을 모두 고르면?

예측유형	기법
투사(Project)	ㄱ. 시계열 분석 ㄴ. 최소자승 경향 추정 ㄷ. 시나리오 분석
예견(Predict)	ㄹ. 선형기획법 ㅁ. 자료전환법 ㅂ. 회귀분석
추정(Conjecture)	ㅅ. 투입-산출분석 ㅇ. 정책 델파이 ㅈ. 교차영향분석

① ㄱ, ㄹ, ㅁ
② ㄴ, ㄷ, ㅈ
③ ㄴ, ㄹ, ㅇ
④ ㄷ, ㅁ, ㅅ

02 신공공서비스론의 특성에 대한 설명으로 옳지 않은 것은?

① 신공공서비스론은 민주주의이론 및 비판이론, 포스트모더니즘 등을 바탕으로 탄생한 복합적 이론이다.
② 기대하는 조직은 주요 통제권이 조직 내 유보된 분권화된 조직이다.
③ 행정재량의 필요성을 인정하지만 제약과 책임이 수반되어야 한다고 본다.
④ 정부의 역할로 방향잡기보다는 봉사를 강조한다.

03 행정이론에 대한 설명으로 옳지 않은 것은?

① 행정관리론에서는 계획과 집행을 분리하고, 권한과 책임을 명확히 규정할 것을 강조하였다.
② 신행정학에서는 정부의 적극적인 역할과 적실성 있는 정책의 수립을 강조하였다.
③ 뉴거버넌스론에서는 공공참여자의 활발한 의사소통, 수평적 합의, 네트워크 촉매자로서의 정부 역할을 강조하였다.
④ 발전행정론은 정치, 사회, 경제의 균형성장에 크게 기여하였다.

04 행정학의 패러다임에 관한 설명으로 옳은 것은?

① 뉴거버넌스는 정부 내부의 관리보다는 외부 주체와의 관계를 강조한다.
② 신공공관리는 경쟁보다 협력을 강조한다.
③ 생태론적 접근방법은 행정변수 중에서 특히 환경 변화와 사람의 행태를 연구대상으로 한다.
④ 전통적 관료제 중심의 행정은 환경변화에 대한 유연한 적응에 유리하다.

05 다음 중 정책평가의 내적 타당성을 저해하는 요인은 모두 몇 개인가?

> ㄱ. 성숙요인
> ㄴ. 회귀인공요인
> ㄷ. 실험조작의 반응효과
> ㄹ. 역사요인
> ㅁ. 측정요인
> ㅂ. 선발과 성숙의 상호작용
> ㅅ. 측정도구요인
> ㅇ. 표본추출의 대표성 문제
> ㅈ. 다수 처리의 간섭
> ㅊ. 실험조작과 측정의 상호작용

① 2개
② 4개
③ 5개
④ 6개

06 다음 중 정책유형에 대한 설명으로 옳은 것만을 고르면?

> ㄱ. 국·공립학교를 통한 교육서비스는 분배정책이다.
> ㄴ. 영세민을 위한 임대주택 건설은 재분배정책이다.
> ㄷ. 탄소배출권거래제는 분배정책이다.
> ㄹ. 정부기관이나 기구 신설에 관한 정책은 구성정책이다.

① ㄱ, ㄷ
② ㄴ, ㄹ
③ ㄱ, ㄴ, ㄹ
④ ㄴ, ㄷ, ㄹ

07 포터(Porter)와 롤러(Lawler)의 기대이론에 대한 설명으로 옳지 않은 것은?

① 직무만족이 성과의 직접 원인이며, 노력은 간접 요인이라고 주장한다.
② 노력의 결과 달성되는 직무성과는 개인의 능력 이외에도 개인의 특성과 역할인지(자신의 직무를 이해하는 정도)의 수준에 영향을 받는다.
③ 직무성과에 따른 보상을 성취감이나 자아실현 등의 내재적 보상과 봉급이나 승진 등의 외재적 보상으로 구분한다.
④ 성과의 수준이 업무만족의 원인이 된다고 본다.

08 사이먼(H. A. Simon)의 정책결정만족모형에 대한 설명으로 옳지 않은 것은?

① 합리모형의 의사결정자는 경제인, 자신이 제시한 모형의 의사결정자는 행정인이라고 주장하였다.
② 제한된 합리성을 기초로 한다.
③ 만족모형은 의사결정자들이 만족할 만하고 괜찮은 해결책을 얻기 위해 몇 개의 대안만을 병렬적으로 탐색한다고 본다.
④ 인간은 완전하지 않기 때문에 주관적으로 만족할 만한 대안선택을 한다.

09 조직이론에 대한 설명으로 옳지 않은 것은?

① 블레이크(Blake)와 머튼(Mouton)은 관리그리드모형에서 과업 지향과 인간관계 지향이라는 기준을 활용하여 리더십 유형을 분류하였다.
② 민츠버그(Mintzberg)의 조직유형론 중 단순구조는 신생조직이나 소규모조직에서 주로 나타나는데, 주된 조정방법은 직접통제이다.
③ 허시(Hersey)와 블랜차드(Blanchard)는 부하의 성숙도가 높은 경우 지시적 리더십이 효과적이라고 보았다.
④ 베버(Weber)는 법적·합리적 권한에 기초를 둔 이념형(ideal type) 관료제의 특징으로 법과 규칙의 지배, 계층제, 문서에 의한 직무수행, 비개인성(impersonality), 분업과 전문화 등을 제시하였다.

10 계급제에 대한 설명으로 옳지 않은 것은?

① 개별 공무원의 자격과 능력을 기준으로 계급을 설정하고 이에 따라 공직을 분류하는 제도이다.
② 계급 간 승진이 어려워 한정된 계급범위에서만 승진이 가능하다.
③ 계급제는 직위분류제에 비해 분류 구조와 보수 체계가 복잡하고 융통성이 적어 그 활용성이 떨어진다.
④ 순환보직을 통해 다양한 업무를 경험할 수 있도록 한다.

11 역량평가에 대한 설명으로 옳지 않은 것은?

① 다수의 평가자가 참여하며 합의에 의하여 평가결과를 도출한다.

② 구조화된 모의 상황을 설정하고 피평가자의 행동을 직접 관찰하여 평가하는 방식이다.

③ 피평가자의 과거 성과를 기반으로 평가하기 때문에 개인의 역량에 대한 객관적 평가가 가능하다.

④ 역할수행, 서류함기법 등과 같은 다양한 실행과제를 활용하여 평가한다.

12 동기요인이론에 대한 설명으로 옳지 않은 것은?

① 로크(Locke)의 목표설정이론은 평이하고 구체적인 목표일수록 동기부여가 된다고 본다.

② 맥클리랜드(McClelland)의 성취동기이론에 따르면, 개인들의 욕구는 학습을 통해 개발될 수 있다.

③ 허즈버그(Herzberg)의 2요인이론에서 개인은 서로 별개인 만족과 불만족의 감정을 가지는데, 위생요인은 개인의 불만족을 방지해주는 요인이며, 동기요인은 개인의 만족을 제고하는 요인이다.

④ 앨더퍼(Alderfer)의 ERG이론은 매슬로우(Maslow)의 욕구5단계이론과 달리, 욕구 추구는 분절적으로 일어날 수도 있지만, 두 가지 이상의 욕구를 동시에 추구하기도 한다고 주장하였다.

13 정책네트워크모형(policy network model)에 대한 설명으로 옳지 않은 것은?

① 정책과정에 참여하는 공식·비공식의 다양한 참여자들 간의 상호작용을 중시하는 모형으로 등장하였다.

② 사회학이나 문화인류학의 연구에 이용되어 왔던 네트워크 분석을 정책과정의 연구에 적용한 것이다.

③ 참여자 간 교호작용 속에서 형성되는 연계가 중요하고, 참여자와 비참여자를 구분하는 경계가 없다.

④ 정책과정에 대한 국가 중심 접근방법과 사회 중심 접근방법이라는 이분법적 논리를 극복하고 있다.

14 정부 간 관계모형에 대한 설명으로 가장 옳지 않은 것은?

① 라이트(D. S. Wright)는 미국의 연방, 주, 지방정부 간 관계에 주목하여 분리형, 중첩형,포함형으로 구분했다.

② 던사이어(Dunsire)는 지방자치모델, 하향식모델, 정치체제모델로 구분하였다.

③ 로즈(R. A. W Rhodes)는 집권화된 영국의 수직적인 중앙·지방 관계하에서도 상호의존 현상이 나타남을 권력의존모형으로 설명했다.

④ 무라마츠는 일본의 정부 간 관계가 제도상으로는 수평적 경쟁모형이지만 실제는 수직적 통제모형에 가깝게 운영된다고 주장한다.

15 근무성적평정 과정상의 오류와 완화방법에 대한 설명으로 옳지 않은 것은?

① 일관적 오류는 평정자의 기준이 다른 사람보다 높거나 낮은 데서 비롯되며, 강제배분법을 완화방법으로 고려할 수 있다.

② 근접효과는 전체 기간의 실적을 같은 비중으로 평가하지 못할 때 발생하며, 목표관리평정을 완화방법으로 고려할 수 있다.

③ 관대화 경향은 비공식집단적 유대 때문에 발생하며, 평정결과의 공개를 완화방법으로 고려할 수 있다.

④ 연쇄효과는 도표식 평정척도법에서 자주 발생하며, 강제선택법을 완화방법으로 고려할 수 있다.

16 결산에 대한 설명으로 옳지 않은 것은?

① 결산은 한 회계연도의 수입과 지출 실적을 확정적 계수로 표시하는 행위이다.
② 각 중앙관서의 장은 회계연도마다 작성한 결산보고서를 다음 연도 2월 말일까지 기획재정부장관에게 제출하여야 한다.
③ 우리나라의 출납기한은 2월 10일이다.
④ 결산은 국회의 심의를 거쳐 국무회의의 의결과 대통령의 승인으로 종료된다.

17 예산제도에 대한 설명으로 옳은 것은?

① 재정의 효율적 운용을 위해 도입한 제도로 주민참여예산제도가 있다.
② 예비타당성조사는 국회가 의결로 요구하는 사업에 대해서도 실시하여야 한다.
③ 예산성과금은 수입이 증대되거나 지출이 절약된 때에 이에 기여한 자에게 지급할 수 있으며 절약된 예산은 다른 사업에 사용할 수 없다.
④ 중앙행정기관의 장은 예비타당성조사를 실시하고 기획재정부장관과 그 결과를 협의해야 한다.

18 다음 중 행정통제 중 내부통제에 해당하는 것만을 모두 고르면?

> ㄱ. 옴부즈만에 의한 통제
> ㄴ. 사법부에 의한 통제
> ㄷ. 감사원에 의한 통제
> ㄹ. 시민에 의한 통제
> ㅁ. 대표관료제에 의한 통제

① ㄱ, ㄴ
② ㄴ, ㄷ
③ ㄷ, ㅁ
④ ㄹ, ㅁ

19 신중앙집권화와 관련된 특징에 대한 설명으로 가장 옳지 않은 것은?

① 행정의 능률화와 민주화를 조화시키기 위한 신중앙집권화에 바탕을 둔 집권이다.
② 중앙 - 지방 간의 관계는 기능적·협력적 관계이다.
③ 지방정부의 자율성을 상대적으로 제한할 수 있다.
④ 레이건(Reagan) 정부의 신연방주의(New Federalism), 프랑스 미테랑(Mitterrand) 정부의 분권화 경향 등이 있다.

20 재정사업자율평가제도에 관한 설명으로 옳은 것은?

① 일정 규모 이상인 신규 사업의 경제적 타당성을 검토하는 제도
② 다년도 사업에 대해 사업규모, 총사업비, 사업기간 등을 정해 미리 기획재정부장관과 협의하는 제도
③ 부족한 재원을 고려하여 민간자본을 공공의 SOC 투자에 동원하는 제도
④ 각 중앙관서의 장과 기금관리주체가 기획재정부장관이 정하는 바에 따라 주요 재정사업을 스스로 평가하는 제도

21 우리나라 소청심사제도에 대한 설명으로 옳은 것은?

① 「정당법」에 따른 정당의 당원도 인사혁신처 소청심사위원회의 위원이 될 수 있다.

② 본인의 의사에 반한 불리한 처분에 관한 행정소송은 소청심사위원회의 심사·결정을 거치지 않고 제기할 수 있다.

③ 소청심사위원회의 결정은 원 징계부가금 부과처분보다 무거운 징계부가금을 부과하는 결정을 하지 못한다.

④ 소청심사위원회의 위원은 금고 이상의 형벌의 경우를 제외하고는 본인의 의사에 반하여 면직되지 아니한다.

22 「공직자윤리법」상 공직자재산등록제도에 대한 설명으로 가장 옳지 않은 것은?

① 재산등록의무자인 공직자의 피부양자가 아닌 직계존·비속은 공직자윤리위원회의 허가를 받아 재산신고사항의 고지를 거부할 수 있다.

② 「한국토지주택공사법」에 따른 한국토지주택공사 등 부동산 관련 업무나 정보를 취급하는 대통령령으로 정하는 공직유관단체의 직원도 재산등록의무자에 포함된다.

③ 재산등록의무자 중 부동산 관련 업무나 정보를 취급하는 대통령령으로 정하는 사람은 부동산에 관한을 소유권·지상권 및 전세권에 대하여 소유자별로 부동산의 취득일자·취득경위·소득원 등을 기재하여야 한다.

④ 공직자윤리위원회는 국가기관, 지방자치단체, 공직유관단체 그 밖의 공공기관의 장에게 등록된 사항의 심사를 위하여 필요한 보고나 자료 제출 등을 요구할 수 있으나, 이 경우 그 기관·단체의 장은 「개인정보보호법」에 따라 보고나 자료 제출 등을 거부할 수 있다.

23 「지방자치법」상 지방의회의원에 대한 징계가 아닌 것은?

① 공개회의에서의 경고

② 제명

③ 30일 이내의 출석정지

④ 자격심사에 따른 자격상실 의결

24 인사행정제도에 대한 설명으로 옳지 않은 것은?

① 대표관료제는 출신집단의 가치와 이익을 대변하기 때문에 관료제 내부통제의 효과가 있다.

② 정실주의는 미국에서 처음 발달한 것으로, 인사권자의 개인적 신임이나 친분관계를 기준으로 한다.

③ 실적주의는 인사행정을 소극적·경직적으로 만든다.

④ 직업공무원제는 전문행정가의 양성을 저해한다.

25 국고채무부담행위에 대한 설명으로 옳지 않은 것은?

① 국고채무부담행위는 완성에 수년이 필요한 공사나 제조 및 연구개발사업에 한정되어 있다.

② 국고채무부담행위는 미리 예산으로써 국회의 의결을 얻어야 한다.

③ 재해 복구를 위해 필요한 때에는 일반회계 예비비의 사용절차에 준하여 집행한다.

④ 국고채무부담행위는 국가가 법률에 따른 것과 세출예산금액 또는 계속비의 총액의 범위 안의 것 외에 채무를 부담하는 행위를 의미한다.

11회 실전동형모의고사

제한시간: 20분 시작 시 분 ~ 종료 시 분 점수 확인 개 / 25개

01 오스본(Osborne)과 게블러(Gaebler)의 『정부재창조론(Reinventing Government)』에서 제시된 기업가적 정부 운영의 10대 원리에 대한 설명으로 가장 옳지 않은 것은?

① 투입중심이 아닌 성과·결과지향 정부를 추구한다.
② 경쟁 원리의 도입을 통해 행정서비스 공급의 경쟁력을 제고해야 한다.
③ 목표와 임무 중심의 조직 운영을 꾀한다.
④ 수입 확보 위주의 정부 운영 방식에서 탈피하여 예산지출의 개념을 활성화하는 것이 필요하다.

02 미국에서 등장한 행정이론인 신행정학(New Public Administration)에 대한 설명으로 가장 옳지 않은 것은?

① 신행정학은 왈도(Waldo)가 주도한 1968년 미노브룩(Minowbrook) 회의를 계기로 태동하였다.
② 신행정학은 미국의 사회문제 해결을 촉구한 반면, 발전행정은 제3세계의 근대화 지원에 주력하였다.
③ 신행정학은 가치에 대한 새로운 인식을 기초로 규범적이며 처방적인 연구를 강조하였다.
④ 신행정학은 정치행정이원론에 입각하여 독자적인 행정이론의 발전을 이루고자 하였다.

03 행정부패에 대한 설명 중 옳지 않은 것은?

① 후기기능주의에서는 국가가 발전한 후에는 부패가 자동적으로 사라진다고 본다.
② 뇌물을 주고받음으로써 금전적 이익을 보는 사람과 이를 대가로 특혜를 제공받은 사람 간에 발생하는 부패를 거래형 부패라고 한다.
③ 과도한 선물의 수수와 같이 공무원 윤리강령에 규정될 수는 있지만, 법률로 규정하는 것에 대하여 논란이 있는 경우는 회색부패에 해당된다.
④ 부패척결은 공직윤리를 확립하기 위한 소극적 측면이다.

04 다음 중 회계연도 개시 전에 예산을 배정할 수 있는 경비에 해당하지 않는 것은?

① 추가경정예산
② 선박의 운영·수리 등에 소요되는 경비
③ 교통이나 통신이 불편한 지역에서 지급하는 경비
④ 부식물의 매입경비

05 우리나라의 「국가재정법」은 총사업비가 500억 원 이상이고, 국가의 재정지원 규모가 300억 원 이상인 대규모 사업에 대한 예산 편성을 위하여 미리 예비타당성조사를 실시하도록 규정하고 있는데, 이 예비타당성조사 대상 사업에서 제외되지 않는 것은?

① 공공청사, 교정시설, 초·중등 교육시설의 신·증축 사업
② 문화재 복원사업
③ 재난예방을 위하여 시급한 추진이 필요한 사업으로서 국회 소관 상임위원회의 동의를 받은 사업
④ 「과학기술기본법」 제11조에 따른 국가연구개발사업

06 계획예산제도에 대한 설명으로 적절한 것은?

① 예산집행에서 상황 변화에 신속하게 적응 가능하다.

② 실시계획의 근간이 되는 사업구조의 계층적 구조는 카테고리, 서브카테고리, 엘리먼트로 세분화된다.

③ 조직구성원의 참여가 강조된다.

④ 장기계획을 예산과 연계시켜 의사결정 패키지를 구성하게 한다.

07 다음 중 정책유형과 사례를 옳게 연결한 것만을 고르면?

> ㄱ. 분배정책 - 근로장려금제도
> ㄴ. 상징정책 - 농산물 최저가격제
> ㄷ. 규제정책 - 개발제한구역설정
> ㄹ. 구성정책 - 선거구 조정
> ㅁ. 분배정책 - 국·공립학교를 통한 교육서비스

① ㄱ, ㄴ, ㄷ

② ㄱ, ㄴ, ㅁ

③ ㄱ, ㄹ, ㅁ

④ ㄷ, ㄹ, ㅁ

08 점증주의적 정책결정에 대한 설명으로 옳지 않은 것은?

① 점증모형은 기존 정책을 토대로 하여 그보다 약간 개선된 정책을 추구하는 방식으로 결정하는 것이다.

② 인간의 제한된 합리성과 다원주의의 정치적 정당성을 정교하게 결합시켰다.

③ 점증모형은 환경변화에 대한 적응력이 강하다.

④ 점증주의는 현실에서 이루어지는 정책결정의 실상을 비교적 정확하게 기술하고 있다.

09 다음과 같은 문제를 가진 조직에서 브룸(Vroom)의 기대이론(Expectancy Theory)에 따라 구성원을 동기부여한다면 개선이 필요한 항목은?

> A부 조직진단 결과, 조직구성원의 사기가 매우 낮은 것으로 나타났으며, 그 원인은 주로 불공정한 인사 관행에 있는 것으로 밝혀졌다. 많은 구성원이 업무수행을 통해 좋은 성과를 거둘 수 있다는 자신감을 가지고 있고, 승진을 매우 중요시하고 있다. 그렇지만 성과를 내더라도 승진에 반영되지 않고, 주로 정실주의에 의해 승진이 좌우되는 경향에 대해서 구성원이 강한 불만을 가지고 있다.

① 역할 인지(Role Recognition)

② 수단성(Instrumentality)

③ 기대치(Expectancy)

④ 유인성(Valence)

10 조직의 갈등관리에 대한 설명으로 옳지 않은 것은?

① 통합형 협상은 자원이 제한되어 있어 제로섬 방식을 기본 전제로 하는 협상이다.

② 새로운 구성원의 투입은 갈등을 촉진할 가능성이 있다.

③ 갈등에 대한 연구는 인간관계론과 행태론부터 본격적으로 시작하였다

④ 마치(March)와 사이먼(Simon)은 개인적 갈등의 원인 및 형태를 비수락성, 비비교성, 불확실성으로 구분했다.

11 도표식 평정척도법에 대한 설명으로 가장 옳지 않은 것은?

① 등급의 비교기준을 명확히 할 수 있다.
② 상벌 목적에 이용하는데 효과적이다.
③ 관대화 경향 효과를 피하기 어렵다.
④ 평정표 작성과 평정이 용이하다.

12 학습조직의 특성에 대한 설명으로 가장 옳지 않은 것은?

① 학습을 촉진하기 위하여 조직구성원들에게 정보가 공유된다.
② 자신과 타인의 경험과 시행착오를 통한 학습 활동을 높게 평가한다.
③ 외부 특정 전문가를 중시하기보다는 조직구성원 모두가 맡은 분야의 전문가가 될 수 있도록 제도적 도움을 제공한다.
④ 비공식적이거나 비정규적으로 이루어지는 자발적 학습보다는 공식적이거나 정규적으로 이루어지는 교육·훈련 활동을 강조한다.

13 개방형 직위에 대한 설명으로 옳은 것은?

① 일반직·특정직공무원으로 보할 수 있는 직위만을 대상으로 한다.
② 소속 장관별로 고위공무원단 및 과장급 직위 각 총수의 30% 범위에서 지정한다.
③ 지방자치단체의 임용권자가 개방형 직위를 지정·변경 하거나 직위별 직무수행요건을 설정·변경할 때는 중앙인사기관과의 협의를 거쳐야 한다.
④ 경력개방형 직위제도는 개방형 직위 중 공직 외부의 경험과 전문성을 활용할 필요가 있는 직위를 공직 외부에서만 적격자를 선발하는 것이다.

14 울프(C. Wolf)가 주장한 정부서비스에 대한 수요와 공급의 왜곡을 가져오는 비시장적 특성에 대한 설명으로 옳지 않은 것은?

① 비용과 수입 간의 단절 – 가격에 매개되지 않아 정부 활동에서 수입과 비용이 단절되어 비효율이 발생한다.
② 정치적 보상구조의 왜곡 – 정치인들이나 공무원들로 하여금 '한건주의'나 '인기관리'를 부추겨 무책임하고 현실성 없는 정부활동이 확대된다.
③ 정치행위자들의 높은 시간 할인율 – 정치인들의 장기적 사고방식이 단기적 시계에서 결정·추진되어야 하는 정책을 비효율적으로 추진하여 국가적 낭비를 초래하는 측면을 지닌다.
④ 파생적 외부성 – 시장실패를 교정하려는 정부의 개입이 예상하지 못한 결과를 야기하는 현상을 의미한다.

15 다음 중 직위분류제에 대한 설명으로 옳은 것만은 고르면?

> ㄱ. 과학적 관리운동은 직위분류제의 발달에 많은 자극을 주었다.
> ㄴ. 직무의 종류와 곤란성·책임도가 상당히 유사한 직위이 군은 직렬이다.
> ㄷ. 조직 내에서 수평적 이동이 용이해 유연한 인사행정이 가능하다.
> ㄹ. 근무성적평정을 객관적으로 할 수 있는 기준을 제시해준다.

① ㄱ, ㄴ
② ㄱ, ㄹ
③ ㄴ, ㄷ
④ ㄷ, ㄹ

16 다음 중 국가공무원의 직권면직과 직위해제에 대한 설명으로 옳은 것만을 모두 고르면?

> ㄱ. 임용권자는 직무수행 능력이 부족하여 직위해제된 자에게 3개월의 범위에서 대기를 명할 수 있다.
> ㄴ. 탄핵 또는 징계에 의하여 파면된 경우, 재직기간이 5년 미만인 사람의 퇴직급여는 1/4을 감액하여 지급한다.
> ㄷ. 공무원에 대하여 근무성적이 극히 나쁘다는 사유와 형사 사건으로 기소되었다는 사유가 경합(競合)할 때에는 근무성적이 극히 나쁘다는 사유로 직위해제 처분을 하여야 한다.

① ㄱ
② ㄱ, ㄴ
③ ㄱ, ㄷ
④ ㄱ, ㄴ, ㄷ

17 다음 중 (ㄱ) ~ (ㄹ)에 들어갈 숫자를 바르게 연결한 것은?

> • 각 중앙관서의 장은 매년 1월 31일까지 당해 회계연도부터 (ㄱ)회계연도 이상의 기간 동안의 신규사업 및 기획재정부장관이 정하는 주요 계속사업에 대한 중기사업계획서를 기획재정부장관에게 제출하여야 한다.
> • 기획재정부장관은 대통령의 승인을 얻은 다음연도의 예산안편성지침을 매년 (ㄴ)월 31일까지 각 중앙관서의 장에게 통보해야 한다.
> • 기획재정부장관은 「국가회계법」에 따라 회계연도마다 국가결산보고서를 작성하여 대통령의 승인을 얻어 다음 연도 4월 (ㄷ)일까지 감사원에 제출하여야 한다.
> • 정부는 감사원의 검사를 거친 국가결산보고서를 다음 연도 5월 (ㄹ)일까지 국회에 제출하여야 한다.

	(ㄱ)	(ㄴ)	(ㄷ)	(ㄹ)
①	10	3	10	20
②	5	3	10	31
③	5	5	20	31
④	10	5	20	20

18 예산 분류별 장단점에 대한 설명으로 옳지 않은 것은?

① 프로그램예산제도는 정책과 성과 중심의 예산운영을 위해 설계·도입된 제도이다.
② 예산의 조직별 분류의 장점은 예산지출의 목적(대상)을 파악하기 쉽다는 점이다.
③ 예산의 기능별 분류의 장점은 국민이 정부 예산을 이해하기 쉽다는 점이다.
④ 예산의 품목별 분류의 장점은 예산편성이 단순하여 입법통제가 용이하다는 것이다.

19 우리나라의 지방재정조정제도에 대한 설명으로 옳은 것은?

① 지방교부세의 기본 목적은 지방자치단체 간 재정격차를 줄임으로써 기초적인 행정서비스가 제공될 수 있도록 하는 데 있다.
② 지방교부세는 중앙정부가 국가사무를 지방정부에 위임하거나 지방정부가 추진하는 사업 경비의 전부 또는 일부를 보조하거나 지원하기 위한 제도이다.
③ 조정교부금은 전국적으로 최소한의 동일한 행정서비스 수준 보장을 위해 중앙정부가 내국세의 일정 비율을 자치단체에 배분하는 것이다.
④ 보통교부세, 특별교부세, 분권교부세, 부동산교부세 등의 지방교부세가 운영되고 있다.

20 지방자치의 계보에 대한 설명으로 옳지 않은 것은?

① 주민자치는 지방자치단체와 주민과의 관계에 초점을 두고 지방자치단체의 민주성을 강조한다.
② 단체자치는 지방자치단체의 자치권을 국가에 의해 부여된 권리로 받아들인다.
③ 단체자치는 국가의 위임사무와 지방자치단체의 자치사무를 구분하지 않는다.
④ 단체자치는 지방분권의 법률적 측면을 강조하는 반면, 주민자치는 주민참여의 정치적 측면을 강조한다.

21 공익(Public Interest)을 보는 관점에 대한 설명으로 가장 옳지 않은 것은?

① 실체설은 공익을 사익을 초월한 실체적·규범적·도덕적 개념으로 파악한다.
② 과정설은 공익이 사익 간의 타협과 조정의 과정에서 도출된다고 본다.
③ 실체설은 개개인의 이익은 공동체의 공동선에 종속되며, 공익과 사익 간의 갈등은 있을 수 없다고 한다.
④ 과정설은 공익을 도출하는 과정에서 정부의 독자적·적극적 역할을 강조한다.

22 정책순응(policy compliance)에 대한 설명으로 옳은 것은?

① 정책집행과정에서 모든 참여자가 완전하게 순응하면 정책결정자의 원래 의도가 보장된다.
② 정책순응에 수반하는 부담으로 인한 불응의 대책으로는 보상이 효과적이다.
③ 정책집행자나 집행을 위임받은 중간매개집단은 정책순응의 주체가 아니다.
④ 정책대상집단의 불응은 규제정책보다 배분정책에서 더 심각하게 나타난다.

23 인간관계론에 대한 설명으로 가장 옳지 않은 것은?

① 구성원의 비공식적 역할을 설명하기 위해 조직 외부 환경의 영향을 강조하였다.
② 젖소 사회학이라며 비판받기도 하였다.
③ 호손(Hawthorne)실험을 통해 자생적 비공식적 집단이 개인의 태도와 생산성에 큰 영향을 미친다는 것을 발견하였다.
④ 인간에 대한 관심을 불러 일으켰고 행태과학연구를 촉발하였다.

24 각급 지방자치단체와 지방세 세목의 연결이 옳지 않은 것은?

① 특별시·광역시: 지역자원시설세
② 시·군: 담배소비세
③ 도: 레저세
④ 특별시·광역시: 등록면허세

25 내부임용에 대한 설명으로 가장 옳지 않은 것은?

① 승진은 일반적으로 직무의 곤란도와 책임의 증대를 의미하며 보수의 증액을 수반한다.
② 승급은 계급이나 직책의 변동을 수반하지 않기에 승진과 구분된다.
③ 강임은 현재의 직급에서 하위 직급으로 이동하는 것으로, 강등과 달리 징계는 아니다.
④ 전직은 동일한 직렬과 직급 내에서 직위만 바꾸는 것을 의미한다.

11회 실전동형모의고사
모바일 자동 채점 + 성적 분석 서비스
바로 가기 (gosi.Hackers.com)

QR코드를 이용하여 해커스공무원의 '모바일 자동 채점 + 성적 분석 서비스'로 바로 접속하세요!

＊ 해커스공무원 사이트의 가입자에 한해 이용 가능합니다.

12회 실전동형모의고사

제한시간: 20분 **시작** 시 분 ~ **종료** 시 분 점수 확인 개/ 25개

01 행정학의 접근방법에 대한 설명으로 옳지 않은 것은?

① 공공선택론은 국가의 역할을 지나치게 경시하고, 개인의 기득권을 유지하기 위한 보수주의적 접근에 불과하다는 비판이 있다.
② 체제론적 접근방법은 권력, 의사전달, 정책결정의 문제와 행정의 가치문제를 중시한다.
③ 테일러(F. W. Taylor)는 시간과 동작에 관한 연구를 통해 최선의 방법(one best way)을 추구하였다.
④ 신제도론은 외생변수로 다루어 오던 정책 혹은 행정환경을 내생변수와 같이 직접적인 분석 대상에 포함시켰다.

02 행태론에 대한 설명으로 옳지 않은 것은?

① 사이먼(H. A. Simon)은 행정 원리의 보편성과 과학성을 강조하였다.
② 계량적 분석에 치중한다.
③ 인과관계의 법칙을 규명하는 것이 연구의 목적이다.
④ 과학으로서의 행정학은 가치와 사실을 구분하여 사실만을 다루어야 한다고 주장한다.

03 다음 중 국민경제활동의 구성과 수준에 미치는 영향을 파악하고, 고위정책결정자들에게 유용한 정보를 제공해 주는 예산의 분류로 옳은 것은?

① 기능별 분류
② 품목별 분류
③ 경제성질별 분류
④ 조직별 분류

04 뉴거버넌스(New Governance)에 대한 설명으로 가장 옳지 않은 것은?

① 뉴거버넌스론의 하나인 신축정부모형에서는 관리의 개혁방안으로 TQM과 가상조직을 제시한다.
② 뉴거버넌스론은 관료의 역할로 조정자의 역할을 강조하였다.
③ 분석단위로 조직 간 관계의 연구를 강조한다.
④ 국민을 고객으로만 보는 것을 넘어 시민으로 본다.

05 광역행정의 방식 중에서 법인격을 갖춘 새 기관을 설립하는 방식만을 다음에서 모두 고르면?

ㄱ. 사무위탁
ㄴ. 행정협의회
ㄷ. 지방자치단체조합
ㄹ. 「지방자치법」 제12장의 특별지방자치단체

① ㄱ, ㄷ
② ㄴ, ㄹ
③ ㄱ, ㄹ
④ ㄷ, ㄹ

06 평가의 타당성을 저해하는 요인에 대한 설명으로 옳지 않은 것은?

① 역사적 요소(history) – 연구기간 동안에 일어난 사건의 영향으로 측정이 부정확해지는 것을 의미한다.

② 실험조작과 측정의 상호작용(interaction of testing and experiment) – 실험 측정이 피조사자의 실험조작에 대한 감각에 영향을 주어 측정 결과를 왜곡하는 현상을 말한다.

③ 실험조작의 반응 효과(reactive arrangement, Hawthorne effect) – 인위적인 실험환경에서 얻은 결과를 일반화하기 어려운 현상을 의미한다.

④ 측정요소(testing) – 프로그램이나 정책의 집행 전과 집행 후에 사용하는 측정절차나 측정도구가 변화됨으로써 나타나는 현상을 말한다.

07 정책델파이(policy delphi)기법에 대한 설명으로 옳지 않은 것은?

① 정책문제의 성격이나 원인, 결과 등에 대해 전문성과 통찰력을 지닌 사람들이 참여한다.

② 개인의 판단을 집약할 때, 불일치와 갈등을 의도적으로 강조하는 수치를 사용한다.

③ 정책대안에 대한 주장들이 표면화된 후에는 참가자들로 하여금 비공개적으로 토론을 벌이게 한다.

④ 정책문제 해결을 위한 정책대안을 개발하고 그 결과를 예측하기 위해 만들어진 방법이다.

08 쓰레기통모형에 대한 설명으로 옳은 것은?

① 조직화된 무질서 상태에서 어떠한 계기로 인해 우연히 정책이 결정된다고 본다.

② 해결해야 할 문제에 대한 합리적 해결책의 고안 및 채택 과정에서 인과관계 분석의 중요성을 강조한다.

③ 갈등의 준해결을 추구한다.

④ 문제성 있는 선호(problematic preferences)는 목표와 수단 사이의 인과관계가 명확하지 않음을 의미한다.

09 다음 정책환경의 상황에 적용할 수 있는 모형으로 옳은 것은?

- 참여자들 간의 제로섬 게임의 형태가 나타나고 있다.
- 참여자들 간의 권력에서 불평등을 초래하고 있다.
- 참여자들의 진입 및 퇴장이 비교적 자유롭게 이루어지며 참여자 수가 매우 광범위하게 늘어나고 있다.

① 조합주의

② 정책공동체

③ 하위정부모형

④ 이슈네트워크

10 실제 체제를 모방한 모형을 활용하는 정책대안의 미래 예측기법은?

① 브레인스토밍

② 정책델파이

③ 회귀모형

④ 시뮬레이션

11 다음 중 일반적인 조직구조의 설계원리에 대한 설명으로 옳은 것만을 고르면?

> ㄱ. 계선은 부하에게 업무를 지시하고, 참모는 정보제공·자료 분석·기획 등의 전문지식을 제공한다.
> ㄴ. 부문화의 원리는 일정한 기준에 따라 서로 기능이 같거나 유사한 업무를 조직단위로 묶는 것을 의미한다.
> ㄷ. 통솔범위가 넓을수록 고도의 수직적 분화가 일어나 고층구조가 형성되고, 좁을수록 평면구조가 이루어진다.
> ㄹ. 명령통일의 원리는 여러 상관이 지시한 명령이 서로 다를 경우 내용이 통일될 때까지 명령을 따르지 않아야 한다는 것을 의미한다.

① ㄱ, ㄴ
② ㄱ, ㄷ
③ ㄱ, ㄹ
④ ㄴ, ㄷ

12 자본예산제도에 대한 설명으로 옳은 것은?

① 계획과 예산 간의 불일치를 해소하고 이들 간에 서로 밀접한 관련성을 갖게 한다.
② 국가 또는 지방자치단체의 순자산 상황의 변동과 사회간접자본의 축적·유지의 추이를 나타내는 데 사용할 수 있다.
③ 경기침체 시 흑자예산을, 경기과열 시 적자예산을 편성하여 경기변동의 조절에 도움을 준다.
④ 투자재원의 조달에 대한 현세대와 다음 세대 간의 부담을 불공평하게 할 수 있다는 문제가 있다.

13 우리나라의 고위공무원단에 대한 설명으로 옳지 않은 것은?

① 고위공무원단에게는 직무성과급적 연봉제가 적용되고 있다.
② 국가직공무원만을 대상으로 한다.
③ 우리나라는 공직사회의 효율성을 높이기 위해 개방형 직위제도와 고위공무원단제도를 도입하였다.
④ 고위공무원단의 구성은 소속 장관별로 개방형 직위 30%, 공모직위 20%, 기관자율 50%로 이루어져 있다.

14 조세의 성격에 대한 설명으로 가장 적절하지 않은 것은?

① 국가가 재정권에 기초해 동원하는 공공재원으로 형벌권에 기초해서 처벌을 목적으로 부과하는 벌금과는 다르다.
② 현세대의 의사결정에 대한 재정부담이 미래세대로 전가되지 않는다.
③ 일반 국민을 대상으로 부과한다는 점에서 행정활동으로부터 이익을 받는 특정 시민을 대상으로 이익의 일부를 징수하는 수수료나 수익자부담금과 다르다.
④ 차입에 비하여 경기회복 효과 기대가 크다.

15 공직윤리 확보를 위한 제도에 대한 설명으로 옳지 않은 것은?

① 국민권익위원회는 고충민원의 조사와 처리 및 이와 관련된 시정권고나 의견표명이 가능하다.
② 공직자 윤리기준은 행위의 이유에 따라 판단하는 목적론적 접근방법과 그 행위의 결과나 성과에 따라 판단하는 의무론적 접근방법으로 구분된다.
③ 공직자의 책임은 외부의 기대에 부응해야 하는 객관적 책임과 자신의 양심 및 가치에 따라 결정하는 주관적 책임으로 구분된다.
④ 국민권익위원회는 접수된 부패행위 신고사항을 그 접수일부터 60일 이내에 처리하여야 한다. 단, 신고내용의 특정에 필요한 사항을 확인하기 위한 보완 등이 필요하다고 인정되는 경우에는 그 기간을 30일 이내에서 연장할 수 있다.

16 4차 산업혁명에 대한 설명으로 옳지 않은 것은?

① 초연결성과 초지능성을 토대로 초예측성을 창출한다.
② 대량생산 및 규모의 경제 확산이 핵심이다.
③ 사이버물리시스템(Cyber – Physical System) 혁명이라고 할 수 있다.
④ 빅데이터를 활용한 맞춤형 공공서비스 제공이 가능하다.

17 다음 중 발생주의 회계제도에 대한 설명으로 옳은 것만을 고르면?

> ㄱ. 재화의 감가상각 가치를 회계에 반영할 수 있다.
> ㄴ. 부채규모와 총자산의 파악이 용이하지 않다.
> ㄷ. 단식부기 기장방식을 채택하는 것이 일반적이다.
> ㄹ. 발생주의 회계제도는 성과관리에 효과적이다.

① ㄱ, ㄷ
② ㄱ, ㄹ
③ ㄴ, ㄷ
④ ㄴ, ㄹ

18 지방재정조정제도에 대한 설명으로 옳은 것은?

① 특별교부세는 특정한 사유가 발생 시 일정한 기준에 의하여 행정안전부장관이 교부한다.
② 부동산교부세는 지방교부세 중 가장 최근에 신설되었다.
③ 소방안전교부세는 담배소비세 총액의 100분의 45를 재원으로 한다.
④ 국고보조금은 일반재원이다.

19 다음 중 지방자치단체 간 분쟁조정에 대한 설명으로 옳은 것만을 모두 고르면?

> ㄱ. 시·도를 달리하는 시·군 및 자치구 간 분쟁은 중앙분쟁조정위원회가 심의한다.
> ㄴ. 분쟁조정위원회는 위원장을 포함한 위원 7명 이상의 출석으로 개의하고, 출석위원 과반수 찬성으로 의결한다.
> ㄷ. 중앙정부와 지방정부 간 갈등을 해결하기 위하여 설치된 행정협의조정위원회의 결정은 실질적인 강제력을 지닌다.
> ㄹ. 지방자치단체 간 권한쟁의심판은 헌법재판소의 권한이다.

① ㄱ, ㄴ
② ㄱ, ㄹ
③ ㄴ, ㄷ
④ ㄷ, ㄹ

20 「지방자치법」상 특별지방자치단체에 대한 설명으로 옳지 않은 것은?

① 보통의 지방자치단체와 같이 법인격을 갖는다.
② 특별지방자치단체의 장은 규약으로 정하는 바에 따라 특별지방자치단체의 의회에서 선출하며, 특별지방자치단체를 구성하는 지방자치단체의 장은 특별지방자치단체의 장을 겸할 수 있다.
③ 특별지방자치단체를 구성하는 지방자치단체는 특별지방자치단체의 운영 및 사무처리에 필요한 경비를 규약으로 정하는 바에 따라 분담하며, 그 경비에 대하여 특별회계를 설치하여 운영하여야 한다.
④ 특별지방자치단체를 구성하는 지방자치단체는 특별지방자치단체가 그 설치목적을 달성하는 등 해산의 사유가 있을 때에는 해당 지방의회의 의결을 거쳐 시·도지사의 승인을 받아 특별지방자치단체를 해산하여야 한다.

21 행정PR에 관한 설명으로 옳지 않은 것은?

① 국민의 '알 권리'를 보장하기 위한 것이다.

② 행정PR은 정부의 권리성이 아니라 의무성이다.

③ 행정기관이 일방적으로 행정의 내용이나 방향을 국민에게 알리는 공보기능을 의미하며, 국민의 요구를 듣는 공청기능은 포함되지 않는다.

④ 행정PR은 객관적 사실을 알려 국민의 이성에 호소한다.

22 막스 베버(Max Weber)의 관료제에 대한 설명으로 가장 옳지 않은 것은?

① 조직이 바탕으로 삼는 권위의 유형을 전통적 권위, 카리스마 권위, 법적·합리적 권위로 나누었다.

② 이상적인 관료제는 기술적·행정적 전문성에 의해 충원되는 제도를 갖는다.

③ 신행정학에서는 탈(脫)관료제 모형으로서 수평적이고 임시적인 조직모형을 제안한다.

④ 봉급은 서열과 근무기간이 아닌 업적에 의해서만 결정되며, 이는 현재 시행 중인 성과급제도와 유사성이 있다.

23 점증주의예산이론에 대한 설명으로 가장 옳지 않은 것은?

① 환경의 불확실성과 인간 능력의 부족을 전제로 한다.

② 예산 결정은 전년도 예산을 기준으로 소폭의 변화만 이루어진다고 보았다.

③ 예산 결정을 정치적 과정으로 이해하기보다는 경제적 과정으로 이해한다.

④ 정치적 다원주의와 사회의 안정성을 전제로 한 예산이론이다.

24 우리나라의 행정정보공개제도에 대한 설명으로 가장 옳지 않은 것은?

① 우리나라의 행정정보공개제도는 중앙행정기관의 법률에 앞서 지방자치단체의 조례로 제도화되었다.

② 행정정보공개제도는 국민의 알 권리 보장, 국정에 대한 국민의 참여 및 국정운영의 투명성 확보를 목적으로 한다.

③ 모든 국민은 정보의 공개를 청구할 권리를 가지며, 외국인도 대통령령이 정하는 일정한 조건하에 정보의 공개를 청구할 수 있다.

④ 정보공개의 대상이 되는 공공기관에 국회, 법원, 헌법재판소, 중앙선거관리위원회는 포함되지 않는다.

25 「지방자치법」상 지방자치단체의 사무로 예시된 것이 아닌 것은?

① 농림·수산·상공업 등 산업 진흥

② 지방자치단체의 구역, 조직, 행정관리 등

③ 지역개발과 자연환경보전 및 생활환경시설의 설치·관리

④ 농산물·임산물·축산물·수산물 및 양곡의 수급 조절과 수출입

12회 실전동형모의고사
모바일 자동 채점+성적 분석 서비스
바로 가기 (gosi.Hackers.com)

QR코드를 이용하여 해커스공무원의 '모바일 자동 채점+성적 분석 서비스'로 바로 접속하세요!

* 해커스공무원 사이트의 가입자에 한해 이용 가능합니다.

해커스군무원

※ 감독관 확인란
(서명 또는 기재용 기재할 것)

시험 통제관 서명

생 년 월 일

응 시 번 호

성명	
자필성명	본인 성명 기재
응시직렬	
응시지역	
시험장소	

컴퓨터용 흑색사인펜만 사용

[필적감정용 기재]
*아래 예시문을 옮겨 적으시오
본인은 OOO(응시자성명)임을 확인함

기재란

회차

문번	제1과목
1	① ② ③ ④
2	① ② ③ ④
3	① ② ③ ④
4	① ② ③ ④
5	① ② ③ ④
6	① ② ③ ④
7	① ② ③ ④
8	① ② ③ ④
9	① ② ③ ④
10	① ② ③ ④
11	① ② ③ ④
12	① ② ③ ④
13	① ② ③ ④
14	① ② ③ ④
15	① ② ③ ④
16	① ② ③ ④
17	① ② ③ ④
18	① ② ③ ④
19	① ② ③ ④
20	① ② ③ ④
21	① ② ③ ④
22	① ② ③ ④
23	① ② ③ ④
24	① ② ③ ④
25	① ② ③ ④

문번	제2과목
1	① ② ③ ④
2	① ② ③ ④
3	① ② ③ ④
4	① ② ③ ④
5	① ② ③ ④
6	① ② ③ ④
7	① ② ③ ④
8	① ② ③ ④
9	① ② ③ ④
10	① ② ③ ④
11	① ② ③ ④
12	① ② ③ ④
13	① ② ③ ④
14	① ② ③ ④
15	① ② ③ ④
16	① ② ③ ④
17	① ② ③ ④
18	① ② ③ ④
19	① ② ③ ④
20	① ② ③ ④
21	① ② ③ ④
22	① ② ③ ④
23	① ② ③ ④
24	① ② ③ ④
25	① ② ③ ④

문번	제3과목
1	① ② ③ ④
2	① ② ③ ④
3	① ② ③ ④
4	① ② ③ ④
5	① ② ③ ④
6	① ② ③ ④
7	① ② ③ ④
8	① ② ③ ④
9	① ② ③ ④
10	① ② ③ ④
11	① ② ③ ④
12	① ② ③ ④
13	① ② ③ ④
14	① ② ③ ④
15	① ② ③ ④
16	① ② ③ ④
17	① ② ③ ④
18	① ② ③ ④
19	① ② ③ ④
20	① ② ③ ④
21	① ② ③ ④
22	① ② ③ ④
23	① ② ③ ④
24	① ② ③ ④
25	① ② ③ ④

문번	제4과목
1	① ② ③ ④
2	① ② ③ ④
3	① ② ③ ④
4	① ② ③ ④
5	① ② ③ ④
6	① ② ③ ④
7	① ② ③ ④
8	① ② ③ ④
9	① ② ③ ④
10	① ② ③ ④
11	① ② ③ ④
12	① ② ③ ④
13	① ② ③ ④
14	① ② ③ ④
15	① ② ③ ④
16	① ② ③ ④
17	① ② ③ ④
18	① ② ③ ④
19	① ② ③ ④
20	① ② ③ ④
21	① ② ③ ④
22	① ② ③ ④
23	① ② ③ ④
24	① ② ③ ④
25	① ② ③ ④

문번	제5과목
1	① ② ③ ④
2	① ② ③ ④
3	① ② ③ ④
4	① ② ③ ④
5	① ② ③ ④
6	① ② ③ ④
7	① ② ③ ④
8	① ② ③ ④
9	① ② ③ ④
10	① ② ③ ④
11	① ② ③ ④
12	① ② ③ ④
13	① ② ③ ④
14	① ② ③ ④
15	① ② ③ ④
16	① ② ③ ④
17	① ② ③ ④
18	① ② ③ ④
19	① ② ③ ④
20	① ② ③ ④
21	① ② ③ ④
22	① ② ③ ④
23	① ② ③ ④
24	① ② ③ ④
25	① ② ③ ④

문번	제6과목
1	① ② ③ ④
2	① ② ③ ④
3	① ② ③ ④
4	① ② ③ ④
5	① ② ③ ④
6	① ② ③ ④
7	① ② ③ ④
8	① ② ③ ④
9	① ② ③ ④
10	① ② ③ ④
11	① ② ③ ④
12	① ② ③ ④
13	① ② ③ ④
14	① ② ③ ④
15	① ② ③ ④
16	① ② ③ ④
17	① ② ③ ④
18	① ② ③ ④
19	① ② ③ ④
20	① ② ③ ④
21	① ② ③ ④
22	① ② ③ ④
23	① ② ③ ④
24	① ② ③ ④
25	① ② ③ ④

해커스군무원 실전동형모의고사 답안지

컴퓨터용 흑색사인펜만 사용

회차	[필적감정용 기재] *아래 예시문을 옮겨 적으시오 본인은 OOO(응시자성명)임을 확인함 기 재 란

성명	
자필성명	본인 성명 기재
응시직렬	
응시지역	
시험장소	

응시번호

⓪	⓪	⓪		⓪	⓪	⓪
①	①	①		①	①	①
②	②	②		②	②	②
③	③	③		③	③	③
④	④	④		④	④	④
⑤	⑤	⑤		⑤	⑤	⑤
⑥	⑥	⑥		⑥	⑥	⑥
⑦	⑦	⑦		⑦	⑦	⑦
⑧	⑧	⑧		⑧	⑧	⑧
⑨	⑨	⑨		⑨	⑨	⑨

생 년 월 일

⓪	⓪		⓪	⓪	⓪
①	①		①	①	①
②			②	②	②
③			③	③	③
④			④	④	④
⑤			⑤	⑤	⑤
⑥			⑥	⑥	⑥
⑦			⑦	⑦	⑦
⑧			⑧	⑧	⑧
⑨			⑨	⑨	⑨

※ 시험감독관 서명
(성명을 정자로 기재할 것)

감독관 확인용

제1과목

문번				
1	①	②	③	④
2	①	②	③	④
3	①	②	③	④
4	①	②	③	④
5	①	②	③	④
6	①	②	③	④
7	①	②	③	④
8	①	②	③	④
9	①	②	③	④
10	①	②	③	④
11	①	②	③	④
12	①	②	③	④
13	①	②	③	④
14	①	②	③	④
15	①	②	③	④
16	①	②	③	④
17	①	②	③	④
18	①	②	③	④
19	①	②	③	④
20	①	②	③	④
21	①	②	③	④
22	①	②	③	④
23	①	②	③	④
24	①	②	③	④
25	①	②	③	④

제2과목

문번				
1	①	②	③	④
2	①	②	③	④
3	①	②	③	④
4	①	②	③	④
5	①	②	③	④
6	①	②	③	④
7	①	②	③	④
8	①	②	③	④
9	①	②	③	④
10	①	②	③	④
11	①	②	③	④
12	①	②	③	④
13	①	②	③	④
14	①	②	③	④
15	①	②	③	④
16	①	②	③	④
17	①	②	③	④
18	①	②	③	④
19	①	②	③	④
20	①	②	③	④
21	①	②	③	④
22	①	②	③	④
23	①	②	③	④
24	①	②	③	④
25	①	②	③	④

제3과목

문번				
1	①	②	③	④
2	①	②	③	④
3	①	②	③	④
4	①	②	③	④
5	①	②	③	④
6	①	②	③	④
7	①	②	③	④
8	①	②	③	④
9	①	②	③	④
10	①	②	③	④
11	①	②	③	④
12	①	②	③	④
13	①	②	③	④
14	①	②	③	④
15	①	②	③	④
16	①	②	③	④
17	①	②	③	④
18	①	②	③	④
19	①	②	③	④
20	①	②	③	④
21	①	②	③	④
22	①	②	③	④
23	①	②	③	④
24	①	②	③	④
25	①	②	③	④

제4과목

문번				
1	①	②	③	④
2	①	②	③	④
3	①	②	③	④
4	①	②	③	④
5	①	②	③	④
6	①	②	③	④
7	①	②	③	④
8	①	②	③	④
9	①	②	③	④
10	①	②	③	④
11	①	②	③	④
12	①	②	③	④
13	①	②	③	④
14	①	②	③	④
15	①	②	③	④
16	①	②	③	④
17	①	②	③	④
18	①	②	③	④
19	①	②	③	④
20	①	②	③	④
21	①	②	③	④
22	①	②	③	④
23	①	②	③	④
24	①	②	③	④
25	①	②	③	④

제5과목

문번				
1	①	②	③	④
2	①	②	③	④
3	①	②	③	④
4	①	②	③	④
5	①	②	③	④
6	①	②	③	④
7	①	②	③	④
8	①	②	③	④
9	①	②	③	④
10	①	②	③	④
11	①	②	③	④
12	①	②	③	④
13	①	②	③	④
14	①	②	③	④
15	①	②	③	④
16	①	②	③	④
17	①	②	③	④
18	①	②	③	④
19	①	②	③	④
20	①	②	③	④
21	①	②	③	④
22	①	②	③	④
23	①	②	③	④
24	①	②	③	④
25	①	②	③	④

제6과목

문번				
1	①	②	③	④
2	①	②	③	④
3	①	②	③	④
4	①	②	③	④
5	①	②	③	④
6	①	②	③	④
7	①	②	③	④
8	①	②	③	④
9	①	②	③	④
10	①	②	③	④
11	①	②	③	④
12	①	②	③	④
13	①	②	③	④
14	①	②	③	④
15	①	②	③	④
16	①	②	③	④
17	①	②	③	④
18	①	②	③	④
19	①	②	③	④
20	①	②	③	④
21	①	②	③	④
22	①	②	③	④
23	①	②	③	④
24	①	②	③	④
25	①	②	③	④

송상호

약력
현 | 해커스공무원·군무원 행정학 강의
전 | 제일고시학원 행정학 강의
전 | KG패스원 행정학 강의
전 | 아모르 이그잼 행정학 강의

저서
해커스공무원 명품 행정학 기본서
해커스군무원 명품 행정학 18개년 기출문제집
해커스군무원 명품 행정학 실전동형모의고사
해커스공무원 명품 행정학 단원별 기출문제집
해커스공무원 명품 행정학 실전동형모의고사 1
해커스공무원 명품 행정학 실전동형모의고사 2

2024 최신개정판

해커스군무원
명품 행정학 실전동형모의고사

개정 3판 1쇄 발행 2024년 5월 2일

지은이	송상호 편저
펴낸곳	해커스패스
펴낸이	해커스군무원 출판팀

주소	서울특별시 강남구 강남대로 428 해커스군무원
고객센터	1588-4055
교재 관련 문의	gosi@hackerspass.com
	해커스군무원 사이트(army.Hackers.com) 교재 Q&A 게시판
	카카오톡 플러스 친구 [해커스공무원 노량진캠퍼스]
학원 강의 및 동영상강의	army.Hackers.com

ISBN	979-11-7244-052-7 (13350)
Serial Number	03-01-01

군무원 1위,
해커스군무원 army.Hackers.com

해커스군무원

· **해커스군무원 학원 및 인강**(교재 내 인강 할인쿠폰 수록)
· 해커스 스타강사의 **군무원 행정학 무료 특강**
· 정확한 성적 분석으로 약점 극복이 가능한 **합격예측 온라인 모의고사**(교재 내 응시권 및 해설강의 수강권 수록)

공무원 교육 1위,
해커스공무원 gosi.Hackers.com

해커스공무원

· '회독'의 방법과 공부 습관을 제시하는 **해커스 회독증강 콘텐츠**(교재 내 할인쿠폰 수록)
· 내 점수와 석차를 확인하는 **모바일 자동 채점 및 성적 분석 서비스**

해커스군무원

명품 행정학 실전동형모의고사

약점 보완 해설집

해커스군무원

송상호

약력

현 | 해커스공무원·군무원 행정학 강의
전 | 제일고시학원 행정학 강의
전 | KG패스원 행정학 강의
전 | 아모르 이그잼 행정학 강의

저서

해커스공무원 명품 행정학 기본서
해커스군무원 명품 행정학 18개년 기출문제집
해커스군무원 명품 행정학 실전동형모의고사
해커스공무원 명품 행정학 단원별 기출문제집
해커스공무원 명품 행정학 실전동형모의고사 1
해커스공무원 명품 행정학 실전동형모의고사 2

: 목차

실전동형모의고사

p. 8

❯ 정답

01	③ PART 1	06	④ PART 2	11	② PART 3	16	① PART 5	21	③ PART 3
02	③ PART 1	07	① PART 2	12	② PART 3	17	② PART 5	22	② PART 1
03	② PART 1	08	② PART 5	13	② PART 4	18	② PART 7	23	③ PART 2
04	① PART 2	09	④ PART 3	14	③ PART 4	19	③ PART 7	24	① PART 3
05	④ PART 4	10	③ PART 3	15	④ PART 4	20	③ PART 1	25	① PART 1

❯ 취약 단원 분석표

단원	맞힌 답의 개수
PART 1	/ 6
PART 2	/ 4
PART 3	/ 6
PART 4	/ 4
PART 5	/ 3
PART 6	/ 0
PART 7	/ 2
TOTAL	/ 25

PART 1 행정학 총설 / PART 2 정책학 / PART 3 행정조직론 / PART 4 인사행정론 / PART 5 재무행정론 / PART 6 지식정보화 사회와 환류론 / PART 7 지방행정론

01　행태론적 접근방법　　　　　정답 ③

행태론은 환경을 연구대상으로 하지 않는다. 행정을 하나의 유기체로 보고 행정과 환경의 상호작용을 중심으로 연구한 것은 행태론이 아니라 생태론적 접근방법이다.

(선지분석)
① 대부분의 사회과학은 인간의 행태에 관심을 가지고 있기 때문에 종합학문적 접근이 가능하다고 본다.
② 행태주의는 보편성을 강조하는 포괄적 일반이론 개발에 관심을 가졌다.
④ 거시적인 조직구조보다 방법론적 개체주의로서 개개인의 행태를 연구하였다.

02　규제개혁　　　　　정답 ③

규제를 신설·강화하는 경우에는 규제영향분석을 하고 규제영향분석서를 작성하여야 하지만, 완화의 경우는 그렇지 않다.

(선지분석)
① 규제개혁위원회는 대통령 소속이다.
② 규제는 국민의 자유와 창의를 존중하고, 그 본질적 내용을 침해하지 않도록 하며, 규제의 목적달성에 필요한 최소한의 범위에 국한되어야 한다.
④ 「행정규제기본법」 제25조 제1항에 의하면, 위원회는 위원장 2명을 포함한 20명 이상 25명 이하의 위원으로 구성한다.

03　행정이념　　　　　정답 ②

사이먼(Simon)의 절차적 합리성이 아니라 내용적 합리성을 의미한다.

(선지분석)
① 환경에 유연한 대응성과 정해진 법을 준수해야 하는 합법성과는 충돌될 여지가 있다.

③ 효과성은 목표달성도이고 능률성은 투입 대비 산출의 비율을 의미하는 수단적 이념이므로, 추구하는 과정에서 양자는 상충될 수 있다.
④ 행정의 합법성은 행정이 법에 근거를 두고 법을 준수해야 하며, 법을 떠난 자의적인 행정이 되어서는 안 된다는 이념이다. 근대 입헌주의에서 특히 강조한 행정이념이다.

04　정책의제설정모형　　　　　정답 ①

동원형은 공중의제화 과정을 거치지만, 내부접근형은 공중의제화 전략을 사용하지 않는다.

(선지분석)
② 조합주의이론은 국가의 자율성을 강조하므로 국가의 역할이 적극적·능동적이라고 본다.
③ 외부주도형은 정책담당자가 아닌 외부가 의제 채택을 주도한다.
④ 메이(May)는 정책의제설정모형을 외부주도형, 내부접근형, 공고화형(굳히기형), 동원형의 4가지로 구분하였다. 공고화형(굳히기형)은 대중적 지지가 높은 정책문제에 대한 정부의 주도적인 해결을 설명한다. 즉, 대중의 지지가 높은 것이며 낮은 것이 아니다.

05　공무원직장협의회 설립　　　　　정답 ④

「공무원직장협의회법」 제3조에 따라 소방공무원과 경찰공무원은 직장협의회에 가입할 수 있다.

(선지분석)
① 「공무원직장협의회법 시행령」 제2조상 4급 이상 공무원 기관장이 있는 기관에 설치하는 것이 원칙이다.
② 「공무원직장협의회법」 제3조에 따르면 일반직공무원은 가입할 수 있다.
③ 공무원직장협의회는 기관단위로 설립하되, 하나의 기관에 하나의 협의회만 설치가 가능하다(「공무원직장협의회의 설립·운영에 관한 법률」 제2조).

「공무원직장협의회의 설립·운영에 관한 법률」제3조 【가입 범위】① 협의회에 가입할 수 있는 공무원의 범위는 다음 각 호와 같다.
1. 일반직공무원
2. 특정직공무원 중 다음 각 목의 어느 하나에 해당하는 공무원
   가. 외무영사직렬·외교정보기술직렬 외무공무원
   나. 경찰공무원
   다. 소방공무원
5. 별정직공무원

06 넛지(nudge) 정답 ④

넛지이론에서 공무원상은 선택설계자이다.

(선지분석)
① 넛지는 행동경제학이 발견한 인간의 행동 메커니즘을 정책에 응용한 것이다. 넛지 방식으로 정책을 설계하는 것을 선택설계라고 한다. 바람직한 결과를 위한 선택설계가 필요하다고 주장한다.
② 넛지이론의 학문적 토대는 행동경제학이다.
③ 넛지이론은 정부 역할의 근거와 한계를 행동적 시장실패와 정부실패로 본다.

참고 인간은 제한된 합리성으로 인해 불확실한 상황에서 이루어지는 판단과 선택을 효율적으로 수행하기 위해 휴리스틱이라는 의사결정 방법을 활용한다. 이 과정에서 발생하는 인지적 오류와 행동편향으로 인한 비합리적 의사결정을 행동경제학에서는 행동적 시장실패라고 정의한다.

신공공관리론과 넛지이론

구분	신공공관리론	넛지이론
이론의 학문적 토대	신고전파 경제학, 공공선택론	행동경제학
합리성	완전한 합리성, 경제학 합리성	제한된 합리성, 생태적 합리성
정부 역할의 이념적 기초	신자유주의, 시장주의	자유주의적 개입주의 (넛지를 통한 정책은 강제적이지 않고 정책 대상자에게 선택의 자유를 보장함)
정부 역할의 근거와 한계	시장실패와 제도실패, 정부실패	행동적 시장실패와 정부실패
공무원상	정치적 기업가	선택설계자
정부 정책의 목표	고객주의, 개인의 이익 증진	행동 변화를 통한 삶의 질 제고
정책 수단	경제적 인센티브	넛지
정부개혁 모델	기업가적 정부	넛지 정부

07 정책결정모형 정답 ①

정책결정모형에 대한 설명으로 옳은 것은 ㄱ, ㄴ이다.

ㄱ. 사이버네틱스모형은 환류 채널을 통해 들어오는 몇 가지 정보에 따라 시행착오적인 적응을 하는 것으로, 그것이 사전에 설정된 범위를 벗어났는가 아닌가의 여부만을 판단하여 그에 상응한 행동을 반응 목록에서 찾아내어 그에 대응한 조치를 프로그램대로 취하게 된다.
ㄴ. 만족모형은 인간의 인지능력·시간·비용·정보의 부족 등으로 합리모형이 가정하는 포괄적 합리성이 제약을 받아, 최선의 대안보다는 현실적으로 만족할 만한 대안을 선택하게 된다는 이른바 '제한된 합리성'을 가정한다.

(선지분석)
ㄷ. 회사모형은 조직이 다양한 목표를 지닌 구성원 또는 하부조직의 연합체라고 가정한다.
ㄹ. 비가분적(indivisible) 정책이란 분할할 수 없는 비분할적 정책으로, 점증모형보다는 합리모형이 적합하다. 점증모형은 정책을 요소별로 분할하여 가지치기하는 지분법(branch approch)을 적용한다.

08 재정에 관한 법령 정답 ②

우체국보험특별회계, 국민연금기금, 공무원연금기금 등은 여유재원을 전입 또는 전출하여 통합적으로 활용할 수 없다.

「국가재정법」제13조 【회계·기금 간 여유재원의 전입·전출】① 정부는 국가재정의 효율적 운용을 위하여 필요한 경우에는 다른 법률의 규정에도 불구하고 회계 및 기금의 목적 수행에 지장을 초래하지 아니하는 범위 안에서 회계와 기금 간 또는 회계 및 기금 상호 간에 여유재원을 전입 또는 전출하여 통합적으로 활용할 수 있다. 다만, 다음 각 호의 특별회계 및 기금은 제외한다.
1. 우체국보험특별회계
2. 국민연금기금
3. 공무원연금기금
4. 사립학교교직원연금기금
5. 군인연금기금
6. 고용보험기금
7. 산업재해보상보험 및 예방기금
8. 임금채권보장기금
9. 방사성폐기물관리기금
10. 그 밖에 차입금이나 「부담금관리기본법」제2조의 규정에 따른 부담금 등을 주요 재원으로 하는 특별회계와 기금 중 대통령령으로 정하는 특별회계와 기금

(선지분석)
① 「국가재정법」제4조에 규정되어 있다.
③ 「국가재정법」제6조에 규정되어 있다.
④ 「국가재정법」제23에 규정되어 있다.

제23조 【계속비】① 완성에 수년이 필요한 공사나 제조 및 연구개발사업은 그 경비의 총액과 연부액(年賦額)을 정하여 미리 국회의 의결을 얻은 범위 안에서 수년도에 걸쳐서 지출할 수 있다.
② 제1항의 규정에 따라 국가가 지출할 수 있는 연한은 그 회계연도부터 5년 이내로 한다. 다만, 사업규모 및 국가재원 여건을 고려하여 필요한 경우에는 예외적으로 10년 이내로 할 수 있다.

09 동기부여이론 정답 ④

앨더퍼(Alderfer)는 매슬로(Maslow)의 5단계 욕구를 3단계로 통합(ERG)하였으나, 욕구를 계층화하였다는 점에서는 매슬로(Maslow)와 차이가 없다.

(선지분석)

① 매슬로(Maslow)의 생리적 욕구와 안전욕구에 해당하는 것은 앨더퍼(Alderfer)의 생존욕구이다.
② 매클리랜드(McClelland)는 개인마다 욕구의 계층에 차이가 있음을 주장하며, 모든 사람이 비슷한 욕구계층을 가지고 있다는 매슬로(Maslow)의 이론을 비판했다.
③ 동기부여이론은 '내용이론'과 '과정이론'으로 분류된다.

10 조직이론 정답 ③

신고전적 조직이론은 조직 내 사회적 관계에 대해서는 관심이 높았으나, 조직과 환경의 관계를 중점적으로 다루지는 못하였다. 즉, 여전히 폐쇄조직이론에 속한다.

(선지분석)

① 행정조직은 급변하는 환경에 적응하는 탄력성을 가져야 한다.
② 인간관계론 등의 인간에 대한 관심은 행태론의 성립에 간접적으로 공헌하였다.
④ 현대적 조직이론은 대외적으로 개방체제적이고, 대내적으로는 조직발전(OD) 등의 민주적·참여적인 관리로 구성원의 자아실현 등을 중시한다.

11 조직문화의 기능 정답 ②

조직문화는 조직의 경계를 설정하여 조직의 정체성을 제공한다. 그러나 조직의 경계를 타파하는 등의 변화를 지향하지 않는다.

(선지분석)

① 조직문화는 인간의 사고와 행동을 결정하는 주요 요인이다
③ 조직문화는 구성원을 통합하여 응집력과 동질감·일체감을 높여줌으로써 사회적·규범적 접착제로서의 역할을 한다.
④ 조직문화는 모방과 학습을 통하여 구성원의 물리적·사회적 적응을 촉진시켜 구성원을 사회화시키는 기능을 한다.

12 환경결정론 정답 ②

ㄱ. 제도화이론과 ㄹ. 조직군생태학이론, ㅁ. 조직경제학이론은 조직이 환경에 의해 좌우된다는 환경결정론에 해당한다.

(선지분석)

ㄴ. 자원의존이론과 ㄷ. 전략적 선택이론, ㅂ. 공동체생태학이론은 조직에 유리하게끔 환경을 바꿀 수 있다는 자발론에 해당한다.

13 대표관료제 정답 ②

대표관료제는 집단대표·인구비례 등을 중시하고, 능력·자격은 2차적 요소로 취급하기 때문에 실적 기준의 적용을 제약하며, 결과적으로 행정의 전문성·객관성·합리성을 저해한다.

(선지분석)

① 관료제 내부에서 출신집단별 관료 상호 간 견제를 통해 내부통제를 강화한다.
③ 구성론적 대표성이란 소극적 대표성을 의미한다. 구성론적 대표성을 확보하기 위하여 공무원 수의 구성에 있어 인구비례를 유지하는 것은 기술적으로 쉽지 않다.
④ 대표관료제이론은 소극적(피동적) 대표가 적극적(능동적) 대표로 연결되는 것을 가정하고, 정부 관료들이 그 출신집단의 가치와 이익을 정책 과정에 반영시킬 것이라고 주장하고 있다.

14 국가공무원 정답 ③

재산등록사항의 심사와 그 결과의 처리는 공직자윤리위원회 업무사항이다.

> 「공직자윤리법」 제9조 【공직자윤리위원회】 ① 다음 각 호의 사항을 심사·결정하기 위하여 국회·대법원·헌법재판소·중앙선거관리위원회·정부·지방자치단체 및 특별시·광역시·특별자치시·도·특별자치도교육청에 각각 공직자윤리위원회를 둔다.
> 1. 재산등록사항의 심사와 그 결과의 처리
> 2. 제8조 제12항 후단에 따른 승인
> 3. 제18조에 따른 취업제한 여부의 확인 및 취업승인과 제18조의2 제3항에 따른 업무취급의 승인
> 4. 그 밖에 이 법 또는 다른 법령에 따라 공직자윤리위원회의 권한으로 정한 사항
> 제8조 【등록사항의 심사】 ⑫ 제11항에 따라 위임하는 경우에는 제2항부터 제9항까지의 규정을 준용한다. 이 경우 제5항에 따른 금융거래의 내용에 관한 자료 제출을 요구하거나 제7항에 따른 조사의뢰를 하려면 관할 공직자윤리위원회의 승인을 받아야 한다.

(선지분석)

① 인사혁신처에 설치된 소청심사위원회는 위원장 1명을 포함한 5명 이상 7명 이하의 상임위원과 상임위원 수의 2분의 1 이상인 비상임위원으로 구성하되, 위원장은 정무직으로 보한다(「국가공무원법」 제9조 제3항).
② 「국가공무원법」 제28조의5 제1항에 따라 소속 장관은 소속 장관별로 경력직공무원으로 임명할 수 있는 고위공무원단직위 총수의 100분의 30의 범위에서 공모 직위를 지정하되, 중앙행정기관과 소속 기관 간 균형을 유지하도록 하여야 한다(「국가공무원법 시행령」 제13조).
④ 주식백지신탁 심사위원회의 위원장 및 위원은 대통령이 임명하거나 위촉한다(「공직자윤리법」 제14조의5).

> 제14조의5 【주식백지신탁 심사위원회의 직무관련성 심사 등】 ① 공개대상자 등 및 그 이해관계인이 보유하고 있는 주식의 직무관련성을 심사·결정하기 위하여 인사혁신처에 주식백지신탁 심사위원회를 둔다.
> ② 주식백지신탁 심사위원회는 위원장 1명을 포함한 9명의 위원으로 구성한다.
> ③ 주식백지신탁 심사위원회의 위원장 및 위원은 대통령이 임명하거나 위촉한다. 이 경우 위원 중 3명은 국회가, 3명은 대법원장이 추천하는 자를 각각 임명하거나 위촉한다.

15   전문경력관제도   정답 ④

소속 장관은 해당 기관의 일반직공무원 직위 중 순환보직이 곤란하거나 장기 재직 등이 필요한 특수 업무 분야의 직위를 인사혁신처장과 협의하여 전문경력관직위로 지정할 수 있다.

(선지분석)

① 전문경력관의 경우 계급 구분과 직군 및 직렬의 분류를 적용하지 않는다(「전문경력관 규정」제2조 제1항).

②, ③ 전직시험을 거쳐 전문경력관을 다른 일반직공무원으로 전직시키거나 다른 일반직공무원을 전문경력관으로 전직시킬 수 있다(「전문경력관 규정」제17조 제1항).

16   우리나라의 예산·결산제도   정답 ①

세계잉여금은 기금을 제외한 세입·세출의 예산·결산상 생긴 잉여금이다.

(선지분석)

② 정부가 제출한 결산서도 상임위원회의 심사를 거친 후 예산결산특별위원회의 종합심사를 거쳐 본회의에 보고한다.

③ 감사원은 국가의 세입과 세출의 결산을 매년 검사하여 대통령과 차년도 국회에 그 결과를 보고해야 할 의무가 있다. 결산의 검사는 감사원이 하고 결산의 승인을 국회가 한다.

④ 결산은 위법 또는 부당한 지출이 지적되어도 그것을 무효로 하거나 취소하는 법적 효력이 없다.

17   자본예산   정답 ②

자본계정에서 지출될 대상은 대부분 그 혜택이 장기간에 걸치는 것이므로, 공채를 발행하여 장래의 납세자가 부담하도록 함으로써 수익자 부담 원칙을 확립할 수 있다.

(선지분석)

① 자본예산은 파급효과와 외부효과가 크고 장기간 국민경제에 효과를 유발하는 사회간접자본 투자에 적절하다.

③ 불황기에 적자예산에 의해 유효수요 증대 수단으로 활용할 수 있어 경기를 회복하는 효과가 있다.

④ 부채동원·채권발행 등에 의하여 적자예산편성에 치중하고, 인플레이션을 가속화시켜 경제안정을 해치기 쉽다.

18   지방자치단체장의 권한 및 기능   정답 ②

행정안전부장관은 지방공기업의 경영 기본원칙을 고려하여 지방공기업에 대한 경영평가를 하고, 그 결과에 따라 필요한 조치를 하여야 한다. 다만, 행정안전부장관이 필요하다고 인정하는 경우에는 지방자치단체의 장으로 하여금 경영평가를 하게 할 수 있다(「지방공기업법」제78조).

(선지분석)

① 자치단체장은 지방의회에 조례안 등 의안을 제출(발의)할 수 있다.

③ 주민에게 과도한 부담을 주거나 중대한 영향을 미치는 지방자치단체의 주요 결정사항 등에 대하여 주민투표에 부칠 수 있다.

④ 법령 또는 조례의 범위에서 그 권한에 속하는 사무에 관하여 규칙을 제정할 수 있다.

19   행정협의조정위원회와 중앙지방협력회의   정답 ③

전국적 협의체의 대표자는 중앙지방협력회의의 구성원이 된다(「중앙지방협력회의의 구성 및 운영에 관한 법률」제3조).

(선지분석)

① 행정협의조정위원회는 중앙행정기관의 장과 지방자치단체의 장이 사무를 처리할 때 의견을 달리하는 경우 이를 협의 및 조정하는 것을 목적으로 한다.

② 중앙지방협력회의의 의장은 대통령이 된다.

④ 국무총리 소속으로 행정협의조정위원회를 둔다.

20   티부(C. Tiebout)모형   정답 ③

지방자치의 당위성을 옹호하는 이론으로서, 경쟁의 원리에 의해 지방행정의 효율성을 높일 수 있다는 가능성을 제시하고 있다.

(선지분석)

① 지방정부의 재원에 외부에서 유입되는 국고보조금 등은 포함되지 않아야 한다고 전제한다.

② 지방정부의 공공서비스에 외부효과가 발생하지 않아야 한다.

④ 티부가설은 지방정부에 의한 행정의 효율성을 강조한 이론으로, 선택 가능한 다수의 소규모 지방자치단체가 존재해야 한다고 전제한다.

21   적극행정   정답 ③

각 중앙행정기관은 적극행정위원회를 두어야 하며, 위원장은 차관급 공무원 또는 민간위원 중에서 중앙행정기관의 장이 지정한다.

(선지분석)

① 「적극행정 운영규정」의 적극행정의 정의이다.

② 「적극행정 운영규정」제17조의 내용으로 옳은 지문이다.

④ 중앙부처는 공무원 복무 주무부처인 인사혁신처가, 지방자치단체는 지방자치 주무부처인 행정안전부가 적극행정 총괄 및 제도운영을 각각 담당한다.

22 정부규제 　　　　정답 ②

정부규제에 대한 설명으로 옳은 것은 ㄱ, ㄷ, ㅁ이다.

(선지분석)

ㄴ. 포지티브 규제가 아니라 네거티브 규제방식에 해당한다.

ㄹ. 고객정치가 아니라 편익과 비용이 모두 소수에게 집중되는 이익집단정
치에 해당한다.

📄 윌슨(Wilson)의 규제정치이론

구분		감지된 편익	
		넓게 분산	좁게 집중
감지된 비용	넓게 분산	대중적 정치 (Majoriarian politics)	고객정치 (Client politics)
	좁게 집중	기업가적 정치 (Entrepreneurial politics)	이익집단정치 (Interest group politics)

23 정책집행 유형 　　　　정답 ③

재량적 실험가형에서 정책결정자가 추상적 목표를 제시하지만, 목표 또는
목표 달성 수단에 대하여 집행자와 협상하지는 않는다. 집행자와 목표 또
는 목표 달성 수단에 대해 협상하는 유형은 협상자형에 해당한다.

(선지분석)

① 고전적 기술관료형에 대한 옳은 설명이다.

② 지시적 위임형에 대한 옳은 설명이다.

④ 관료적 기업가형에 대한 옳은 설명이다.

📄 나카무라(Nakamura)와 스몰우드(Smallwood)의 정책유형 분류

구분	정책결정자의 역할	정책집행자의 역할	정책평가 기준
고전적 기술자형	• 구체적인 목표 설정 • 정책집행자에게 기술적인 권한을 위임	정책결정자의 목표를 지지하고 그 목표를 달성하기 위한 기술적 수단을 강구	목표 달성도
지시적 위임자형	• 구체적인 목표를 설정 • 정책집행자에게 행정적 권한을 위임	정책결정자의 목표를 지지하며 목표달성을 위해 집행자 상호 간에 행정적 수단에 관하여 교섭을 벌임	능률성
협상자형	• 목표를 설정 • 집행자와 목표 또는 목표달성을 위한 수단에 관하여 협상	목표달성에 필요한 수단에 관하여 정책결정자와 협상을 벌임	주민 만족도
재량적 실험가형	• 추상적 목표를 지지 • 집행자가 목표달성수단을 구체화시킬 수 있도록 광범위한 재량권을 위임	정책결정자를 위해 목표와 수단을 명백히 함(재정의)	수익자 대응성
관료적 기업가형	정책집행자가 설정한 목표와 목표달성수단을 지지	목표와 그 목표달성을 위한 수단을 형성시키고 정책결정자로 하여금 그 목표를 받아들이도록 설득	체제 유지도

24 조직성장경로모형 　　　　정답 ①

민츠버그(H. Mintzberg)의 조직성장경로모형에 대한 설명으로 옳은 것
은 ㄱ, ㄴ, ㄹ이다.

ㄱ. 단순구조는 권력이 최고관리층으로 집권화되므로 환경변화에 대응하
기 위한 신속한 의사결정에 적합하다.

ㄴ. 전문적 관료제는 전문가들로 구성된 핵심운영계층이 표준화된 기술을
사용하여 자율권을 가지고 과업을 조정하는 구조로, 복잡하고 안정적
인 환경에 적합하다.

ㄹ. 핵심운영 부문에 대한 옳은 설명이다.

(선지분석)

ㄷ. 사업부 조직은 중간관리자 중심의 구조이다. 참모 중심의 신축적이고
혁신적인 조직구조는 임시특별조직(adhocracy)에 대한 설명이다.

ㅁ. 지원 스태프 부문(support staff)의 지원참모는 기본적인 과업의 흐
름 내가 아니라 밖에서 발생하는 비일상적인 문제들을 지원하는 모든
전문가 집단을 말한다.

25 예산극대화모형 　　　　정답 ①

니스카넨(Niskanen)의 관료예산극대화모형은 쌍방독점적인 관계를 가정
한다. 즉, 관료는 예산극대화를 추구하고, 정치인들은 관료들의 행동을 감
시하기보다 관료가 공급한 서비스를 구매해줌으로써 득표의 극대화를 추
구하는 쌍방독점관계로 본다.

(선지분석)

② 관료는 사회후생이 아니라 개인후생의 극대화를 추구한다.

③ 관료는 총편익과 총비용이 일치하는 선에서 서비스를 공급하려 한다.
한계편익과 한계비용이 교차하는 점은 정치인의 예산점이다.

④ 윌다브스키(Wildavsky)가 아니라 니스카넨(Niskanen)이 주장하였다.

02회 실전동형모의고사

정답

p. 13

01	① PART 1	06	③ PART 2	11	① PART 3	16	② PART 5	21	② PART 1
02	① PART 7	07	③ PART 2	12	④ PART 3	17	④ PART 5	22	③ PART 1
03	③ PART 1	08	② PART 2	13	④ PART 5	18	① PART 4	23	④ PART 4
04	① PART 1	09	② PART 2	14	④ PART 7	19	② PART 3	24	② PART 5
05	④ PART 1	10	① PART 3	15	④ PART 4	20	② PART 7	25	③ PART 6

취약 단원 분석표

단원	맞힌 답의 개수
PART 1	/ 6
PART 2	/ 4
PART 3	/ 4
PART 4	/ 3
PART 5	/ 4
PART 6	/ 1
PART 7	/ 3
TOTAL	/ 25

PART 1 행정학 총설 / PART 2 정책학 / PART 3 행정조직론 / PART 4 인사행정론 / PART 5 재무행정론 / PART 6 지식정보화 사회와 환류론 / PART 7 지방행정론

---

01 신제도주의 정답 ①

'공유지의 비극'에 대한 해결방안으로 오스트롬(E. Ostrom)은 사유화나 정부규제가 아니라 구성원들의 자발적 합의나 규칙이 공유지의 비극을 극복할 수 있다고 본다.

(선지분석)
② 역사적 신제도주의는 각 국가별 역사적 맥락의 차이로 제도의 상이성을 중시하였다.
③ 신제도주의는 외생변수로만 다루었던 정책 혹은 행정환경을 내생변수로 취급하여 종합·분석적인 연구에 기여하고 있다.
④ 연역적 방법에 의존한 것은 합리적 선택 제도주의이다. 사회학적 제도주의는 귀납적 방법에 주로 의존한다.

02 지방자치단체장의 직무이행명령 정답 ①

주무부장관은 시·도지사가 시장·군수 및 자치구의 구청장에게 제1항에 따라 이행명령을 하였으나 이를 이행하지 아니한 데 따른 대집행 등을 하지 아니하는 경우에는 시·도지사에게 기간을 정하여 대집행 등을 하도록 명하고, 그 기간에 대집행 등을 하지 아니하면 주무부장관이 직접 대집행 등을 할 수 있다.

「지방자치법」 제189조 【지방자치단체의 장에 대한 직무이행명령】 ① 지방자치단체의 장이 법령에 따라 그 의무에 속하는 국가위임사무나 시·도위임사무의 관리와 집행을 명백히 게을리하고 있다고 인정되면 시·도에 대해서는 주무부장관이, 시·군 및 자치구에 대해서는 시·도지사가 기간을 정하여 서면으로 이행할 사항을 명령할 수 있다.
② 주무부장관이나 시·도지사는 해당 지방자치단체의 장이 제1항의 기간에 이행명령을 이행하지 아니하면 그 지방자치단체의 비용부담으로 대집행 또는 행정상·재정상 필요한 조치(이하 이 조에서 "대집행 등"이라 한다)를 할 수 있다. 이 경우 행정대집행에 관하여는 「행정대집행법」을 준용한다.

③ 주무부장관은 시장·군수 및 자치구의 구청장이 법령에 따라 그 의무에 속하는 국가위임사무의 관리와 집행을 명백히 게을리하고 있다고 인정됨에도 불구하고 시·도지사가 제1항에 따른 이행명령을 하지 아니하는 경우 시·도지사에게 기간을 정하여 이행명령을 하도록 명할 수 있다.
④ 주무부장관은 시·도지사가 제3항에 따른 기간에 이행명령을 하지 아니하면 제3항에 따른 기간이 지난 날부터 7일 이내에 직접 시장·군수 및 자치구의 구청장에게 기간을 정하여 이행명령을 하고, 그 기간에 이행하지 아니하면 주무부장관이 직접 대집행 등을 할 수 있다.
⑤ 주무부장관은 시·도지사가 시장·군수 및 자치구의 구청장에게 제1항에 따라 이행명령을 하였으나 이를 이행하지 아니한 데 따른 대집행 등을 하지 아니하는 경우에는 시·도지사에게 기간을 정하여 대집행 등을 하도록 명하고, 그 기간에 대집행 등을 하지 아니하면 주무부장관이 직접 대집행 등을 할 수 있다.
⑥ 지방자치단체의 장은 제1항 또는 제4항에 따른 이행명령에 이의가 있으면 이행명령서를 접수한 날부터 15일 이내에 대법원에 소를 제기할 수 있다. 이 경우 지방자치단체의 장은 이행명령의 집행을 정지하게 하는 집행정지결정을 신청할 수 있다.

03 롤스(J. Rawls)의 사회정의(social justice) 정답 ③

가장 약자에게 가장 큰 혜택을 주는 최소극대화의 원리에 따른다.

(선지분석)
① 롤스(J. Rawls)의 정의관은 자유와 평등의 조화를 추구하는 중도적 입장이다.
② 롤스(J. Rawls)는 자신이 설정한 가설적 상황인 '원초적 상태'에서, 인간은 무지의 베일(veil of ignorance)에 가려져 자신과 사회의 미래에 대한 불확실성하에 있다고 본다. 이러한 상황에서 합리적 인간은 최소극대화(Maxmin)원칙에 입각해 행동하게 되므로, 자신이 제시한 정의의 원칙이 정당하다고 본다.
④ 롤스(J. Rawls)는 총체적 효용이 아니라 공정한 분배를 정의로 본다.

04 사회적 기업 　　　　　　정답 ①

사회적 기업은 취약계층에 대한 일자리 창출과 사회서비스 수요에 대한 공급확대 정책으로 시작된 사회적 목적의 기업이다.

(선지분석)

② 사회적 기업은 연계기업에 투자할 수 없다.

③ 기획재정부장관이 아니라 고용노동부장관의 인증을 받아야 한다.

④ 고용노동부장관은 고용정책심의회의 심의를 거쳐 5년마다 사회적 기업 육성 기본계획을 수립·시행하여야 한다.

05 정부재창조 전략 　　　　　　정답 ④

통제전략(Control strategy)은 권력을 대상으로 하고, 분권화를 추구하는 것이다. 여기서 권력이란 의사결정의 권력을 말하고, 분권화를 추구한다는 것은 계서제에서 하급계층에 차례로 힘을 실어준다는 뜻이다.

📄 오스본(Osborne)과 프래스트릭(Plastrik)의 5C 전략

전략	정부개혁수단	접근방법
핵심전략 (Core Strategy)	목적(purpose): 명확한 목표를 설정하라	목적·역할·방향의 명확성
결과전략 (Consequence Strategy)	유인체계(incentive): 직무 성과의 결과를 확립하라	경쟁관리, 기업관리, 성과관리
고객전략 (Customer Strategy)	책임성(accountability): 고객을 최우선하라	고객의 선택, 경쟁적 선택, 고객품질 확보
통제전략 (Control Strategy)	권한(power): 권한을 이양하라	하위조직·조직구성원· 지역사회에의 권한 이양
문화전략 (Culture Strategy)	문화(culture): 기업가적 조직문화를 창출하라	관습타파, 감동정신, 승리정신

06 정책결정모형 　　　　　　정답 ③

혼합주사모형은 목표달성을 위한 대안을 거시적·포괄적으로 탐색(합리모형)하나, 대안결과는 중요한 것만 개괄적으로 예측한다(합리모형의 완화).

(선지분석)

① 만족모형은 습득 가능한 몇 개의 대안을 순차적 관심에 의하여 단계적·우선적으로 검토한 후, 현실적으로 만족하다고 생각하는 선에서 대안을 선택한다고 본다. 즉, 총체적·종합적으로 분석과 비교가 이루어지는 것이 아니라 순차적 관심에 의하여 단계적·우선적으로 검토가 이루어진다고 본다.

② 정책결정자나 정책분석가가 절대적 합리성을 가지고 있고, 주어진 상황하에서 목표의 달성을 극대화할 수 있는 최선의 정책대안을 찾아낼 수 있다고 보는 것은 합리모형이다. 점증모형은 인간의 지적 능력의 한계와 정책결정 수단의 기술적 제약을 인정하고, 정책결정 과정에 있어서의 대안의 선택이 종래의 정책이나 결정의 점진적·순차적 수정 내지 약간의 향상으로 이루어지며, 정책수립과정을 '그럭저럭 헤쳐나가는(muddling through)' 과정으로 이해한다.

④ 최적모형은 불확실한 상황하에서 선례가 없는 복잡한 문제에 대해서는 정책결정자의 직관·판단력·통찰력과 같은 초합리성이 중요하다는 것을 강조한다.

07 브레인스토밍(brainstorming) 　　　　　　정답 ①

아이디어에 대한 평가는 아이디어가 다 제시된 이후에 이루어지는 것이며, 아이디어의 개발과 평가는 동시에 이루어지지 않는다.

(선지분석)

② 브레인스토밍(brain storming)은 참가자들이 될 수 있는 대로 많은 독창적 의견을 내도록 노력해야 하며, 이미 제안된 여러 아이디어들을 종합하여 새로운 아이디어를 만들어내는 편승기법(piggy backing)의 사용을 적극 권장한다.

③ 아이디어를 모으는 과정에서 평가를 하지 않는 것이 중요하며, 대안들의 평가·종합을 통해 실현가능성이 없는 대안들을 제거하는 과정으로 전개된다.

④ 자유로운 분위기에서 아이디어를 도출하기 때문에 아이디어에 대한 비판을 금지한다.

08 비용효과(cost-effectiveness)분석 　　　　　　정답 ②

비용효과분석의 단점은 비용과 효과가 서로 다른 단위로 측정되므로, 총효과가 총비용을 초과하는지 여부에 대한 직접적인 근거를 제시할 수 없다.

(선지분석)

① 비용은 화폐단위로, 효과는 금전적 단위로 환산이 어려울 때 재화단위나 용역단위 또는 기타 가치 있는 효과단위로 측정하는 경우 비용효과분석을 사용한다. 비용과 효과의 측정단위가 서로 다르기 때문에 산출물이 동일한 사업의 평가에 주로 이용되고 있다.

③ 비용효과분석은 목표달성 정도를 화폐가치로 표현할 수 없는 사업에 적용되기 때문에 시장가격의 메커니즘에 전적으로 의존한다는 틀린 지문이다.

④ 비용효과분석은 목표달성 정도를 화폐가치로 표현할 수 없는 사업에 자원을 어떻게 가장 능률적으로 투입할 것인가의 문제에 적용하기 좋은 사업으로서 특히, 국방, 경찰행정, 보건 영역에서 사용되고 있다.

09   정책평가의 타당성   정답 ②

호손효과(Hawthorne Effect)란, 실험집단의 구성원들이 실험의 대상이라는 사실을 인식하고 있는 경우 심리적 긴장감으로 인하여 평소와는 다른 행동을 보이는 현상으로, 외적 타당성 저해요인이다.

(선지분석)
① 억제변수는 두 변수 간에 상관관계가 있는데도 없는 것으로 나타나게 하는 변수를 의미한다.
③ 외적 타당성은 조작화된 구성요소들 가운데에서 관찰된 효과들이 당초의 연구가설에 구체화된 것 이외에 다른 이론적 구성요소들에까지도 일반화될 수 있는 정도를 의미한다.
④ 프로그램논리모형(= 프로그램이론)이란 프로그램의 인과경로를 구축하여 프로그램의 핵심적 목표와 연계된 평가 이슈·평가지표를 인식하고, 이론실패와 실행실패를 구분할 수 있게 함으로써 평가의 타당성을 제고할 수 있게 해주는 평가모형이다.

10   조직발전(OD)   정답 ①

조직발전은 구조·형태·기능 등이 아니라 구성원의 행태를 바람직한 방향으로 변화시켜 조직의 환경 변화에 대한 대응능력과 문제해결능력을 향상시키려는 계획적인 관리전략이다.

(선지분석)
② 조직발전은 구성원들의 행태를 의도적·계획적으로 변화시켜 궁극적으로는 조직 전체의 변화를 추구하려는 개입방법이다.
③ 조직발전의 전 과정에서 행태과학적 지식과 기술에 조예가 있는 상담자(OD전문가)가 참여하고, 최고관리층에 공식 지휘본부를 두고 그의 참여와 배려하에 상위계층에서 하위계층으로 하향적으로 진행된다.
④ 감수성훈련은 환경과 단절시킨 상태에서 교육훈련이 이루어진다. 즉, 실제 근무상황이 아니라 연수원 소집 교육이 이루어진다.

11   매슬로우(Maslow)의 욕구계층이론   정답 ①

개인차를 고려하지 않고 획일적으로 욕구 단계를 설정하였다.

(선지분석)
② 동기로 작용하는 욕구는 충족되지 않은 욕구이며, 충족된 욕구는 그 욕구가 나타날 때까지 동기로써 힘을 상실한다.
③ 매슬로우(Maslow)는 인간의 동기는 다섯 가지 욕구의 계층에 따라 순차적으로 유발된다(하위욕구 → 상위욕구). 즉, 하위욕구가 어느 정도 충족되면 상위욕구가 유발된다고 주장한다.

📄 매슬로우(Maslow)의 욕구 5단계

생리적 욕구	목마름·배고픔·수면 등과 같이 모든 욕구 가운데 가장 기본이 되는 시발점으로, 이 욕구가 충족되기 전에는 어떤 욕구도 일어나지 않음
안전욕구	대부분의 사람들에게 일어나는 위험, 사고, 질병, 경제적 불안 등에서 벗어나 안전을 추구하는 욕구
사회적 욕구	• 애정, 사랑, 귀속의식 등과 같이 인간이 본래 사회적 동물이기 때문에 소속감을 느끼면서 상호관계를 유지하고 다른 사람과 함께 있고 싶어 하는 욕구 • 집단에 귀속하고 싶은 욕구와 사람을 사귀고자 하는 욕구
존경욕구	남으로부터 자신이 높게 평가받고 스스로를 존중하며, 자존심을 유지하고자 하는 욕구
자아실현욕구	자기완성에 대한 갈망을 의미하며, 잠재력을 가진 존재로부터 실제로 그 잠재력을 발휘하는 존재로 나아가고자 하는 욕구

12   「책임운영기관의 설치·운영에 관한 법률」   정답 ④

중앙책임운영기관의 장은 고위공무원단에 속하는 공무원을 제외한 소속 공무원에 대한 일체의 임용권을 가진다.

(선지분석)
① 행정안전부장관은 5년 단위로 책임운영기관의 관리 및 운영 전반에 관한 기본계획을 수립하여야 한다.
② 중앙책임운영기관의 장의 임기는 2년으로 하되, 한 차례만 연임할 수 있다.
③ 소속책임운영기관에도 대통령령이 정하는 바에 따라 소속기관을 둘 수 있다.

13   예산안 제출시한   정답 ④

중앙정부의 예산안 제출기한은 회계연도 개시 120일 전, 광역자치단체는 50일 전, 기초자치단체는 40일 전까지이다.

📄 중앙정부예산과 지방정부예산의 비교

구분	중앙정부예산	지방정부예산	
		광역자치단체	기초자치단체
제출시한	회계연도 개시 120일 전	회계연도 개시 50일 전	회계연도 개시 40일 전
의결시한	회계연도 개시 30일 전	회계연도 개시 15일 전	회계연도 개시 10일 전

14   「보조금 관리에 관한 법률」   정답 ④

보통교부세를 교부받지 않은 지방자치단체에게만 기존보조율에서 일정 비율을 빼는 차등보조율이 가능하다.

「보조금 관리에 관한 법률」 제10조【차등보조율의 적용】① 기획재정부장관은 매년 지방자치단체에 대한 보조금 예산을 편성할 때에 필요하다고 인정되는 보조사업에 대하여는 해당 지방자치단체의 재정사정을 고려하여 기준보조율에서 일정 비율을 더하거나 빼는 차등보조율을 적용할 수 있다. 이 경우 기준보조율에서 일정 비율을 빼는 차등보조율은 「지방교부세법」에 따른 보통교부세를 교부받지 아니하는 지방자치단체에 대하여만 적용할 수 있다.

(선지분석)

①, ② 중앙관서의 장은 보조사업을 수행하려는 자로부터 신청 받은 보조금의 명세 및 금액을 조정하여 기획재정부장관에게 보조금 예산을 요구하여야 한다. 이 경우 「보조금 관리에 관한 법률」 제5조에 따른 보조사업의 경우에는 보조금의 예산 계상 신청이 없더라도 그 보조금 예산을 요구할 수 있다.

③ 「보조금 관리에 관한 법률」 제4조에 의하면 보조사업을 수행하려는 자는 매년 중앙관서의 장에게 보조금의 예산 계상(計上)을 신청하여야 한다.

---

15   기금   정답 ④

금융성 기금 외의 기금은 주요항목 지출금액의 변경범위가 10분의 2 이하는 기금운용계획변경안을 국회에 제출하지 아니하고 대통령령으로 정하는 바에 따라 변경할 수 있다.

제68조【기금운용계획안의 국회제출 등】① 정부는 제67조 제3항의 규정에 따른 주요항목 단위로 마련된 기금운용계획안을 회계연도 개시 120일 전까지 국회에 제출하여야 한다. 이 경우 중앙관서의 장이 관리하는 기금의 기금운용계획안에 계상된 국채발행 및 차입금의 한도액은 제20조의 규정에 따른 예산총칙에 규정하여야 한다.
제70조【기금운용계획의 변경】① 기금관리주체는 지출계획의 주요항목 지출금액의 범위 안에서 대통령령으로 정하는 바에 따라 세부항목 지출금액을 변경할 수 있다.
② 기금관리주체(기금관리주체가 중앙관서의 장이 아닌 경우에는 소관 중앙관서의 장을 말한다)는 기금운용계획 중 주요항목 지출금액을 변경하고자 하는 때에는 기획재정부장관과 협의·조정하여 마련한 기금운용계획변경안을 국무회의의 심의를 거쳐 대통령의 승인을 얻은 후 국회에 제출하여야 한다.
③ 제2항에도 불구하고 주요항목 지출금액이 다음 각 호의 어느 하나에 해당하는 경우에는 기금운용계획변경안을 국회에 제출하지 아니하고 대통령령으로 정하는 바에 따라 변경할 수 있다.
  1. 별표 3에 규정된 금융성 기금 외의 기금은 주요항목 지출금액의 변경범위가 10분의 2 이하
  2. 별표 3에 규정된 금융성 기금은 주요항목 지출금액의 변경범위가 10분의 3 이하. 다만, 기금의 관리 및 운용에 소요되는 경상비에 해당하는 주요항목 지출금액에 대하여는 10분의 2 이하로 한다.
제74조【기금운용심의회】① 기금관리주체는 기금의 관리·운용에 관한 중요한 사항을 심의하기 위하여 기금별로 기금운용심의회를 설치하여야 한다. 다만, 심의회를 설치할 필요가 없다고 인정되는 기금의 경우에는 기획재정부장관과 협의하여 설치하지 아니할 수 있다.

---

16   현대적 예산원칙   정답 ②

ㄱ, ㄷ만 현대적 예산원칙에 해당한다.
ㄱ. 다원적 절차의 원칙으로 현대적 예산원칙에 해당한다.
ㄷ. 보고의 원칙으로 현대적 예산원칙에 해당한다.

(선지분석)

ㄴ. 예산의 사용금액과 사용목적에 한계가 있어야 한다는 내용으로 전통적 예산원칙인 한정성의 원칙에 대한 설명이다.
ㄹ. 명료성의 원칙에 대한 설명으로 전통적 예산원칙에 해당한다.

---

17   국가재정의 효율적 운용을 위한 제도   정답 ④

「국가재정법」에서 추가경정예산안의 편성사유를 명문화한 것은 재정의 건전성 확보 방안이다.

(선지분석)

①, ②, ③ 모두 국가재정의 효율적 운용과 관련이 있다.

---

18   공무원 평정방법   정답 ①

도표식 평정척도법은 전형적인 평정방법으로 직관과 선험에 근거하여 평가요소를 결정하기 때문에 작성이 빠르고 쉬우며, 경제적이라는 장점이 있다.

(선지분석)

② 도표식 평정척도법은 평정요소의 합리적 선정이 어렵고 평정요소에 대한 등급을 정한 기준이 모호하며, 자의적 해석에 의한 평가가 이루어지기 쉽다.
③ 목표관리제 평정법(MBO)에 대한 설명으로 옳은 지문이다.
④ 직무성과계약제도는 기관장과 고위관리자 간 개인별 성과계약에 기반한 성과관리제도이므로, 조직 전반의 성과관리를 중심으로 하는 균형성과관리(BSC)와 구분된다.

---

19   조직의 기본요소   정답 ②

조직의 일차적 목표와 관련된 사업을 수행하는 조직은 계선이며, 이를 지원하는 조직은 참모이다.

(선지분석)

① 명령통일의 원리에 해당한다.
③ 계층제의 원리 및 집권성에 해당한다.
④ 복잡성에 해당한다.

20 주민의 권리 정답 ②

1개월이 아닌 1년 이내이다.

(선지분석)

① 「지방자치법」 제21조에 규정되어 있다.
③, ④ 「주민조례발안에 관한 법률」 제4조에 규정되어 있다.

21 공익 정답 ②

ㄱ, ㄹ만 옳은 설명이다.

ㄱ. 플라톤(Plato), 루소(Rousseau), 롤스(Rawls) 등은 실체설의 대표적인 학자이다.
ㄹ. 예산과정에 주민의 참여를 보장하는 주민참여예산제도는 민주적인 참여와 조정 과정을 통해 공익의 도출을 중시하는 과정설과 연관된다.

(선지분석)

ㄴ. 정부의 중립적·소극적 조정자 역할을 강조하는 것은 과정설이다.
ㄷ. 공공선이나 도덕적·규범적 절대가치를 강조하는 것은 실체설의 입장이며 과정설은 공익을 적법절차의 준수 결과로 본다.

22 정부실패 정답 ③

파레토 효율이 달성되기 어려운 시장 상황은 시장실패의 원인이다.

(선지분석)

① 니스카넨(W. A. Niskanen)의 관료예산극대화가설은 관료에 의해 적정 예산규모를 초과하는 과다지출이 정부실패의 원인이라는 이론이다.
② 파생적 외부효과에는 규제완화 또는 보조삭감으로 대응할 수 있다.
④ X-비효율성이란 정부의 독점적 특성으로 인해 경쟁압력이 부족하여 나타나는 비효율적인 관리방식을 의미한다.

📄 **시장실패와 정부실패의 원인 비교**

시장실패의 원인	정부실패의 원인
• 공공재의 존재	• 내부성(사적 목표)
• 외부효과(외부성)	• 파생적 외부효과
• 독점의 존재	• 비용과 수익의 절연
• 수익의 증가와 비용 감소 (과도한 규모의 경제)	• X-비효율성
• 정보의 격차(편재)	• 경쟁의 결여(독점성)
• 소득분배의 불공평	• 권력의 편재에 의한 분배의 불공평

23 공무원의 정치적 중립 완화의 논거 정답 ②

공무원이 국민 전체에 대한 봉사자로서 불편부당한 직무 활동을 통하여 공익성과 객관성을 확보해야 한다는 것은 공무원의 정치적 중립을 완화해야 할 논거가 아니라 정치적 중립을 강화해야 한다는 주장의 논거이다.

(선지분석)

①, ③, ④ 모두 공무원의 엄격한 정치적 중립이 초래할 수 있는 문제점으로, 정치적 중립을 완화해야 한다는 주장의 논거이다.

24 우리나라 예산과 법률 정답 ②

예산으로 법률의 개폐가 불가능하고, 동시에 법률로써 예산 변경도 불가능하다.

(선지분석)

① 법률에 대해서는 대통령의 거부권 행사가 가능하지만, 예산은 거부권을 행사할 수 없다.
③ 예산안은 정부만이 편성하여 제출할 수 있다.
④ 헌법 제57조에 따라 국회는 정부의 동의 없이 지출예산의 각 항의 금액을 증가시키거나 새 비목을 설치할 수 없다.

📄 **예산과 법률**

구분	예산	법률
법적 근거	예산의결권: 헌법 제54조	법률의결권: 헌법 제53조
제출권	• 예산안 편성 및 집행권은 정부만 보유 • 예산심의 시 국회는 정부동의 없이 지출예산 각 항의 금액 증가나 신비목 설치 불가능	법률안은 국회·정부 모두 제출 가능
제출기한	회계연도 개시 120일 전	제한 없음
대통령의 거부권 행사	불가능	가능
의사표시의 대상	정부에 대한 재정권 부여의 국회의 의사표시	국민에 대한 국가의 의사표시
효력	일회계연도 ⇨ 한시적 효력 발생	법률은 대체로 영속적 효력 발생
효력 발생 시기	국회의 의결로 효력 발생 (정부는 공고만 할 뿐)	국회의 의결 후 정부의 공포로 효력 발생
구속력	• 정부와 국회 간 효력 발생 • 정부에 대한 구속	• 국민과 국민 간 효력 • 쌍방의 권리의무 구속
법규 변경·수정	예산으로 법률 개폐 불가	법률로써 예산 변경 불가

25 옴부즈만제도 정답 ③

우리나라의 옴부즈만에 해당하는 국민권익위원회는 국무총리 소속이다.

선지분석

① 스웨덴의 옴부즈만은 의회가 임명하고 의회 소속이지만, 입법부와는 정치적으로 독립되어있어 의회의 간섭과 통제를 받지 않는다.
② 불법행위는 물론 부당한 행위까지 모두 신청대상이 된다.
④ 우리나라 국민권익위원회는 신청에 의한 조사만 가능하며, 직권조사권이 없어 사전심사나 구제기능이 미약하다.

📄 옴부즈만과 국민권익위원회의 비교

구분		스웨덴의 옴부즈만	우리나라의 국민권익위원회
차이점	조직 소속	의회 소속	행정부 소속 (국무총리 소속)
	통제 유형	외부통제	내부통제
	직무상 독립성	있음	합의제 방식으로 독립성을 가지지만 미흡
	법적 근거	헌법상 기관 (헌법에 설치하도록 규정됨)	법률상 기관 (「부패방지 및 국민권익위원회의 설치와 운영에 관한 법률」)
	조사 방식	• 원칙인 신청에 의한 조사도 가능 • 예외적 직권 조사도 가능	• 원칙인 신청에 의한 조사만 가능 • 예외적인 직권 조사는 인정 안 됨
유사점	통제 방식	공식적 통제	
	조사 사항	위법(합법성 심사)한 사항 + 부당(합목적성 심사)한 사항	
	조사 결과의 처리	• 법원에 의한 것보다는 신속하고 저렴한 비용으로 처리할 수 있음 • 직접적 통제권은 없고 간접적 통제권만 지님 ⇨ 이빨 없는 감시견(watchdog without teeth: teethless watchdog) • 시정·개선 조치 및 징계의 권고나 요구만 가능 ⇨ 직접 시정·개선 조치를 하지 못함(취소·무효·철회권 없음)	

▶ 정답

p. 18

01	③ PART 1	06	② PART 3	11	④ PART 3	16	④ PART 5	21	① PART 3
02	① PART 1	07	③ PART 2	12	③ PART 4	17	② PART 5	22	② PART 3
03	④ PART 1	08	④ PART 2	13	② PART 6	18	④ PART 6	23	② PART 5
04	④ PART 1	09	③ PART 3	14	③ PART 2	19	④ PART 7	24	③ PART 4
05	② PART 2	10	④ PART 2	15	② PART 4	20	④ PART 7	25	④ PART 3

PART 1 행정학 총설 / PART 2 정책학 / PART 3 행정조직론 / PART 4 인사행정론 / PART 5 재무행정론 / PART 6 지식정보화 사회와 환류론 / PART 7 지방행정론

▶ 취약 단원 분석표

단원	맞힌 답의 개수
PART 1	/ 4
PART 2	/ 5
PART 3	/ 6
PART 4	/ 3
PART 5	/ 3
PART 6	/ 2
PART 7	/ 2
TOTAL	/ 25

---

01 공공서비스
정답 ③

오스트롬(E. Ostrom)은 사적 재산권 설정이나 규제는 일정한 한계가 있다고 주장하면서, 공유지의 비극(tragedy of commons)을 막기 위해서는 이해당사자가 일정한 자발적 합의를 통해 이용권을 제한하는 제도(행위규칙)를 형성해야 한다고 보았다.

(선지분석)
① 공유재(commonpool goods)는 경합성과 비배제성을 띠므로 잠재적(숨은) 이용자를 배제하기 힘들다.
② 공유지의 비극(tragedy of commons)은 사적 극대화가 공적 극대화를 보장해주지 못하는 현상으로, 개인의 합리성이 집단의 합리성으로 연결되지 않는 현상을 설명한다.
④ 공공재(public goods)는 특히 배제불가능성으로 인해 사회구성원들이 타인에 의해 생산된 공공재에 무임승차(free - riding)하려는 경향이 강하다. 따라서 공공재는 사회적으로 필요함에도 불구하고 수익이 보장되지 않기 때문에, 시장에 맡겼을 때 바람직한 수준 이하로 공급될 가능성이 높다.

02 정부규제
정답 ①

환경규제의 경우는 비용이 집중되고 편익이 분산되어 운동가의 정치가 된다. 반대로 환경규제를 완화하는 정책의 경우, 규제완화로 다수 국민이 피해를 보므로 비용(손실, 피해)은 분산되고, 소수 오염업체는 이득을 보기 때문에 편익이 좁게 집중되는 고객정치의 상황이 된다.

(선지분석)
② 윌슨(J. Q. Wilson)의 규제정치모형에서 비용이 분산되고 편익은 집중되는 경우는 고객정치에 해당한다.
③ 정부실패 원인 중 파생적 외부효과는 민영화로 대응하기 어렵다.
④ 규제영향분석은 규제를 신설·강화 시 활용하는 것이며, 규제를 완화할 때는 활용하지 않는다.

03 정치와 행정의 관계
정답 ④

디목(Dimock)은 행정이 정책형성과 정책집행을 모두 포함하는 개념이라고 보았으며, 두 과정은 배타적이라기보다는 협조적이며 연속선상에 있다고 주장하였다. 즉, 디목(Dimock)은 정치행정일원론자이다.

(선지분석)
① 윌슨(W. Wilson)은 『행정의 연구』에서 행정과 경영의 유사성을 강조하였으며, 정치와 행정의 유사성을 강조한 것이 아니다.
② 사이먼(H. Simon)은 『행정행태론』에서 가치와 사실을 구분하고 사실 중심의 연구를 강조하였다.
③ 애플비(P. Appleby)는 『거대한 민주주의』 등 자신의 다양한 저서에서 정치와 행정을 구분하는 것은 부적절하다고 보고, 행정의 정치적 기능을 강조하였다.

04 체제론적 접근방법
정답 ④

체제론적 접근방법은 체제들이 시간선상에서 움직여 나가는 동태적인 현상이라고 이해한다. 특히 개방체제의 이해에 시간 개념의 도입을 강조한다.

(선지분석)
① 체제는 환경과 상호작용을 하는 실체로, 행정과 환경과의 교호작용을 강조한다.
② 체제론적 접근방법은 체제 간에도 '상위체제 > 중간체제 > 하위체제'의 계층적 서열이 존재한다는 계서적 관점을 취하고 있다.
③ 체제론적 접근방법은 현상유지의 보수주의적 성격이 강하기 때문에 변화와 발전이 요구되는 후진국 행정을 설명하기에는 한계가 있다. 따라서 급격한 변동의 소용돌이 속에 있는 발전도상국가보다 안정된 선진국 사회의 연구에 적절한 접근방법이다.

05 무의사결정론 정답 ②

ㄱ, ㄷ만 옳은 설명이다.
ㄱ. 무의사결정의 개념에 대한 옳은 설명이다.
ㄷ. 무의사결정의 수단으로 폭력, 권력, 편견의 동원, 편견의 수정, 강화가 있다.

(선지분석)
ㄴ. 무의사결정은 주로 정책의제 채택과정에서 나타나지만 넓게는 정책과정 전반에 걸쳐 나타난다.
ㄹ. 무의사결정은 달(R. Dahl)의 다원론을 비판한 신엘리트이론이다.

06 갈등의 유형 정답 ②

폰디(Pondy)는 갈등의 유형을 성격에 따라 협상적 갈등, 관료제적 갈등, 체제적 갈등으로 분류하였다. 관료제적 갈등은 계층제의 상하 간에 나타나는 갈등을 말하고, 이해당사자 간의 갈등은 협상적 갈등이다.

(선지분석)
① 두 가지의 대안이 모두 선택하고자 하는 대안일 경우에 겪는 갈등을 접근 – 접근갈등이라 한다.
③ 동일 수준의 개인·집단의 갈등을 체제적 갈등이라 한다.
④ 조직구조에 중대한 변화를 초래하는 갈등을 전략적 갈등이라 한다.

📋 **갈등의 유형**

갈등의 성격 (Pondy)	협상적 갈등	이해당사자 간 예 노사 임금협상의 갈등 등
	관료제적 갈등	상·하 계층 간 예 局·課·係 간의 갈등 등
	체제적 갈등	동일 수준의 개인·집단 예 局 vs 局, 課 vs 課, 국장 vs 국장, 과장 vs 과장 등
조직에 미치는 영향 (Pondy)	마찰적 갈등	조직구조에 변화를 초래하지 않는 갈등
	전략적 갈등	조직구조에 중대한 변화를 초래하는 갈등
개인심리 (Miller & Dollard)	접근 – 접근 갈등	두 가지 대안이 모두 긍정적 가치를 지닌 경우 예 캠코더를 살 것인가 아니면 컴퓨터를 구입할 것인가?
	회피 – 회피 갈등	두 가지 대안이 모두 부정적 가치를 가진 경우 예 빚내어 집을 얻거나 불량주택에 전세로 들어가야 하는 경우
	접근 – 회피 갈등	한 가지 대안이 긍정적 가치와 부정적 가치를 함께 지닐 경우 선택 여부의 갈등 예 취직하려는 곳의 직장 분위기는 나쁘나, 보수는 좋은 경우

07 바우처(voucher)제도 정답 ③

공급자가 아닌 소비자에게 쿠폰을 지급함으로써 서비스의 선택권을 부여하는 것이다. 그래서 바우처는 소비보조금이라고도 불린다.

(선지분석)
①, ② 바우처는 소비자들이 구입증서를 활용하여 어느 조직으로부터 서비스를 제공받을 것인가를 스스로 선택할 수 있다는 점과 저소득층에게 혜택이 돌아감으로써 재분배적 수단으로 활용할 수 있다는 장점을 가진다.
④ 공급에 대한 최종적 책임은 여전히 정부에 있다.

08 집단의사결정기법 정답 ④

집단토론의 한 방법인 명목집단기법(normal group technique)은 '대안제시 → 제한된 토론 → 찬반표결'의 과정으로 의사결정을 한다.

(선지분석)
① 델파이기법(delphi method)은 미래 예측을 위해 관련 분야의 전문가들을 활용하는 방법이다.
② 브레인스토밍(brain storming)은 여러 사람에게 하나의 주제에 대해 아이디어를 제시하도록 하여 예측하는 방법이다.
③ 지명반론자기법(devil's advocate method)은 작위적으로 특정 조직원들 또는 집단을 반론을 제기하는 집단으로 지정하여 반론자 역할을 부여하고, 이들이 제기하는 반론과 이에 대한 제안자의 옹호 과정을 통해 의사결정을 유도하는 기법이다.

09 기계적 조직 정답 ②

ㄱ. 예측 가능성, ㅂ. 표준 운영절차, ㅅ. 분명한 책임관계, ㅇ. 계층제는 기계적 구조의 특징에 해당한다.

(선지분석)
ㄴ. 넓은 직무범위, ㄷ. 적은 규칙과 절차, ㄹ. 모호한 책임관계, ㅁ. 비공식적이고 인간적인 대면관계는 유기적 구조의 특징이다.

📋 **기계적 구조와 유기적 구조의 비교**

구분	기계적 구조	유기적 구조
주안점	예측 가능성	적응성
조직 특성	• 좁은 직무범위 • 표준 운영절차 • 분명한 책임관계 • 계층제 • 공식적이고 몰인간적 대면관계	• 넓은 직무범위 • 적은 규칙과 절차 • 모호한 책임관계 • 채널의 분화 • 비공식적이고 인간적인 대면관계
상황 조건	• 명확한 조직목표와 과제 • 분업적 과제 • 단순한 과제 • 성과측정이 가능 • 금전적 동기부여 • 권위의 정당성 확보	• 모호한 조직목표와 과제 • 분업이 어려운 과제 • 복합적 과제 • 성과측정이 어려움 • 복합적 동기부여 • 도전받는 권위

10 라스웰(Lasswell)의 정책학   정답 ④

정책과정에 관한 지식이란 현실의 정책과정에 대한 과학적 연구결과로부터 얻는 경험적·실증적 지식을 의미하며, 정책의제설정론, 정책결정론, 정책집행론이 해당된다. 정책과정에 필요한 지식이란 정책과정의 개선을 위해 필요한 처방적·규범적 지식을 의미하며, 정책분석론과 정책평가론이 해당된다.

(선지분석)

① 라스웰(Lasswell)은 정책학의 궁극적 목적을 인간존엄성의 구현으로 보고, 이를 민주주의의 정책학이라고 하였다.

② 라스웰(Lasswell)의 정책학은 1960년대 후기행태주의와 같이 재출발하게 되었다.

③ 라스웰(Lasswell)은 정책학이 추구해야 할 기본적 속성들을 맥락성(관련성·지향성), 문제지향성, 연구방법의 다양성(연합학문적 연구), 규범성과 처방성으로 제시하였다.

11 공공기관   정답 ④

지방자치단체가 설립하고 그 운영에 관여하는 공공기관은 지방공공기관으로, 기획재정부장관이 이를 공공기관으로 지정할 수 없다.

> 「공공기관 운영에 관한 법률 시행령」 제7조 【공기업 및 준정부기관의 지정기준】 기획재정부장관은 법 제5조 제1항 제1호에 따라 다음 각 호의 기준에 해당하는 공공기관을 공기업·준정부기관으로 지정한다.
> 1. 직원 정원: 300명 이상
> 2. 수입액(총수입액을 말한다): 200억 원 이상
> 3. 자산규모: 30억 원 이상

📑 공공기관

공기업	자체수입액이 총수입액의 2분의 1 이상인 기관(정원 300인 이상)	
	시장형 공기업	자산규모가 2조 원 이상이고, 자체수입액이 대통령령이 정하는 기준(85%) 이상인 기관 예 한국가스공사, 한국석유공사, 한국전력공사, 인천국제공항공사 등
	준시장형 공기업	시장형 공기업이 아닌 공기업 예 한국토지주택공사, 한국마사회 등
준정부기관	공기업이 아닌 공공기관 중에서 지정(정원 300인 이상)	
	기금관리형 준정부기관	「국가재정법」에 따라 기금을 관리하거나 관리를 위탁받은 준정부기관 예 공무원연금관리공단, 국민연금공단, 예금보험공사, 신용보증기금 등
	위탁집행형 준정부기관	기금관리형 준정부기관이 아닌 준정부기관 예 국립공원관리공단, 한국산업인력공단, 한국농어촌공사, 한국가스안전공사 등
기타 공공기관	공기업과 준정부기관을 제외한 공공기관으로서 이사회 설치, 임원 임면, 경영실적평가, 예산, 감사 등의 규정을 적용하지 아니함	

12 공무원연금제도   정답 ③

「공무원연금법」상 군인과 선거에 취임하는 공무원은 공무원연금 대상에서 제외된다.

(선지분석)

① 우리나라 공무원연금의 재원조성방식은 기금제이자 기여제이다.

② 공무원연금제도는 중앙인사행정기관인 인사혁신처가 관장하고, 연금기금은 공무원연금공단에서 관리·운용한다.

④ 기여금 납부기한은 최대 36년까지이다. 종래 33년에서 2016 연금개혁 시 36년으로 연장되었다.

13 「전자정부법」상 전자정부   정답 ②

'정보기술아키텍처'란 일정한 기준과 절차에 따라 업무, 응용, 데이터, 기술, 보안 등 조직 전체의 구성요소들을 통합적으로 분석한 뒤 이들 간의 관계를 구조적으로 정리한 체제 및 이를 바탕으로 정보화 등을 통하여 구성요소들을 최적화하기 위한 방법을 말한다(「전자정부법」 제2조). 정보의 수집·가공·저장·검색·송신·수신 및 그 활용과 관련되는 기기와 소프트웨어의 조직화된 체계는 '정보시스템'이다.

(선지분석)

① 중앙사무관장기관장은 5년 마다 전자정부 기본계획을 수립한다.

③ 행정안전부장관은 전자적 대민서비스와 관련된 보안대책을 국가정보원장과 사전 협의를 거쳐 마련하여야 한다(「전자정부법」 제24조 제1항).

④ 전자정부의 발전과 촉진을 위해 매년 6월 24일을 전자정부의 날로 한다(「전자정부법」 제5조의3 제1항).

14 계층화분석법   정답 ③

계층화분석법은 쌍대비교의 원리에 따라 두 가지 대안의 상호비교를 통하여 우선순위를 파악해 나가는 기법이다. 따라서 두 대상 간 상호비교가 불가능한 경우에는 사용할 수 없다는 단점이 있다.

(선지분석)

①, ② 1970년대 사티(Saaty) 교수가 개발한 예측기법으로 불확실한 상황하에서 확률 추정이 불가능한 경우에 대안 간 우선순위를 따져서 미래를 예측하는 기법이다.

④ 계층화분석법의 분석단계에 해당하는 설명이다.

📑 계층화분석법의 분석단계

1단계	문제를 몇 개의 계층 또는 네트워크 형태로 구조화
2단계	구성요소들을 둘씩 짝을 지어 상위 계층의 어느 한 목표 또는 평가기준에 비추어 평가하는 쌍대비교를 시행
3단계	각 계층에 있는 요소별 우선순위를 설정하고 이를 바탕으로 최종적인 대안 간 우선순위를 설정

15 직무분석과 직무평가 정답 ②

분류법은 사전에 작성된 등급기준표에 의하여 직무평가가 이루어져야 한다.

(선지분석)

① 직무의 상대적 가치를 등급화하는 것은 직무분석이 아니라 직무평가에 해당한다.

③ 반대이다. 직무분석을 먼저 실시한 후에 직무평가를 실시하는 것이 일반적이다.

④ 직무평가 방법 중 서열법과 분류법은 비계량적 방법이고 요소비교법과 점수법은 계량적 방법이다.

📄 **직무평가 방법**

직무의 비중 결정 방법	직무와 기준표 비교	직무와 직무 비교
비계량적 방법	분류법	서열법
계량적 방법	점수법	요소비교법

16 예산의 종류 정답 ④

준예산은 새로운 회계연도가 개시될 때까지 예산안이 의결되지 못한 때에는 정부는 국회에서 예산안이 의결될 때까지 특정 목적을 위한 경비는 전년도 예산에 준하여 집행할 수 있다.

(선지분석)

① 추가경정예산은 예산이 성립하고 회계연도가 개시된 후에 발생한 사유로(심의가 종료된 후가 아니다) 이미 성립된 예산에 변경을 가할 필요가 있을 때 편성되는 예산을 말한다. 추가경정예산에 대한 편성 횟수의 제한은 없다.

② 성인지예산제도(남녀평등예산)는 세입·세출예산이 남성과 여성에게 미치는 영향은 서로 다르다고 전제한다.

③ 국고채무부담행위의 의결은 지출권한을 인정한 것이 아니고 국가의 채무부담의무만 인정하거나 국고채무부담행위를 할 수 있는 권한만 인정한 것이다.

17 재정사업 성과관리 정답 ②

국무총리가 아닌 기획재정부장관이 보고한다.

「국가재정법」 제85조의10【재정사업 성과관리 결과의 반영 등】① 기획재정부장관은 매년 재정사업의 성과목표관리 결과를 종합하여 국무회의에 보고하여야 한다.

(선지분석)

① 「국가재정법」 제85조의2에 규정되어 있다.

제85조의2【재정사업의 성과관리】② 재정사업 성과관리의 대상이 되는 재정사업의 기준은 성과관리의 비용 및 효과를 고려하여 기획재정부장관이 정한다.

③ 「국가재정법 시행령」 제39조의3에 규정되어 있다.

제39조의3【재정사업의 성과평가 등】① 기획재정부장관은 법 제85조의8 제1항에 따라 각 중앙관서의 장과 기금관리주체에게 기획재정부장관이 정하는 바에 따라 주요 재정사업을 스스로 평가하도록 요구할 수 있다.

④ 「국가재정법」 제85조의4에 규정되어 있다.

제85조의4【재정사업 성과관리 기본계획의 수립 등】① 기획재정부장관은 재정사업 성과관리를 효율적으로 실시하기 위하여 5년마다 재정사업 성과관리 기본계획을 수립하여야 한다.

18 자율적 책임성(responsibility) 정답 ④

법규와 규정에 따른 적절한 절차를 강조하는 것은 제도적 책임성이다.

📄 **제도적 책임과 자율적 책임**

제도적 = 객관적 = 외재적 책임	자율적 = 주관적 = 내재적 책임
공식적인 각종 제도와 통제장치를 통해 정부와 공무원들의 임무를 수행하게 하는 타율적이고 수동적인 행정책임	• 공무원이 전문가로서 직업윤리와 책임감을 기반으로 자발적인 재량을 발휘하여 확보하는 능동적인 책임성 • 주관적인 가치와 기준이 적용되고 국민들의 요구와 의견을 반영하는 노력 등

19 특별지방자치단체 정답 ④

특별지방자치단체 의회는 조례를 제정할 수 있다.

📄 **지방자치단체조합과 특별지방자치단체**

구분	지방자치단체조합 (「지방자치법」 제176조~제181조)	특별지방자치단체 (「지방자치법」 제199조~제211조)
설립	제176조【지방자치단체조합의 설립】① 2개 이상의 지방자치단체가 하나 또는 둘 이상의 사무를 공동으로 처리할 필요가 있을 때에는 규약을 정하여 지방의회의 의결을 거쳐 시·도는 행정안전부장관의 승인, 시·군 및 자치구는 시·도지사의 승인을 받아 지방자치단체조합을 설립할 수 있다. 다만, 지방자치단체조합의 구성원인 시·군 및 자치구가 2개 이상의 시·도에 걸쳐 있는 지방자치단체조합은 행정안전부장관의 승인을 받아야 한다. ② 지방자치단체조합은 법인으로 한다.	제199조【설치】① 2개 이상의 지방자치단체가 공동으로 특정한 목적을 위하여 광역적으로 사무를 처리할 필요가 있을 때에는 특별지방자치단체를 설치할 수 있다. 이 경우 특별지방자치단체를 구성하는 지방자치단체(이하 "구성 지방자치단체"라 한다)는 상호 협의에 따른 규약을 정하여 구성 지방자치단체의 지방의회 의결을 거쳐 행정안전부장관의 승인을 받아야 한다.

설립·승인	규약을 정하여 지방의회의 의결을 거쳐 행정안전부장관(시·도간 조합) 또는 시·도지사(시·군·구간 조합) 승인	규약을 정하여 지방의회의 의결을 거쳐 행정안전부장관의 승인
법인 여부	법인	법인
조직	제177조 【지방자치단체조합의 조직】 ① 지방자치단체조합에는 지방자치단체조합회의와 지방자치단체조합장 및 사무직원을 둔다. ② 지방자치단체조합회의의 위원과 지방자치단체조합장 및 사무직원은 지방자치단체조합규약으로 정하는 바에 따라 선임한다. ③ 관계 지방의회의원과 관계 지방자치단체의 장은 제43조 제1항과 제109조 제1항에도 불구하고 지방자치단체조합회의의 위원이나 지방자치단체조합장을 겸할 수 있다. • 지방자치단체조합회의 • 지방자치단체조합장 *조합장: 규약에 따라 선임 (구성단체장이 겸직 가능)	제204조 【의회의 조직 등】 ① 특별지방자치단체의 의회는 규약으로 정하는 바에 따라 구성 지방자치단체의 의회 의원으로 구성한다. ② 제1항의 지방의회의원은 제43조 제1항에도 불구하고 특별지방자치단체의 의회 의원을 겸할 수 있다. ③ 특별지방자치단체의 의회가 의결하여야 할 안건 중 대통령령으로 정하는 중요한 사항에 대해서는 특별지방자치단체의 장에게 미리 통지하고, 특별지방자치단체의 장은 그 내용을 구성 지방자치단체의 장에게 통지하여야 한다. 그 의결의 결과에 대해서도 또한 같다. 「지방자치법 시행령」 제126조 【특별지방자치단체 의회의 중요 의결사항】 법 제204조 제3항 전단에서 "대통령령으로 정하는 중요한 사항"이란 다음 각 호의 사항을 말한다. 1. 조례의 제정과 개정·폐지 2. 예산의 심의·확정 3. 결산의 승인 4. 그 밖에 특별지방자치단체의 운영에 관한 사항으로서 규약으로 정하는 중요한 사항 • 특별지방자치단체의회 • 특별지방자치단체장(집행기관) *특별자치단체장: 의회에서 선출 (구성 단체장이 겸직 가능)
조례 제정 여부	불가	가능
경비	–	특별회계로 운영(경비분담)
설립, 해산 명령	명할 수 있음 *행정안전부장관	권고할 수 있음 *행정안전부장관

20 특별교부세   정답 ④

행정안전부장관은 특별교부세를 교부하는 경우 민간에 지원하는 보조사업에 대하여는 교부할 수 없다.

제9조 【특별교부세의 교부】 ① 특별교부세는 다음 각 호의 구분에 따라 교부한다.
1. 기준재정수요액의 산정방법으로는 파악할 수 없는 지역 현안에 대한 특별한 재정수요가 있는 경우: 특별교부세 재원의 100분의 40에 해당하는 금액
2. 보통교부세의 산정기일 후에 발생한 재난을 복구하거나 재난 및 안전관리를 위한 특별한 재정수요가 생기거나 재정수입이 감소한 경우: 특별교부세 재원의 100분의 50에 해당하는 금액
3. 국가적 장려사업, 국가와 지방자치단체 간에 시급한 협력이 필요한 사업, 지역 역점시책 또는 지방행정 및 재정운용 실적이 우수한 지방자치단체에 재정 지원 등 특별한 재정수요가 있을 경우: 특별교부세 재원의 100분의 10에 해당하는 금액
② 행정안전부장관은 지방자치단체의 장이 제1항 각 호에 따른 특별교부세의 교부를 신청하는 경우에는 이를 심사하여 특별교부세를 교부한다. 다만, 행정안전부장관이 필요하다고 인정하는 경우에는 신청이 없는 경우에도 일정한 기준을 정하여 특별교부세를 교부할 수 있다.
④ 행정안전부장관은 제1항에 따른 특별교부세의 사용에 관하여 조건을 붙이거나 용도를 제한할 수 있다.
⑤ 지방자치단체의 장은 제4항에 따른 교부조건의 변경이 필요하거나 용도를 변경하여 특별교부세를 사용하고자 하는 때에는 미리 행정안전부장관의 승인을 받아야 한다.
⑥ 행정안전부장관은 제1항에 따른 특별교부세를 교부하는 경우 민간에 지원하는 보조사업에 대하여는 교부할 수 없다.
⑦ 제1항 제3호에 따른 우수한 지방자치단체의 선정기준 등 특별교부세의 운영에 필요한 사항은 대통령령으로 정한다.

21 거래비용이론   정답 ①

기회주의적인 행동에 의한 거래비용은 계층제적 조직보다는 시장에서 증가한다. 기회주의적인 행동을 제어하는 데에는 시장보다 계층제가 더 효율적인 수단이다.

(선지분석)
② 거래비용에는 사전적 거래비용(예 탐색비용 등)과 사후적 거래비용(예 분쟁조정비용, 이행비용, 감시비용 등)이 포함된다.
③ 거래비용이 조정비용보다 크면 거래를 내부화하는 것이 효율적이며, 계층제 조직은 거래를 내부화한다.
④ 거래비용이론은 비용측면만을 강조한 나머지 민주성이나 형평성 등을 고려하지 못한다.

📄 거래비용

사전비용	• 거래조건 합의사항 작성비용 • 거래를 준비하기 위한 의사결정비용 예 협상이행을 보장하는 비용, 상품의 품질측정비용, 정보이용비용 등
사후비용	• 계약조건 이행협력에서 발생하는 부적합 조정비용 예 이행비용, 감시비용, 사후협상비용, 분쟁조정 관련비용, 계약이행보증비용 등

22 조직구조의 기본 변수   정답 ②

조직규모가 커질수록 구성원의 수와 업무량이 늘어 분권화된 조직구조가 적절하다.

(선지분석)

① 신설조직의 경우 선례가 없어 상급자의 지시와 감독에 의존하게 되므로 집권화되기 쉽다.

③ 공식화의 정도가 높으면 환경 변화에 재빠르게 대응하기 어렵다.

④ 교통·통신기술의 발전은 신속한 정보의 전달을 가능하게 하여 집권화를 강화하는 요인이 된다.

23 총체주의예산이론   정답 ②

총체주의예산이론은 합리주의예산이론을 말하며, 이에 대한 설명에 해당하는 것은 ㄱ, ㄷ, ㅁ이다.

(선지분석)

ㄴ. 예산과정을 의회와 행정부 간 또는 전년도와 금년도 간 선형적 함수관계로 보는 것은 점증주의예산의 특징이다.

ㄹ. 예산과정에서 분석이 아닌 참여자 간 합의와 타협을 중시하는 것은 총체주의·합리주의예산이 아니라 점증주의예산의 특징이다.

📄 점증주의와 합리주의 비교

구분	점증주의	합리주의
목적	공정한 자원배분, 재정 민주주의	효율적인 자원배분
결정 기준	정치적 합리성	경제적 합리성
대안 범위	부분적(한정된 수)	포괄적(모든 대안)
예산 과정	부수적, 현실적, 단편적	이상적, 규범적, 총체적, 체계적
결정 방법	정치적 타협과 협상	분석적 기법 (비용·편익분석 등)
예산 담당자	보수적 성향, 기득권 중시	개혁적 성향, 기득권 무시
목표수단분석	미실시(목표조정 가능)	실시(목표설정·수단 선택은 순차적, 목표조정 불가)

24 탄력근무제의 장점   정답 ③

탄력근무제는 개인 중심의 독자적 업무 수행으로 인하여 공통된 근무시간을 지키지 못하기 때문에 다른 기관 간·부서 간 업무 연계성이 감소되어 능률성이 저하된다는 단점이 있다.

(선지분석)

① 탄력근무제는 근무시간과 관련한 직원들의 자율성을 높임으로써 일과 삶의 균형(Work & Life Balance)을 통해 효율성과 생산성을 향상시킬 수 있다.

② 탄력근무제는 업무시간에 대한 자율성을 부여함으로써 근로자의 근로의욕을 고취시킬 수 있다.

④ 탄력근무제는 출퇴근 시간의 다양화를 통해 출퇴근 과정에서 발생할 수 있는 통근 혼잡을 감소시키는 등 사회적 비용을 절감시킬 수 있다.

25 조직환경의 변화   정답 ④

격동의 장은 매우 복잡하고 급속하게 변동하는 환경이다. 격동의 장에 나타나는 복잡성과 불확실성은 개별적인 구성체제들의 예측능력과 통제능력으로 대응할 수 있는 수준을 훨씬 초과한다.

(선지분석)

① 환경은 환경적 요소가 안정되어 있고 무작위적으로 분포되어 있는 가장 단순한 환경은 '정적·임의적' 환경이다.

② 상호작용하며 경쟁하는 환경은 교란적·반응작용적 환경이다.

③ 농업과 광업 등 1차산업의 환경은 정적·집약적 환경의 예이다.

📄 조직환경의 변화

정적·임의적 환경 (평온한 무작위적 환경, 제1단계)	• 환경적 요소가 안정되어 있고 무작위적으로 분포되어 있는 가장 단순한 환경 • 태아가 처해있는 환경, 완전경쟁시장 등
정적·집약적 환경 (제2단계)	• 환경적 요소가 안정되어 있고 비교적 변하지 않지만 환경적 요소들이 일정한 유형에 따라 조직화되어 있는 환경 • 농업, 광업 등 1차산업의 환경 등
교란적·반응적 환경 (제3단계)	• 정적·임의적 환경, 정적·집약적 환경의 두 개의 단계와 질적으로 차이가 있는 역동적 환경 • 유사한 체제들이 환경 속에 등장하여 상호작용하고 경쟁하기 때문에 각각의 체제는 서로 다른 체제의 반응을 고려해야만 하는 환경
격동의 장 (소용돌이의 장, 제4단계)	• 환경이 매우 복잡하고 구성요소들이 여러 갈래로 얽히고 설키어 있기 때문에 환경 자체에 역동적인 과정이 내재되어 있는 환경 • 고도의 복잡성·불확실성이 특징이며, 조직의 예측능력을 앞질러 환경이 변하게 됨 • 에머리와 트리스트(Emery & Trist)는 현대 조직은 격동의 장에 처해 있다고 하면서, 이러한 환경하에서 조직은 자체의 목적을 상실해가고 주로 외부의 힘에 의해 조직이 변화한다고 함 • 격동의 장에서는 애드호크라시(adhocracy)와 같은 동태적 조직이 필요해짐

❯ 정답

p. 23

01	② PART 1	06	② PART 2	11	③ PART 5	16	③ PART 6	21	④ PART 3
02	② PART 1	07	③ PART 2	12	④ PART 3	17	④ PART 5	22	② PART 5
03	② PART 1	08	③ PART 3	13	④ PART 5	18	② PART 1	23	④ PART 4
04	② PART 3	09	① PART 2	14	④ PART 6	19	④ PART 6	24	③ PART 4
05	① PART 2	10	④ PART 7	15	① PART 5	20	② PART 7	25	④ PART 4

❯ 취약 단원 분석표

단원	맞힌 답의 개수
PART 1	/ 4
PART 2	/ 4
PART 3	/ 4
PART 4	/ 3
PART 5	/ 5
PART 6	/ 3
PART 7	/ 2
TOTAL	/ 25

PART 1 행정학 총설 / PART 2 정책학 / PART 3 행정조직론 / PART 4 인사행정론 / PART 5 재무행정론 / PART 6 지식정보화 사회와 환류론 / PART 7 지방행정론

01　조직효과성 측정 모형　정답 ②

창업 단계는 개방체제와 관련이 있다. 합리목표모형은 공식화 단계에 해당한다.

📄 조직효과성 측정 모형

조직성장단계	내용	모형
창업 단계	• 조직이 창업되어 성장하는 단계 • 조직 중심으로 운영되어 매우 비공식적이고 비관료적	개방체제모형
집단공동체 단계	Owner 또는 외부에서 영입한 지도자가 조직의 목표 및 관리 방향을 적극적으로 제시하며, 강력한 리더십을 발휘하는 준관료적 성격을 띠는 단계	인간관계모형
공식화 단계	• 조직이 성장함에 따라 최고경영자는 직접통제의 한계를 느끼고, 권한위임과 아울러 규칙과 절차를 바탕으로 한 내부통제 시스템을 통해 내부의 효율성을 추구 • 관료적 성격을 갖게 되는 단계	내부과정모형, 합리목적모형
구조의 정교화 단계	지나친 내부통제의 피해를 입은 조직이 팀제·사업부서 조직·매트릭스 조직 등 소규모 또는 정교한 구조로 조직을 재설계함으로써 다시 활력을 찾게 되는 단계	개방체계모형

02　공유지의 비극　정답 ②

공유지의 비극은 시장에서 사익(= 개인의 합리성)이 공익(= 사회적 합리성)으로 연결되지 않는 시장실패를 나타내는 개념이다.

(선지분석)

① 파레토 최적은 시장기구의 우수성을 나타내는 이론이다.
③ X – 비효율성은 심리적·행태적 요인(사명감·직업의식의 부족)에 의해 나타나는 관리상·경영상 비효율성으로 정부실패의 원인 중 하나이다.
④ 애로우(Arrow)의 불가능성 정리는 민주적인 정부는 합리적일 수 없다는 정부실패의 이론적 논거이다.

03　행정학의 접근방법　정답 ②

생태론은 후진국의 행정현상을 설명하는 데 크게 기여했으며, 행정의 보편적 이론보다는 중범위이론의 구축에 자극을 주어 행정학의 과학화에 기여하였다.

(선지분석)

① 행태론은 관찰할 수 없는 내면적 가치현상은 연구대상에서 배제시켰다.
③ 신공공관리론은 행정과 경영을 동일시하며, 기업 경영의 원리와 기법을 그대로 공공부문에 이식하려 한다는 비판을 받는다.
④ 공공선택론은 공공부문에 경제적인 연구방법을 적용한 비시장적 의사결정에 관한 경제학적 연구이다.

04　조직이론　정답 ②

조직군생태론은 종단적 조직분석을 통하여 조직의 동형화(isomorphism)를 주로 연구한다. 종단적 분석이란 변이 ⇨ 선택 ⇨ 보존이라는 과정을 거쳐 조직에 환경에 적응해 나가는 순차적 과정을 말한다.

(선지분석)

① 상황이론은 유일최선의 문제해결 방법(the best one way)은 없으며, 다양한 상황변수에 따라 조직구조 및 조직의 효과성이 달라진다고 본다.
③ 거래비용의 최소화가 조직구조 효율성의 관건이 된다고 본다. 시장을 통한 계약관계의 형성 및 집행에서 발생하는 거래비용과 계층제적 조직이 될 경우의 내부관리 비용을 비교하여 거래비용이 관리비용보다 클 경우 수직적 통합(vertical integration), 즉 계층제적 조직이 형성된다고 보았다. 다시 말해 거대조직이나 계서제적 조직구조의 출현 원인을 거래비용의 최소화에서 찾고 있다.
④ 전략적 선택이론에서 조직의 구조와 특성은 관리자의 전략적 선택에 의해서 결정된다.

05 정책결정모형 | 정답 ①

정책결정모형에 대한 설명으로 옳은 것은 ㄱ, ㄴ이다.
ㄱ. 점증모형은 현존 정책에 비하여 약간 향상된 정책에만 관심을 가지며, 비교적 한정된 수의 정책대안만 검토하고 각 대안에 대하여 한정된 수의 중요한 결과만 평가한다.
ㄴ. 사이버네틱스모형은 자동적·지속적인 정보제어와 환류를 통해 목표를 달성해나가는 자기조절적·점진적 적응시스템이다.

(선지분석)
ㄷ. 합리모형은 정치적 합리성이 아니라 경제적 합리성을 중시한다.
ㄹ. 만족모형은 모든 대안이 아니라 분석이 가능하고 중요하다고 생각되는 한정된 대안만을 순차적으로 검토한 뒤 만족할 만한 대안을 선택하는 것이다.

06 정책과정의 권력모형 | 정답 ②

하위정부론(철의 삼각)은 이익집단·의회 상임위원회·해당 관료조직으로 구성된, 실질적 정책결정권을 공유하는 네트워크가 존재한다고 주장한다.

(선지분석)
① 무의사결정은 정책의제설정 과정뿐만 아니라 정책의 전 과정에서도 발생한다고 한다.
③ 신다원론은 정부의 수동적이고 중립적 조정자로서의 역할에 대한 한계를 인식하고 있다. 즉, 신다원론에서 정부는 거대 이익집단인 기업가의 이익에 반응하기 위해 전문화된 체제를 갖추고 있으며 능동적으로 기능한다고 본다.
④ 조합주의(=코포라티즘)에서 정책은 국가가 사회를 일정한 방향으로 유도하기 위해 의도적으로 사회집단과 개인의 이익·가치들을 통제·조정하며, 정부목표를 효과적으로 달성하기 위한 수단이다. 정부에 의해 독점적 이익대표권을 부여받은 이익집단은 그에 대한 반대급부로 이익집단의 요구를 일정 범위로 제한하는 등 정부의 통제를 수용한다.

07 사회구성주의(Social Construction) | 정답 ③

설문은 의존집단(Dependents)을 설명하고 있다.

📄 슈나이더와 잉그램(Schneider & Ingram)의 사회구성주의(Social Construction)

정치적 권력 (Political Power) \ 사회적 형상 (Social Image)	긍정적	부정적
높음	수혜집단(Advantaged) 예 과학자, 퇴역군인, 노인층	주장집단(Contenders) 예 부유층, 거대노동조합, 소수민족, 문화상류층
낮음	의존집단(Dependents) 예 아동, 부녀자, 장애인	이탈집단(Deviants) 예 범죄자, 약물중독자, 공산주의자, 테러리스트, 깡패집단

08 우리나라의 책임운영기관 | 정답 ③

책임운영기관은 성과·자율·책임이 조화된 성과 중심의 공공기관으로, 공공성이 강하여 민영화가 곤란하고 경쟁의 원리가 필요하거나 전문성이 요구되어 성과관리가 필요한 분야에 적용된다.

(선지분석)
① 정부기능 중 정책결정기능과 집행적·사업적 성격의 기능을 분리하여, 집행기능을 책임운영기관이 전담하게 한다.
② 특허청은 중앙행정기관이면서 책임운영기관인 중앙책임운영기관이다.
④ 책임운영기관의 존속여부 및 제도의 개선 등에 관한 중요사항을 심의하기 위하여 행정안전부장관 소속하에 책임운영기관운영위원회를 둔다.

09 정책평가의 유형 | 정답 ①

평가성 사정(evaluability assessment)은 예비평가로, 영향평가 또는 총괄평가를 실시하기 전에 평가의 유용성과 가능성, 평가의 성과 증진 효과 등을 미리 평가하는 활동이다.

(선지분석)
② 메타평가는 평가결과에 대해서 기존 평가자가 아닌 제3자가 다시 평가하는 것을 말한다. 즉, 평가결과를 다시 평가하는 '평가에 대한 평가'라고 할 수 있다.
③ 형성평가는 정책이 집행되는 도중에 수행되는 평가로, 정책이 의도한 대로 집행되고 있는지를 평가한다.
④ 총괄평가는 정책평가의 핵심으로, 정책이 집행되고 난 후에 정책이 사회에 미친 영향 또는 정책결과 중에서 의도한 정책효과가 정책으로 인해서 발생했는지를 판단하는 활동을 말한다.

10 우리나라의 주민소송제도 | 정답 ③

주민소송은 주민감사청구 전치주의에 입각하고 있으므로, 주민감사청구의 결과에 불복하는 경우에 하는 것이다.

(선지분석)
① 주민소송에서 당사자는 법원의 허가를 받지 않고서는 소의 취하, 소송의 화해 또는 청구의 포기를 할 수 없다.
② 주민소송의 피고는 지방자치단체장이다. 중앙정부를 상대로는 소송을 제기할 수 없다.
④ 소송의 계속 중에 소송을 제기한 주민이 사망하거나 주민의 자격을 잃으면 소송절차는 중단된다.

11 조세지출예산제도　정답 ③

「조세특례제한법」에 따르면 조세지출예산서는 기획재정부장관이 작성하도록 되어있다.

(선지분석)

① 조세지출예산은 조세감면 등 세제지원을 통해 제공한 혜택을 예산지출에 준하여 인정하는 것이다.
② 조세지출은 형식은 조세이지만 실질상은 간접지출로서 숨겨진 보조금에 해당한다.
④ 「국가재정법」에 따르면 조세지출예산서는 국회에 제출하는 예산안에 첨부하도록 하고 있다. 조세지출예산서의 작성의무는 「조세특례제한법」에, 국회 제출의무는 「국가재정법」에 규정되어 있다.

12 리더십이론　정답 ④

피들러(Fiedler)의 상황론이 제시하는 상황변수에는 리더와 부하의 관계, 과업구조, 지위권력이 있다. 부하의 성숙도를 상황변수로 가지는 이론은 허쉬와 블랜차드(Hersey & Blanchard)의 리더십상황이론이다.

(선지분석)

① 참여적 리더십은 비구조화된 과업 수행 시 부하가 과업목표 계획, 절차, 방법 등에 관한 의사결정에 참여함으로써 기대 및 직무수행동기를 높이는 유형이다.
② 카리스마적 리더십이란 리더의 개인적 능력에 의해 부하들의 강한 헌신과 리더와의 일체화를 이끌어내는 리더십을 말한다.
③ 탭스코트(Tapscott)에 의하면, 정보화사회는 단순한 지식 또는 정보사회의 차원을 넘어선 '네트워크화된 지능시대'이기 때문에 리더나 리더십 또한 상호연계성을 지녀야 한다.

13 중앙정부의 지출　정답 ④

공무원인건비와 국방비는 재량지출(경직성이 매우 큼)에 해당한다.

(선지분석)

① 의무지출은 '법률에 따라 지출 의무가 발생하고 법령에 따라 지출 규모가 결정되는 법정지출 및 이자지출'을 말한다.
② 우리나라는 2013년 예산안부터 재정지출 사업을 의무지출과 재량지출로 구분하여 국가재정 운용계획에 포함하여 국회에 제출하고 있다.
③ 「국가재정법」 제7조 제2항 제4호의2에 따른 의무지출의 범위는 다음 각 호와 같다.

> 「국가재정법 시행령」 제2조 【국가재정운용계획의 수립 등】 ③ 법 제7조 제2항 제4호의2에 따른 의무지출의 범위는 다음과 같다.
> 1. 「지방교부세법」에 따른 지방교부세, 「지방교육재정교부금법」에 따른 지방교육재정교부금 등 법률에 따라 지출의무가 정하여지고 법령에 따라 지출규모가 결정되는 지출
> 2. 외국 또는 국제기구와 체결한 국제조약 또는 일반적으로 승인된 국제법규에 따라 발생되는 지출
> 3. 국채 및 차입금 등에 대한 이자지출

14 지능형 정부　정답 ④

지능형 정부의 서비스 전달방식은 온라인 + 모바일 채널이 아니라, 수요기반 온·오프라인 멀티채널이다.

📄 전자정부와 지능형 정부(새행정학 3.0)

구분	전자정부	지능형 정부
정책결정	정부 주도	국민 주도
행정업무	행정 현장: 단순업무 처리 중심	행정 현장: 복합문제 해결 가능
서비스 내용	생애주기별 맞춤형	일상틈새 + 생애주기별 비서형
서비스 전달방식	온라인 + 모바일 채널	수요 기반 온·오프라인 멀티채널

15 희소성의 법칙　정답 ①

가용자원이 정부의 계속사업을 지속할 만큼 충분하지 못한 경우에 발생하는 것은 급성 희소성(acute scarcity)이 아니라 총체적 희소성이다.

(선지분석)

④ 희소성은 '정부가 얼마나 원하는가'에 대해서 '정부가 얼마나 보유하고 있는가'의 관계로서 즉, 보유액/수요액을 말하는 것이다.

📄 희소성의 법칙

구분	희소성의 상태		예산의 중점
완화된 희소성	계속사업	○	• 사업개발에 역점 • 예산제도로 PPBS 도입
	계속사업 증가분	○	
	신규사업	○	
만성적 희소성	계속사업	○	• 신규사업의 분석과 평가는 소홀 • 지출통제보다는 관리개선에 역점 • 만성적 희소성의 인식이 확산되면 ZBB를 고려
	계속사업 증가분	○	
	신규사업	×	
급성 희소성	계속사업	○	• 비용절감을 위해 관리상의 효율 강조 • 예산기획 활동은 중단 • 단기적, 임기응변적 예산편성에 몰두
	계속사업 증가분	×	
	신규사업	×	
총체적 희소성	계속사업	×	• 비현실적인 계획, 부정확한 상태로 인한 회피형 예산편성 • 예산통제 및 관리는 무의미하며 허위적 회계 처리 • 돈의 흐름에 따른 반복적 예산편성
	계속사업 증가분	×	
	신규사업	×	

16 행정개혁의 접근방법　정답 ③

감수성 훈련은 구조나 기술의 개선보다는 인간의 행태 변화에 초점을 둔 '계획적인 행태변화 기법'이다.

(선지분석)

① 조직 내 운영(관리)과정이나 일의 흐름을 개선하려는 접근법이다.

② 바람직한 조직 원리에 근거한 최적의 구조가 업무의 최적수행을 가져 온다는 고전적인 접근방법이다.

④ 구조와 인간, 환경은 물론 조직의 문제를 체제로 파악하고 각 상호관련 성을 고려하는 총체적인 행정개혁 접근법이다.

---

17 특별회계예산   정답 ④

일반회계와 특별회계, 기금 상호간에는 전출입(교류)이 허용된다.

(선지분석)

① 특별회계는 국가에서 특정한 사업을 운영하고자 할 때, 특정한 자금을 보유하여 운용하고자 할 때, 특정한 세입으로 특정한 세출에 충당함으 로써 일반회계와 구분하여 회계 처리할 필요가 있을 때에 법률로써 설 치한다.

② 특별회계는 예산단일성원칙과 예산통일성원칙의 예외이다.

③ 세출·세입예산 모두 일반회계와 특별회계로 구분한다.

---

18 레짐이론   정답 ②

공공이익과 사적이익 간의 연합이 이루어지는 하나의 비공식적 통치연합 이다.

(선지분석)

① 레짐이론은 개인이나 구조가 아닌 '제도'에 초점을 두며, 기업의 중심 적 역할을 강조하면서 지역주민 집단과 같은 행위자들의 영향력을 간 과하지 않는다. 미국에서 가장 영향력 있는 다섯 범주의 레짐 행위자 및 기관은 ㉠ 이익집단, ㉡ 기업인, ㉢ 도시정부, ㉣ 관료제, ㉤ 연방 및 주정부 등이다.

③ 스톤(Stone)은 도시레짐을 유형화한 대표적인 학자로, 레짐이론을 체 계화하였다.

④ 성장연합은 교환가치를 중시하며, 비성장연합은 사용가치를 중시한다.

---

19 학습조직   정답 ④

학습조직은 지식이나 정보의 공유를 중시하므로 '개인의 학습'보다 '조직 의 학습'을 강조한다는 점에서 부분보다 전체를 중시한다고 볼 수 있다.

(선지분석)

① 구성원들이 공유할 수 있는 비전을 만들고 공유하는 사려 깊은 리더십 이 요구된다.

② 시스템 중심의 사고에 의한 유기체적 조직관, 개방체제, 집단학습, 자 아실현인관 등을 바탕으로 한다.

③ 지식의 창출, 활용 및 공유를 강조하므로 모든 구성원은 정보나 자료에 접근할 수 있어야 한다.

---

20 주민참여   정답 ②

「주민조례발안에 관한 법률」 제2조에 따르면, 18세 이상의 주민은 해당 지방자치단체의 의회에 조례를 제정·개정 또는 폐지할 것을 청구할 수 있다.

> 「주민조례발안에 관한 법률」 제2조 【주민조례청구권자】 18세 이상의 주민으로서 다음 각 호의 어느 하나에 해당하는 사람(「공직선거법」 제18조에 따른 선거권이 없는 사람은 제외한다)은 해당 지방자치단 체의 의회에 조례를 제정하거나 개정 또는 폐지할 것을 청구할 수 있다.

(선지분석)

① 주민감사전치주의이므로 주민소송이 주민감사의 보완장치이다.

③ 선출직 지방공직자의 임기개시일부터 1년이 경과하지 아니한 때, 선출 직 지방공직자의 임기만료일부터 1년 미만일 때, 해당 선출직 지방공 직자에 대한 주민소환투표를 실시한 날부터 1년 이내인 때는 주민소환 투표의 실시를 청구할 수 없다.

④ 기초지방자치단체의 주민투표관리는 당해 지방자치단체의 선거관리위 원회에서 한다.

---

21 매트릭스조직   정답 ④

매트릭스조직은 명령계통의 이원화로 책임한계가 불명확해짐에 따라 갈등 과 대립의 소지가 커진다.

(선지분석)

① 기능구조의 기술적 전문성과 제품사업구조의 혁신성을 동시에 꾀한다.

② 매트릭스구조는 기능라인과 제품라인이 인적·물적 자원을 서로 공유 함으로써 효율적으로 활용한다.

③ 입체적으로 연결된 두 라인을 통하여 구성원들이 다양한 경험과 기술 을 습득할 수 있다.

📄 **매트릭스조직의 장점과 단점**

장점	단점
• 한시적 사업에 신속하게 대처 가능 • 각 기능별 전문적 안목을 넓히고 쇄신을 촉진 • 조직구성원들 간의 협동적 작업을 통해 조정과 통합의 문제를 해결 • 자발적 협력관계와 비공식적 의사전 달체계를 결합하여 융통성과 창의성을 발휘 • 인적 자원의 경제적 활용을 도모 • 조직단위 간에 정보흐름의 활성화를 기할 수 있음	• 이중 구조 속에서 책임과 권한의 한계가 불명확함 • 권력투쟁과 갈등이 발생할 수 있음 • 프로젝트 구조에서 직능조직 간에 할거주의가 조장되는 경우, 조정이 어렵고 결정이 지연됨 • 객관성과 예측가능성을 확보하는 것이 곤란하므로, 조직상황이 유동적이고 복잡한 경우에만 효과적

---

22 재정준칙(Fiscal Rule)   정답 ②

재정준칙은 행정부의 재량권을 제약하고 재정규율을 확립하여 재정건전화 를 도모할 수 있다.

(선지분석)

①, ③ 재정준칙이란 재정수지, 재정지출, 국가채무 등 총량적인 재정지표에 대하여 구체적으로 수치화한 목표를 포함하는 재정운용의 목표설정과 더불어 이의 달성을 위한 방안 등을 법제화함으로써 재정당국의 재량적 정책운용에 제약을 가하는 재정운용체계이다.

④ 페이고(PAYGO: pay - as - you - go)제도에 대한 옳은 설명이다.

---

23 행정윤리 정답 ④

오늘날 행정기능이 양적으로 팽창하고 질적으로 전문화·복잡화됨에 따라 행정윤리의 중요성이 과거에 비해 더 높아져가고 있다.

(선지분석)

① 왈도(D. Waldo)가 『격동기의 공공행정』에서 정의한 공공윤리의 개념으로, 옳은 지문이다.

② 소극적 의미의 윤리는 부정부패 방지 등 공무원이 하지 말아야 할 윤리를 말한다.

③ 「공직자윤리법」에 의하면, 취업심사대상자는 퇴직일부터 3년간 취업심사대상기관에 취업할 수 없다. 다만, 관할 공직자윤리위원회로부터 취업심사대상자가 퇴직 전 5년 동안 소속하였던 부서 또는 기관의 업무와 취업심사대상기관 간에 밀접한 관련성이 없다는 확인을 받거나 취업승인을 받은 때에는 취업할 수 있다고 규정하고 있다.

---

24 공무원 평정제도 정답 ③

행태에 관한 구체적인 사건을 기준으로 평정하며, 사건의 빈도수를 표시하는 척도를 이용하는 방법은 행태기준평정척도법이 아니라 행태관찰척도법이다. 행태관찰척도법은 '행태기준척도법 + 도표식 평정척도법'으로, 행동 간 상호배타성을 극복하고 관찰빈도를 척도로 표시한다.

(선지분석)

① 다면평가제도는 다수의 평정자로 인해 평가의 객관성과 신뢰성·공정성을 향상시킬 수 있다.

② 도표식 평정법은 상벌의 목적에 이용하기 편리한 평정방법이다.

④ 우리나라는 근무성적평정결과나 승진탈락 등에 대해서 소청을 제기할 수 없다.

📄 **행태관찰척도법(행태기준척도법 + 도표식 평정척도법)**

행태기준척도법과 마찬가지로 구체적인 행태의 사례를 기준으로 평정하나, 행태기준척도법의 단점인 바람직한 행동과 바람직하지 않은 행동과의 상호배타성을 극복하기 위해 도표식 평정척도법과 같이 행태별 척도를 제시한 점이 다름

---

25 지식행정 정답 ④

지식행정의 개념에 대한 올바른 설명이다.

(선지분석)

① 지식행정에서 강조되는 지식 중 암묵지는 '경험, 숙련된 기능, 개인적 노하우'처럼 조직에 축적되기 위해서는 오랜 시간과 노력이 필요하다.

② 지식과 정보는 서로 다른 개념이다. 정보는 자료가 사용자에게 의미 있는 형태로 가공된 결과이다. 지식은 정보가 의사결정이나 문제해결에 활용될 수 있을 정도로 사용자에게 축적·체계화된 것이다.

③ 지식행정이나 정보기술은 조직 구조와 함께 프로세스의 변화에도 밀접한 영향을 준다.

> 정답
>
> p. 28

> 정답

01	② PART 1	06	① PART 1	11	③ PART 3	16	① PART 6	21	③ PART 5
02	④ PART 3	07	① PART 2	12	③ PART 3	17	③ PART 1	22	④ PART 7
03	④ PART 3	08	④ PART 2	13	② PART 4	18	② PART 1	23	② PART 2
04	① PART 1	09	③ PART 2	14	① PART 5	19	② PART 7	24	③ PART 1
05	④ PART 2	10	④ PART 7	15	③ PART 4	20	① PART 7	25	① PART 3

> 취약 단원 분석표

단원	맞힌 답의 개수
PART 1	/ 6
PART 2	/ 5
PART 3	/ 5
PART 4	/ 2
PART 5	/ 2
PART 6	/ 1
PART 7	/ 4
TOTAL	/ 25

PART 1 행정학 총설 / PART 2 정책학 / PART 3 행정조직론 / PART 4 인사행정론 / PART 5 재무행정론 / PART 6 지식정보화 사회와 환류론 / PART 7 지방행정론

---

01 정부실패이론 정답 ②

X-비효율성은 정부의 독점적인 서비스 공급과 같이 경쟁의 부재로 인해 생산성이 저하되는 정부실패현상으로 이는 공공재의 공급측면의 문제이다.

(선지분석)

① 수익자 부담주의가 적용되지 않아 예산낭비가 초래된다. 이는 정부예산이 공유재적 성격을 가지고 있기 때문이다.

③ 짧은 임기 때문에 높은 할인율을 가진 정치인들은 단기적인 안목으로 공약을 남발하고 가시적인 달성을 중시한다.

④ 내부성의 개념으로 옳은 지문이다.

02 대리인이론 정답 ④

대리인이론은 위임자와 대리인의 관계에 관한 경제학적 모형을 조직연구에 적용하는 접근방법이다. 대리인이론은 위임자와 대리인이 불확실한 환경하에서 서로 업무에 대한 계약을 체결한다는 것을 전제한다.

(선지분석)

①, ② 대리인이론이란 본인(위임자)과 대리인 간의 비대칭적인 정보와 상충적인 이해관계로 발생하는 대리손실을 최소화할 수 있는 방법을 모색하는 이론이다. 즉, 정보의 비대칭성과 인간이 이기적·합리적 존재임을 전제로 한다.

③ 대리인의 기회주의적 행동으로 인해 역선택과 도덕적 해이 문제가 발생할 수 있다.

03 학습조직(Learning Organization) 정답 ④

세계를 보는 관점으로서 세상에 관한 사람들의 생각과 관점, 그것이 자신의 선택과 행동에 어떤 영향을 미치는지에 대해 끊임없이 성찰하고 다듬어야 하는 것은 사고의 틀(mental models)이다. 시스템 중심의 사고(systems thinking)는 체제를 구성하는 여러 연관요인들을 통합적인 이론체계 또는 실천체계로 융합시키는 능력을 키우는 통합적 훈련이다.

(선지분석)

① 공동의(공유된) 비전, ② 집단적 학습, ③ 자기완성의 기회이다.

📋 센게(Senge)의 제5의 수련

자기완성 (personal mastery)	각 개인은 원하는 결과를 창출할 수 있는 자기역량의 확대 방법을 학습해야 함
사고의 틀 (mental models)	세계를 보는 관점으로서 세상에 관한 사람들의 생각과 관점, 그것이 자신의 선택과 행동에 어떤 영향을 미치는지에 대해 끊임없이 성찰하고 다듬어야 함
공동의 비전 (shared vision)	조직 구성원들이 공동으로 추구하는 목표와 원칙에 관한 공감대를 형성하는 것으로, 이를 위해 공유된 리더십과 참여가 필요함
집단적 학습 (team learning)	구성원들이 진정한 대화와 집단적인 사고의 과정을 통해 개인적 능력의 합계를 능가하는 지혜와 능력을 구축할 수 있게 팀 역량을 구축·개발하는 것
시스템 중심의 사고 (systems thinking)	체제를 구성하는 여러 연관요인들을 통합적인 이론체계 또는 실천체계로 융합시키는 능력을 키우는 통합적 훈련

04 제도적 동형화(institutional isomorphism) 정답 ①

동형화는 조직이 동질화되는 과정을 나타내는 개념이다. 즉, 조직의 장(organizational field) 안에 있는 한 조직단위가 동일한 환경조건에 직면한 다른 조직단위들을 닮도록 하는 과정이다. 여기서 조직의 장은 동질적인(상이한✕) 환경과 제도가 인지될 수 있는 분석단위이다.

② 동형화는 조직이 사회적으로 정당하다고 인정되는 것으로 닮아가는 것, 즉 유사성을 가지게 되는 것을 의미하므로 조직이 교란되는 것을 막을 수 있다.

③ 제도적 동형화의 유형 중 모방적 동형화에 대한 설명이다.

④ 조직이 특정 분야의 전문가나 전문가 집단의 기준(standards)을 수용하면서 제도적 동형화가 나타나기도 한다. 전문직업분야에서의 동형화는 규범적 동형화의 예이다.

📄 **제도적 동형화의 3가지 차원**

강압적 동형화	외부의 강압에 순응하는 과정에서 발생
모방적 동형화	• 자발적으로 성공사례를 벤치마킹하여 모방하는 과정에서 발생 • 능률성 제고를 직접적인 목표로 하기보다는 '성과를 향상시키기 위하여 노력하고 있다'는 인상을 환경에 심는 것을 목표로 함
규범적 동형화	• 주로 직업적 전문화 과정에서 발생 • 내부적인 조직 효율성 증대와는 무관하게 발생

---

05   **쓰레기통 의사결정모형**   정답 ④

쓰레기통모형에서는 진빼기 결정(choice by flight)과 날치기 통과(choice by oversight) 의사결정이 이루어진다.

(선지분석)

① 문제(problem)·해결책(solution)·참여자(participant)·의사결정의 기회(chance)가 구비되어야 하는데, 이 네 가지 요소들이 아무 관계없이 독자적으로 움직이다가 어떤 계기로 우연히 만나게 될 때 의사결정이 이루어진다고 본다. 즉, 독자적으로 흘러 다니는 것이며, 상호 의존적인 것이 아니다.

② 현실 적합성이 낮아 이론적으로만 설명이 가능한 것은 합리모형의 한계이다. 쓰레기통모형은 불확실하고 무질서한 현실적 제약조건하에서 흔히 일어나는 의사결정과정을 현실성 있게 설명한다.

③ 목표와 수단 사이의 인과관계가 명확하지 않음을 의미하는 것은 불명확한 기술이다.

---

06   **규제**   정답 ①

관리규제란 절차적 규제로서 수단이나 성과가 아닌 과정을 규제하는 것이다. 정부가 특정한 사회문제 해결에 대한 목표달성 수준을 정하고 피규제자에게 이를 달성할 것을 요구하는 것은 성과규제에 해당한다.

(선지분석)

② 규제의 역설(regulatory paradox)은 불합리한 규제는 민간의 행동을 비효율적으로 유도하고, 사회적 자원의 왜곡을 가져오는 부작용을 초래한다. "기업의 상품정보공개가 의무화될수록 광고유인을 잃게 되어 소비자의 실질적 정보량은 줄어든다고 본다."는 규제의 역설의 예시 중 하나이다.

③ 외부효과란 시장실패의 한 원인으로, 정부는 이를 막기 위해 직접적으로 규제를 하거나 세금을 부과하는 등의 정책을 사용한다. 그 중에서도 공해배출권 거래제도, 폐기물처리비 예치제도 등은 간접적 규제이다.

④ 지대추구란 지대를 발생시키는 독점적 상황을 유지하기 위하여 정부에 로비활동을 벌이는 것을 말한다. 즉, 기업들이 비경쟁체제하에서 독점적 이익(지대)을 지속적으로 향유하기 위하여, 경쟁체제라면 기술개발 등 건전한 활동에 투입하여야 할 자원을 비생산적·낭비적 비용(향응·뇌물 등)으로 지출하는 것을 의미한다.

---

07   **선정효과**   정답 ①

선정효과는 실험집단과 통제집단을 구성할 때, 두 집단에 서로 다른 개인들을 선발하여 할당함으로써 오게 될지도 모르는 편견을 말한다.

(선지분석)

② 회귀인공요소는 실험 직전의 측정결과를 토대로 집단을 구성할 때, 평소와는 달리 유별나게 좋거나 나쁜 결과를 얻은 사람들이 선발되는 경우가 있는데, 이런 사람들이 실험이 진행되는 동안에 자신의 원래 위치로 돌아가게 되는 것을 말한다.

③ 누출효과는 처리가 통제집단에게 누출되어 발생하는 현상을 말한다.

④ 역사요인은 실험기간 동안에 실험자의 의도와는 관계없이 일어난 역사적 사건을 말한다. 이러한 역사요인이 작용할 경우 정책이나 실험의 정확한 효과 추정이 어려워진다.

---

08   **비용편익분석**   정답 ④

할인율이 낮을 경우 장기투자가, 높을 경우 단기투자가 유리하다.

(선지분석)

①, ② 내부수익률은 편익과 비용의 현재가치를 같게 만들어 주는 때의 할인율로서 순현재가치(B-C)를 0(영)으로, 편익비용비(B/C)를 1로 만들어주는 할인율을 말한다.

③ 잠재가격은 시장가격이 존재하지 않거나 활용할 수 없을 때 분석가가 가치를 주관적으로 추정하는 것이므로 왜곡이 있을 수 있다.

---

09   **집단사고의 한계**   정답 ③

집단사고는 개인들이 집단 응집성과 합의에 대한 압력으로 비판적인 사고가 억제되어, 각자의 의견을 발현하지 못하고 획일적인 방향으로 의사결정하는 현상(만장일치에 대한 도덕적 환상, 집단동조의식 등)이다. 집단사고는 응집력 있는 집단의 구성원들일수록 토론이나 논쟁을 통해 좋은 결정을 도출하기보다는 한 방향으로 쉽게 의견의 일치를 보이는 현상으로, 이의제기나 대안 제시를 억제하고 구성원들이 내린 어떤 결정이 최선이라고 믿고 합리화하려는 경향이 있다. 따라서 반대의견이나 비판적인 대안이 제시되지 못하는 것은 집단사고에서 발생할 수 있는 현상이다.

10 지방자치단체의 재정 　　　정답 ④

지방소비세는 보통세에 해당한다. 지방세 중 목적세는 지방교육세와 지역자원시설세이다.

(선지분석)

① 재정자주도는 전체재원 중에서 일반재원이 차지하는 비율을 말한다.

② 조정교부금은 광역단체차원의 지방재정조정제도이다.

③ 지방교부세는 지방자치단체 간의 재정적 불균형을 시정(수평적 재정조정제도에 해당)하고, 전국적인 최저생활을 확보하기 위하여 지방자치단체의 재정수요에 필요한 부족재원을 보전할 목적으로 국가가 지방자치단체에 교부하는 재원이다.

11 관료제와 과학적 관리론 　　　정답 ③

베버(Weber)의 관료제는 법규에 의한 합법적 지배를 특징으로 한다. 따라서 공식적인 법규나 직위·권한을 중시하며, 직위의 권한과 관할범위는 법규에 의하여 규정된다.

(선지분석)

① 관료제는 법규 위주의 지나친 몰인간성(impersonalism)은 조직 내의 인간적 관계를 저해할 수 있다.

② 과학적 관리론은 공직분류에 있어서 계급제가 아니라 직위분류제의 확립에 이론적 기초를 제시하였다.

④ 과학적 관리론은 최소의 비용과 노력으로 최대의 성과를 확보할 수 있는 유일·최선의 방법을 찾아내기 위하여 과학적인 관리 기술을 적용하는 고전적인 관리이론으로, 인간의 내면적·심리적·사회적 요인을 경시하고 인간은 경제적·외재적 유인과 보상에 의해 동기가 유발되는 타산적 존재라고 보았다.

12 혼돈이론(Chaos theory) 　　　정답 ③

질서와 무질서, 부정적 환류와 긍정적 환류, 부정적 엔트로피와 긍정적 엔트로피 등 복잡한 문제에 대한 통합적 접근을 시도한다. 복잡한 관계를 전통적인 과학처럼 단순화하려 하지 않는다.

(선지분석)

① 혼돈이론은 불규칙성 속에서의 규칙성을 찾아 미래의 변동을 예측하고자 하는 이론이다.

② 혼돈이론이 전제하는 '혼돈'이란 결정론적 혼돈이다. 즉, 어떤 시점의 정보에 의하여 다른 시점의 상황이 결정되는 현상으로, 그것은 완전한 혼란이 아니라 '한정된 혼란', '질서있는 무질서'이다.

④ 조직의 자생적 학습 능력과 자기조직화 능력을 전제한다. 혼돈의 긍정적 효용을 믿는 것은 바로 그러한 능력을 믿기 때문이다.

13 교육훈련 방식 　　　정답 ②

교육훈련 방식에 대한 설명으로 옳은 것은 ㄱ, ㄷ이다.

(선지분석)

ㄴ. 학습조직은 끊임없는 시행착오를 겪으면서 스스로 진화해 나가는 조직이므로 사전에 구체적이고 명확한 조직설계 기준 제시가 용이하지 않다.

ㄹ. 워크아웃 프로그램은 전 구성원의 자발적 참여에 의한 행정혁신을 추진하는 방법으로, 관리자의 신속한 의사결정과 문제 해결을 도와준다는 장점이 있다.

📄 역량기반 교육훈련의 대표적인 방식	
멘토링	• 멘토링은 개인 간의 신뢰와 존중을 바탕으로 조직 내 발전과 학습이라는 공통 목표의 달성을 도모하고자 하는 상호 관계를 말함 • 조직 내에서 직무에 대한 많은 경험과 전문지식을 갖고 있는 멘토가 일대일 방식으로 멘티를 지도함으로써 조직 내 업무 역량을 조기에 배양시킬 수 있는 학습활동
학습조직	학습조직은 조직 내 모든 구성원의 학습과 개발을 촉진시키는 조직 형태로, 지식의 창출 및 공유와 상시적 관리 역량을 갖춘 조직임
액션러닝	• 액션러닝은 이론과 지식 전달 위주의 전통적인 강의식 집합식 교육의 한계를 극복하고 참여와 성과 중심의 교육훈련을 지향하는 대표적인 역량기반 교육훈련 방법의 하나임 • 액션러닝은 정책 현안에 대한 현장 방문, 사례조사와 성찰 미팅을 통해 문제 해결 능력을 함양하는 것으로, 교육생들이 실제 현장에서 부딪치는 현안 문제를 가지고 자율적 학습 또는 전문가의 지원을 받으며 구체적인 문제 해결 방안을 모색함
워크아웃 프로그램	• 조직의 수직적 수평적 장벽을 제거하고 전 구성원의 자발적 참여에 의한 행정혁신, 관리자의 신속한 의사결정과 문제 해결을 도모하는 교육훈련 방식 • 워크아웃 프로그램은 1980년대 후반부터 미국 GE사의 전략적 인적자원 개발 프로그램으로 활용되었으며, 정부조직에서도 정책 현안에 대한 각종 워크숍의 운영을 통해 집단적 토론과 함께 문제 해결 방안을 모색하고 개별 공무원의 업무 역량을 제고하기 위한 목적에서 적극 활용되고 있음

14 예산집행의 신축성 유지 방안 　　　정답 ①

국고채무부담행위의 의결은 지출권한을 인정한 것이 아니고, 국가의 채무부담의무만 인정하거나 국고채무부담행위를 할 수 있는 권한만 인정한 것이다.

(선지분석)

② 계속비는 이미 총액을 국회의결을 얻은 계속사업으로 집행하는 예산이므로, 그 연부액 중 연도 내 지출을 하지 못한 경비는 당해 사업이 완성되는 연도까지 계속 이월을 할 수 있다.

③ 한번 사고이월한 금액을 재이월하는 것은 금지되고, 예견 가능한 사유로는 사고이월을 할 수 없다.

④ 국고채무부담행위는 사항마다 그 필요한 이유를 명백히 하고, 그 행위를 할 연도 및 상환연도와 채무부담의 금액을 표시하여야 한다(「국가재정법」 제25조).

15 「공직자의 이해충돌 방지법」 정답 ③

감사원이 아닌 국민권익위원회이다.

(선지분석)
① 「공직자의 이해충돌 방지법」 제1조에 규정되어 있다.
② 「공직자의 이해충돌 방지법」 제5조에 규정되어 있다.
④ 「공직자의 이해충돌 방지법」 제8조에 규정되어 있다.

16 정보통신정책의 보편적 서비스 정답 ①

경제적 이유로 인한 이용 배제를 방지하기 위하여 비배제성의 원리가 준수되어야 한다.

보편적 서비스 정책의 내용 - 정보격차 해소

접근성	장소, 소득, 신체조건 등에 상관없이 접근 가능
활용 가능성	누구든지 활용 가능(시각 장애인도 이용 가능)
훈련과 지원	교육으로 인터넷 활용 능력을 배양
유의미한 목적성	개인적, 사회적 의미를 지님(국민·고객 O, 국가·정부 ✕)
요금의 저렴성	경제적 이유로 인한 이용 배제를 방지

17 행정이념 정답 ③

행정목표의 달성도는 능률성이 아니라 효과성에 대한 설명이다. 능률성은 효과성에 비하여 수단적이고 과정적·기술적인 개념이다. 반면 효과성은 목적적이고 결과 중심의 기능적인 개념이다.

(선지분석)
① 법치행정은 국민의 기본권을 보호하기 위해 정립된 개념이다.
② 실체설은 사익의 합이 공익이라고 보지 않으며, 공익과 사익의 갈등이란 있을 수 없고 언제나 공익이 우선시된다고 본다.
④ 롤스(Rawls)는 정의의 제1원리와 제2원리가 충돌할 때 제1원리가 우선하고, 제2원리 중에서도 기회균등의 원리와 차등의 원리가 충돌할 때는 기회균등의 원리가 우선한다는 입장이다.

18 탈신공공관리론(Post-NPM) 정답 ②

탈신공공관리론(Post-NPM)은 정부기능 측면에서 정부의 정치·행정적 역량의 강화를 강조한다.

(선지분석)
① 탈신공공관리론(Post-NPM)은 재집권·재규제를 통해 신공공관리론에서 부족했던 공행정의 책임성·민주성을 회복하고자 한다.
③ 탈신공공관리론(Post-NPM)은 총체적·합체적 정부의 역할을 중시한다.
④ 탈신공공관리론(Post-NPM)은 정부책임하에 민관파트너십을 강조한다.

19 특별지방자치단체 정답 ②

지방시대위원회가 아니라 '행정안전부장관'의 승인을 받아야 한다.

(선지분석)
①, ③, ④ 모두 특별지방자치단체에 대한 옳은 설명이다.

20 지방의회의원 정답 ①

지방의회의원의 퇴직사유 중 하나가 주민등록 이전 등에 의해 '피선거권이 없게 될 때'는 맞으나, 이때에도 지방자치단체의 구역변경·폐지로 인해 해당 지역 피선거권이 없어진 불가피한 경우는 제외된다(「지방자치법」 제90조).

(선지분석)
② 지방의회의원에 대해서도 국회의원과 동일하게 경고, 사과, 출석정지, 제명의 징계가 가능하므로, 제명 시 퇴직한다(「지방자치법」 제100조).
③ 비례대표를 제외한 지방의회의원은 주민소환투표 대상이며, 대상자는 그 결과가 공표된 시점부터 그 직을 상실한다(「주민소환에 관한 법률」 제23조).
④ 농업협동조합·새마을금고 등의 임직원 등에 취임 시 퇴직한다(「지방자치법」 제43조).

21 「국가재정법」 정답 ③

국세감면율 = [국세감면액 / (국세수입총액 + 국세감면액)]이다.

(선지분석)
① 정부는 국회에서 추가경정예산안이 확정되기 전에 이를 미리 배정하거나 집행할 수 없다.
② 국회는 정부 동의 없이 예산을 증액하거나 새 비목을 설치하지 못한다.
④ 「국가재정법」에서는 일반회계 예산총액의 1% 이내의 금액을 예비비로 세입·세출예산에 계상할 수 있다고 규정하고 있다.

22 고향사랑 기부금 정답 ④

개인별 고향사랑 기부금의 연간 상한액은 500만 원으로 한다.

(선지분석)
① 고향사랑 기부제는 「고향사랑 기부금에 관한 법률」에 의해 시행되고 있으며 자신이 원하는 자치단체에 기부하고 세금을 일부 돌려받는 제도로 지방자치단체는 해당 지방자치단체의 주민이 아닌 사람에 대해서만 고향사랑 기부금을 모금·접수할 수 있다.
② 지방자치단체는 모금·접수한 고향사랑 기부금의 효율적인 관리·운용을 위하여 기금을 설치하여야 한다(「고향사랑 기부금에 관한 법률」 제11조).

③ 이 법에 따른 고향사랑 기부금의 모금·접수 및 사용 등에 관하여는 「기부금품의 모집 및 사용에 관한 법률」을 적용하지 아니한다(「고향사랑 기부금에 관한 법률」 제3조).

23 미래예측기법 정답 ②

판단적(직관적) 미래예측은 경험적 자료나 이론이 없을 때 전문가나 경험자들의 주관적인 의견을 취합하여 미래를 예측하는 기법이다.

(선지분석)
① 비용·편익(B/C)분석은 공공투자사업에 대한 정책결정에 있어서 투자사업의 효과(편익)가 비용보다 많은지의 여부를 체계적으로 분석하여 공공사업의 경제적 타당성을 검토하는 분석기법이다.
③ 선형계획, 투입·산출분석, 회귀분석 등은 이론적 예측인 예견에 해당한다.
④ 교차영향분석은 다른 관련된 사건의 발생을 촉진하거나 억제하는 사건을 식별하기 위해 사용되는 것으로서, 연관된 다른 사건이 일어났느냐 일어나지 않았느냐에 기초하여 미래의 어떤 사건이 일어날 확률에 대하여 식견 있는 판단을 이끌어내는 직관적인 기법이다.

24 행정학의 접근방법 정답 ③

공공선택론적 접근방법에서는 정부를 공공재의 생산자로 국민을 소비자로 가정하며, 방법론적 전체주의가 아닌 개체주의적 입장을 취한다.

(선지분석)
① 체제론적 접근방법은 방법론적 전체주의에 입각하여 행정체제를 각 부분들의 유기적인 합으로 인식하고, 통합적인 분석을 중시한다.
② 현상학적 접근방법은 행태론과 달리 행정현상을 주관적인 의식이나 생각의 교류작용인 상호주관성으로 본다.
④ 생태론적 접근방법은 행정을 환경과 연계시켜 연구한 최초의 개방이론이다.

25 리더십의 행태적 접근법 정답 ①

블레이크(Blake)와 머튼(Mouton)은 관리망(관리그리드) 모형에서 사람 중심과 생산 중심의 2가지 행태가 모두 높은 수준의 리더십 유형인 단합형을 가장 성공적이고 이상적인 리더로 본다.

(선지분석)
② 아이오와 대학의 화이트(White)와 리피트(Lippitt)는 권위형·민주형·자유방임형으로 리더 유형을 구분하였다.
③ 미시간 대학은 리더의 행태를 생산 중심과 직원 중심으로 구분하였다.
④ 행태론은 리더십을 타고난 자질이 아니라 특정 행태에 기인하므로 후천적인 훈련이나 노력을 통해 습득 가능하다고 본다.

p. 33

정답

01	① PART 3	**06**	① PART 2	**11**	② PART 4	**16**	④ PART 5	**21**	① PART 2
02	③ PART 3	**07**	④ PART 2	**12**	④ PART 1	**17**	④ PART 4	**22**	② PART 4
03	③ PART 1	**08**	② PART 2	**13**	④ PART 4	**18**	② PART 5	**23**	① PART 6
04	① PART 1	**09**	② PART 3	**14**	② PART 2	**19**	① PART 5	**24**	④ PART 1
05	① PART 1	**10**	③ PART 3	**15**	② PART 5	**20**	③ PART 7	**25**	③ PART 6

취약 단원 분석표

단원	맞힌 답의 개수
PART 1	/ 5
PART 2	/ 5
PART 3	/ 4
PART 4	/ 4
PART 5	/ 4
PART 6	/ 2
PART 7	/ 1
TOTAL	/ 25

PART 1 행정학 총설 / PART 2 정책학 / PART 3 행정조직론 / PART 4 인사행정론 / PART 5 재무행정론 / PART 6 지식정보화 사회와 환류론 / PART 7 지방행정론

---

01 관료제 　　　　　　 정답 ①

훈련된 무능이란 훈련받은 업무는 좋은 성과를 가져오나 변화된 상황, 즉, 다른 업무에는 부적절한 결과를 가져온다. 즉, 훈련된 무능은 관료가 제한된 분야에서 전문성은 있으나 새로운 상황에서 적응력과 업무능력이 떨어지는 현상이다.

(선지분석)

② 다양한 외부 환경의 변화에 둔감하고 조직목표의 혁신에 적극적으로 저항하는 현상을 '변화에 대한 저항'이라 한다.
③ 책임의 한계를 명확히 하기 위한 문서에 의한 업무처리는 문서다작주의(red tape)·형식주의를 초래할 수 있다.
④ 관료제의 역기능 중 하나로 소수 엘리트에 의한 지배, 즉 과두제의 철칙이 나타난다.

02 갈등 　　　　　　 정답 ③

사이먼과 마치(Simon & March)에 따르면 개인적 갈등의 원인에는 불확실성, 비비교성, 비수락성이 있다. 대안 간 비교를 했으나, 어떤 것이 최선의 결과인지를 알 수 없어 발생하는 것은 비비교성(Incomparability)이다.

(선지분석)

① 비수락성(Unacceptability): 각 대안의 결과를 알지만 만족수준을 넘지 못할 때 발생하는 갈등(새로운 대안 탐색이나 목표의 수정)이다.
② 불확실성(Uncertainty): 대안이 초래할 결과를 예측할 수 없을 때 발생하는 갈등이다.

03 탈신공공관리론 　　　　　　 정답 ③

탈신공공관리론은 관료제모형과 탈관료제모형의 조화를 추구한다.

(선지분석)

① 탈신공공관리론은 정부·시장 관계의 기본철학에서 정부의 정치·행정적 역량 강화·재규제의 주장·정치적 통제를 강조한다.
② 탈신공공관리론은 조직구조의 특징에서는 재집권화·분권화와 집권화의 조화를 추구한다.
④ 탈신공공관리론은 구조적 통합을 통한 분절화의 축소를 추구한다.

04 신공공관리론 　　　　　　 정답 ①

신공공관리론은 정책과 집행의 분리, 책임운영기관 등 행정의 분절화를 추구한다.

(선지분석)

② 신공공관리론은 시장의 경쟁원리를 정부개혁의 방향으로 제시한다.
③ 신공공관리론은 시장논리 및 기업식 경영만을 강조하며 효율성을 중시하지만, 대국민 책임성이나 민주성을 확보하기는 힘들다.
④ 신공공관리론은 전통적 정부를 기업가적 정부로 재창조할 것을 주장한다.

05 합리적 선택 신제도주의 　　　　　　 정답 ①

합리적 선택 신제도주의는 방법론적 개체주의 입장이다.

(선지분석)

② 합리적 선택 신제도주의는 전통적 합리적 선택이론과 달리 현실에서 효용극대화를 추구하는 인간은 불완전 정보를 지닌 제한된 합리성과 거래비용이 존재하는 상황에서, 다양한 제도적 제약하에 행동한다는 점을 인정하고 제도가 개인의 합리적 선택에 미치는 영향에 초점을 둔다.
③ 합리적 선택의 신제도주의는 경제학을 이론적 기반으로 한다.
④ 행위자들이 집합적으로 더 나은 결과를 낳는 행동이나 대안을 선택하지 않는 이유는 적절한 제도적 메커니즘이 존재하지 않기 때문이라고 본다.

06 정책네트워크 정답 ①

정책네트워크모형은 사회학이나 문화인류학의 연구에서 이용되어 왔던 네트워크 분석을 다양한 참여자들의 행위들로 특징지어지는 정책과정의 연구에 적용하는 것으로, 개별 구조보다 제도적인 구조를 고려한다.

(선지분석)
② 헤클로(Heclo)는 이익집단의 수가 증가하고 다원화됨에 따라 하위정부식 정책결정이 거의 불가능해졌다고 주장하면서, 특정이슈를 중심으로 이해관계나 전문성을 갖는 개인 및 조직으로 구성되는 네트워크를 제시하였다.
③ 철의 삼각모형은 3자(의회 해당 상임위원회, 관료, 이익집단)가 정책결정을 지배한다고 본다.
④ 정책네트워크는 복잡하고 동태적인 정책과정 전(全) 단계를 설명하는 유용한 도구이다.

07 정책집행 정답 ④

정책 대상집단의 행태 변화의 정도가 작아야 성공한다.

(선지분석)
① 정책집행의 하향식 접근방법은 공식적 정책목표를 중요한 변수로 취급하며, 공식 목표의 달성 여부를 정책평가의 판단기준으로 본다.
② 하그로브(Hargrove)가 잃어버린 고리라고 표현하면서, 정책집행에 대한 독자적 연구의 필요성을 강조하였다.
③ 하향적 집행론은 정책결정과 집행은 분리되어 결정과 집행의 순차성·단일방향성이 강조된다.

08 혼합모형(Mixed Scanning Model) 정답 ②

근본적인 결정은 합리모형에 입각하여 거시적·장기적인 안목에서 대안의 방향성을 탐색하고, 그 방향성 안에서 세부적인 결정은 점증모형에 입각하여 심층적·대안적인 변화를 시도하는 것이 바람직하다는 모형이다.

(선지분석)
① 회사모형에 대한 설명이다.
③ 사이버네틱스모형의 특징에 해당한다. 사이버네틱스모형은 환류 채널을 통해 들어오는 몇 가지 정보에 따라 시행착오적인 적응을 하는 것으로, 그것이 사전에 설정된 범위를 벗어났는지의 여부만을 판단한 후, 그에 상응하는 행동을 반응 목록에서 찾아내어 해당 정보에 대응하는 조치를 프로그램대로 취하게 된다.
④ 점증모형에 대한 설명이다.

09 애드호크라시(adhocracy) 정답 ②

애드호크라시는 일상적인 업무보다는 비일상적이고 창의적인 업무에 적합하다. 즉, 업무나 기능의 동질성이 낮다.

(선지분석)
① 애드호크라시는 동태적이고 복잡한 환경에 적합한 조직이므로 과업의 표준화나 공식화를 거부하며 업무수행방식을 경직화시키지 않는다.
③ 애드호크라시는 구조적으로 복잡성, 공식성, 집권성이 낮지만, 복잡성의 경우 수평적 분화는 높고 수직적 분화의 정도는 아주 낮다.
④ 임시조직인 태스크포스(task force)에 대한 옳은 설명이다.

10 균형성과표(BSC) 정답 ③

균형성과표(BSC)에 대한 설명으로 옳은 것은 ㄴ, ㄷ이다.
ㄴ. 카플란(Kaplan)과 노턴(Norton)이 제시한 균형성과표(BSC)의 4대 관점으로 옳은 설명이다.
ㄷ. 전통적인 재무적 관점과 무형의 인적 자산인 비재무적 관점까지 균형 있게 평가하는 균형성과표(BSC)는 무형자산에 대한 평가가 장기적 시계를 가지고 평가된다는 측면에서 평가의 시간을 장기적 관점으로 전환시켰다.

(선지분석)
ㄱ. 내부프로세스 관점에서는 개별적인 일처리 방식보다는 통합적인 일처리를 중시한다.
ㄹ. 시민참여·적법절차·공개 등은 내부프로세스 관점의 지표이며, 내부 직원의 직무만족도는 학습과 성장관점의 지표에 해당한다.

11 공무원의 징계 정답 ②

금품 및 향응 수수, 공금의 횡령·유용으로 징계 해임된 자의 퇴직급여는 제한할 수 있다.

> **「공무원연금법」 제65조 【형벌 등에 따른 급여의 제한】** ① 공무원이거나 공무원이었던 사람이 다음 각 호의 어느 하나에 해당하는 경우에는 대통령령으로 정하는 바에 따라 퇴직급여 및 퇴직수당의 일부를 줄여 지급한다. 이 경우 퇴직급여액은 이미 낸 기여금의 총액에 「민법」 제379조에 따른 이자를 가산한 금액 이하로 줄일 수 없다.
> 1. 재직 중의 사유(직무와 관련이 없는 과실로 인한 경우 및 소속 상관의 정당한 직무상의 명령에 따르다가 과실로 인한 경우는 제외한다. 이하 제3항에서 같다)로 금고 이상의 형이 확정된 경우
> 2. 탄핵 또는 징계에 의하여 파면된 경우
> 3. 금품 및 향응 수수, 공금의 횡령·유용으로 징계에 의하여 해임된 경우

(선지분석)
① 파면처분은 5년간, 해임처분은 3년간 공무원 임용의 결격사유이다.
③ 파면된 경우, 5년 이상 근무자는 퇴직급여의 2분의 1을 삭감하고, 5년 미만 근무자는 퇴직급여의 4분의 1을 삭감한다.
④ 감봉은 1개월 이상 3개월 이하의 기간 동안 보수의 3분의 1을 감하는 징계의 유형이다.

12 오츠(Oates)의 분권화정리 성립 조건 정답 ④

오츠(Oates)의 분권화정리가 성립하기 위한 조건으로 옳은 것은 ㄴ, ㄷ이다.
ㄴ. 외부효과는 없는 것으로 전제한다.
ㄷ. 지역 간에 다른 선호를 가진 경우, 분권화를 통하여 지역이 각자의 선호에 맞는 공공서비스의 수준을 선택할 수 있도록 함으로써 자원배분의 효율을 기할 수 있다는 이론이다.

(선지분석)
ㄱ. 오츠(Oates)의 분권화정리는 지방의 사정을 감안하여 주민의 선호를 더욱 잘 반영할 수 있는 지방정부에 의한 공급이 더 효율적이라고 주장한다.

📄 오츠(Oates)의 분권화정리(Decentralization Theorem)

• 지역 간에 다른 선호를 가진 경우, 분권화를 통하여 지역이 각자의 선호에 맞는 공공서비스의 수준을 선택할 수 있도록 함으로써 자원배분의 효율을 기할 수 있다는 이론
• 동일한 비용이 든다면 중앙정부가 모든 지역에 획일적으로 공급하는 것보다는 주민의 선호를 더욱 잘 반영할 수 있는 지방정부가 지방의 사정을 감안하여 공급하는 것이 더 효율적이라고 주장

13 적극행정 정답 ④

적극행정 추진체계상 인사혁신처는 중앙부처 적극행정 총괄 및 제도운영을 담당한다. 인사혁신처장은 중앙행정기관의 장에게 적극행정 실행계획과 그 성과에 관한 자료의 제출을 요구할 수 있다.

(선지분석)
① 「적극행정 운영규정」상 적극행정의 개념으로 옳은 지문이다.
② 「적극행정 운영규정」 제15조에 규정되어 있다.
③ 「적극행정 운영규정」 제16조에 규정되어 있다.

14 정책결정과정 정답 ②

정책결정과정에 대한 옳은 것은 2개(ㄹ, ㅁ)이다.
ㄹ. 조합주의에서 정책은 국가가 사회를 일정한 방향으로 유도하기 위해 의도적으로 사회집단과 개인의 이익·가치들을 통제·조정하며, 정부목표를 효과적으로 달성하기 위한 수단이다.
ㅁ. 사회조합주의는 서구의 선진민주국가의 의회민주주의하에서 나타나는 유형이며, 이익집단의 자발적 시도로부터 생성되었다.

(선지분석)
ㄱ. 다원주의는 다양한 이익집단들이 정부의 정책과정에 동등한 접근 기회를 가지고 있다고 주장하지만 영향력에는 차이가 있음을 인정한다. 다원주의이론에는 다원주의에 해당하는 이익집단론(집단과정이론)과 이를 바탕으로 연구된 달(Dahl)의 다원주의이론(다원적 권력이론)이 있다.
ㄴ. 바흐라흐(Bachrach) 등이 제시한 무의사결정론은 달(Dahl)의 다원주의를 비판하며 등장한 신엘리트이론에 해당한다.

ㄷ. 사회적 명성이 있는 소수자들이 결정한 정책을 일반대중이 수용한다는 입장은 밀스(Mills)의 지위접근법이 아니라 헌터(Hunter)의 명성접근법이다.

15 예산제도 정답 ②

ㄱ, ㄴ, ㄹ은 옳고, ㄷ, ㅁ은 옳지 않다.
ㄱ. 성과주의예산제도는 업무단위의 선정과 단위원가의 과학적 계산에 의해 합리적이고 효율적인 자원배분을 도모할 수 있다.
ㄴ. 계획예산제도는 장기적인 기획과 단기적인 예산을 일치시키고자 하는 예산제도로, 비용편익분석 등 계량적인 분석기법이 사용된다.
ㄹ. 영기준예산제도는 합리주의(=총체주의)예산이지만 분석·평가·서류 작업 등에 투입하는 시간과 노력의 부담이 과중하다.

(선지분석)
ㄷ. 품목별예산제도는 투입 중심의 예산제도이므로 정부사업의 성격을 알지 못하고, 사업성과와 정부 생산성을 평가하기 어렵다.
ㅁ. 프로그램예산제도는 통제 중심의 품목별 분류를 탈피하고 정책과 성과 중심의 예산운영을 지향한다.

16 예산규범 정답 ④

운영상 효율성은 개별적 지출 차원의 효율성으로, 기술적 효율성 또는 생산적 효율성이라 한다. 투입에 대한 산출 비율을 높이는 데 중점을 둔다. 운영상의 효율성을 위해 관리자에게 재량을 부여하는바 이러한 재량의 예로서 불용액의 이월 등을 들 수 있다.

(선지분석)
② 총량적 재정규율은 예산총액의 효과적인 통제를 의미하며, 재정의 건전성을 강조하는 재정규율이다. 예산운영 전반에 대한 거시적 결정으로, 대통령과 중앙예산기관이 권한을 가진다.
③ 배분적 효율성은 미시적 관점에서 부문 간 재원배분을 통한 재정지출의 총체적 효율성을 도모한다. 투자 우선순위의 조정을 통한 파레토 최적의 달성이 목적이다.

17 공무원 노동조합 정답 ④

공무원이었던 사람으로서 대통령령이 아니라 노동조합 규약으로 정하는 사람이 공무원 노동조합에 가입할 수 있다.

「공무원의 노동조합 설립 및 운영 등에 관한 법률」 제6조 【가입 범위】
① 노동조합에 가입할 수 있는 사람의 범위는 다음 각 호와 같다.
1. 일반직공무원
2. 특정직공무원 중 외무영사직렬·외교정보기술직렬 외무공무원, 소방공무원 및 교육공무원(다만, 교원은 제외한다)

3. 별정직공무원
4. 제1호부터 제3호까지의 어느 하나에 해당하는 공무원이었던 사람으로서 노동조합 규약으로 정하는 사람
② 제1항에도 불구하고 다음 각 호의 어느 하나에 해당하는 공무원은 노동조합에 가입할 수 없다.
1. 업무의 주된 내용이 다른 공무원에 대하여 지휘·감독권을 행사하거나 다른 공무원의 업무를 총괄하는 업무에 종사하는 공무원
2. 업무의 주된 내용이 인사·보수 또는 노동관계의 조정·감독 등 노동조합의 조합원 지위를 가지고 수행하기에 적절하지 아니한 업무에 종사하는 공무원
3. 교정·수사 등 공공의 안녕과 국가안전보장에 관한 업무에 종사하는 공무원
④ 제2항에 따른 공무원의 범위는 대통령령으로 정한다.

---

18 재정준칙 정답 ②

재정수지준칙은 매 회계연도마다 또는 일정 기간 재정수지를 균형이나 일정 수준으로 유지하도록 하는 준칙이다. 재정수지준칙은 경기변동과는 무관하게 설정되는 것이므로 경기 안정화 기능은 미약하다.

(선지분석)
① 재정준칙의 의의로, 옳은 지문이다.
③ 국가채무준칙은 국가채무의 규모에 상한선을 설정하는 준칙이다. 국가채무의 한도 설정은 GDP 대비 국가채무의 비율로 설정된다.
④ 준칙에 의해서 운용되므로 이익집단이나 정치적 압력으로부터 재정 확대 압력을 방어하는 수단이 된다.

📄 **재정준칙의 장단점**

재정준칙	장점	단점
재정수지준칙	• 명확한 운용지침 • 부채건전성과 직접 연관 • 감독 및 커뮤니케이션 용이	• 경기안정화 기능 미비(경기순행적) • 기초재정수지는 통제불능요인에 의한 채무 심화 우려
지출준칙	• 명확한 운용지침 • 정부규모 조정 용이 • 감독 및 커뮤니케이션 용이	• 세입제약이 없어 부채건전성과 직접적 연관 없음 • 지출한도를 맞추려다 지출배분에 불필요한 변화가 발생 가능
채무준칙	• 부채건전성과 직접 연관 • 감독 및 커뮤니케이션 용이	• 경기안정화 기능 미비(경기순행적) • 단기에 대한 명확한 운영지침 없음 • 한시적 조치가 될 수 있음 • 통제불능요인에 의한 채무 심화 우려
수입(세입)준칙	• 정부규모 조정 용이 • 세입정책 향상	• 경기순행적 • 지출 제약이 없어 부채건전성과 연관 없음

---

19 정부회계제도 정답 ①

「국가회계법」에 의하여 재정상태표와 재정운영표 모두 발생주의와 복식부기가 적용되고 있다.

(선지분석)
② 차변에 위치하는 것은 자산의 증가, 비용의 증가, 부채와 자본의 감소이다. 자본의 증가와 현금(자산)의 감소는 대변(오른쪽)에 기입한다.
③ 복식부기에서는 거래의 이중적인 측면을 기록하므로 상호 검증을 통한 부정이나 오류를 발견할 수 있다.
④ 현금주의 회계는 현금의 수납과 지급을 기준으로 한다. 발생주의 회계는 감가상각이나 자본의 기회비용 등 비화폐비용도 비용으로 포함시킴으로써 정부활동의 총체적인 경제적 비용을 측정할 수 있다.

---

20 지방자치단체조합 정답 ③

우리나라의 경우 '하나 또는 둘 이상의 사무'에 관한 조합을 규정함으로써 일부사무조합과 복합사무조합만 인정하고 전부사무조합은 인정하고 있지 않다.

「**지방자치법**」 **제176조 【지방자치단체조합의 설립】** ① 2개 이상의 지방자치단체가 하나 또는 둘 이상의 사무를 공동으로 처리할 필요가 있을 때에는 규약을 정하여 지방의회의 의결을 거쳐 시·도는 행정안전부장관의 승인, 시·군 및 자치구는 시·도지사의 승인을 받아 지방자치단체조합을 설립할 수 있다. 다만, 지방자치단체조합의 구성원인 시·군 및 자치구가 2개 이상의 시·도에 걸쳐 있는 지방자치단체조합은 행정안전부장관의 승인을 받아야 한다.

(선지분석)
① 지방자치단체조합은 법인격을 갖는 특별지방자치단체이므로, 조합의 사무처리 효과는 당해 조합에 귀속된다.
② 특별지방자치단체인 지방자치단체조합은 법률로 정하는 바에 따라 지방채를 발행할 수 있다. 이 경우 행정안전부장관의 사전 승인을 얻어야 한다.
④ 공동처리하는 업무는 고유사무, 단체위임사무, 기관위임사무가 모두 포함된다.

---

21 합리적 의사결정의 제약 요인 정답 ①

표준운영절차(SOP)는 합리적 의사결정을 지원하는 하나의 방식이지만, 최상의 방법은 아니다. 특히 유동적이고 불확실한 상황에서는 표준운영절차(SOP)의 적용이 어렵다.

(선지분석)
② 행정조직 간 종적·횡적 의사소통이 원활하지 않으면 정보의 공유가 원활하지 않아 합리적 의사결정이 제약된다.
③ 의사결정자가 외부의 준거집단에 일체감을 느끼면, 준거집단을 모방하는 등 합리적인 의사결정이 제약될 가능성이 높다.
④ 의사결정자의 선입견은 합리적인 의사결정을 저해하는 요인이다.

22 계급제 정답 ②

계급제에 대한 설명으로 옳은 것은 ㄱ, ㄹ이다.
ㄱ. 계급제는 사람을 중심으로 공직을 분류하는 인사제도이므로 옳은 지문
이다.
ㄹ. 계급제는 융통성이 높아 인적자원의 탄력적 운용이 가능하다.

(선지분석)
ㄴ. 계급제는 일반행정가주의를 지향한다. 전문행정가주의는 직위분류제
이다.
ㄷ. 과학적 관리론은 실적주의와 직위분류제의 발달에 많은 자극을 주었다.

📄 계급제

의의	• 공무원이 가지는 개인적 특성(학력, 경력, 자격 등)을 기준으로 유사한 개인적 특성을 가진 공무원을 하나의 범주나 집단으로 구분하여 계급을 형성하고, 동일 계급 내에서는 어느 자리로나 이동할 수 있도록 한 제도 • 사람의 신분상 지위나 자격에 중점을 두는 사람 중심적 제도

특징	4대 계급제	• 계급제를 채택한 나라들은 대부분 신규채용 때 계급별로 학력이나 경력·자격을 제한 • 사회적 지위나 신분이 같은 사람은 같은 계층에 소속되게 함으로써 동일한 계급을 형성하게 함
	폐쇄형의 충원 방식	• 신규채용되는 공무원은 대개 최하위직에 임용되며, 상위계급은 내부승진에 의하여 충원 • 상위계급에 외부인사가 임용되는 것과 중간계급이 신규임용되는 것을 허용하지 않음
	계급 간의 차별과 고급공무원의 엘리트화	• 계급에 따라 학력·경력·출신 성분·보수 등의 차원에서 차별이 큼 • 고급공무원의 수는 적게 하여 이들에 대해서는 다른 하위 공무원보다 우대하여 엘리트화시킴
	일반행정가 지향	직위분류제가 어떤 직위가 요구하는 전문지식과 기술을 가진 사람을 선발하는데 반해, 계급제는 장래의 발전가능성과 잠재력을 가진 사람을 채용하여 폭넓은 이해력과 조정능력을 갖춘 일반행정가로 양성하고자 함

23 4차 산업혁명 정답 ①

지식·정보혁명은 3차 산업혁명의 혁신기제 특징이다. 4차 산업혁명은 초
연결성·초지능성·초예측성 혁명을 혁신기제로 한다.

(선지분석)
② 사물인터넷(IoT), 빅데이터, 인공지능, 브로드밴드 등은 4차 산업혁명
의 핵심적인 기술기반이다.
③ 4차 산업혁명사회는 모든 상황이 복잡·불확실하고 모호하므로 미래에
대한 예측이 중요해진다.
④ 다보스포럼은 4차 산업혁명시대의 미래정부모형으로 FAST정부모형
을 제시한 바 있다. FAST정부모형이란 시민과 가깝고 빠르며, 역량 있
는 디지털정부를 말한다.

24 외부효과(External Effect) 정답 ④

코즈(Coase)는 시장에 외부성이 존재한다고 해도 거래비용이 없고, 개인
의 소유권이 명확할 경우에는 정부의 개입보다는 당사자 간 자발적인 협상
이 더 좋은 해결책이라고 주장하였다.

(선지분석)
① 경제활동으로 인해 비의도적으로 대가의 교환 없이 제3자에게 손해를
끼치는 경우를 외부불경제라 한다.
② 외부불경제가 발생할 시에는 사회적으로 과다 생산되고, 외부경제가
발생할 시에는 사회적으로 과소 생산된다.
③ 환경오염은 제3자에게 불이익을 주는 외부불경제이다. 이를 해결하기
위한 정부개입 수단으로는 과세, 행정규제 등이 있다.

25 지능정보사회의 부정적 측면 정답 ③

선택적 정보접촉은 많은 정보 중 자신의 입맛에 부합하는 정보만을 선택하
는 반면, 그렇지 않은 것은 기피하는 심리적 경향을 의미하고, 전자파놉티
콘은 감시기관이 정보화기술을 활용하여 개인이나 조직의 모든 활동을 통
제할 수 있다는 전자감시 사회를 말한다.

인포데믹스 (infordemics)	정보(information)와 전염병(epidemics)의 합성어로, 정보 확산으로 인한 부작용으로 추측이나 뜬소문이 덧붙여진 부정확한 정보가 인터넷이나 휴대전화를 통해 전염병처럼 빠르게 전파됨으로써 개인의 사생활 침해는 물론 경제, 정치, 안보 등에 치명적인 영향을 미치는 것
집단극화 (group polarization)	집단의 의사결정이 개인의 의사결정보다 더 극단적인 방향으로 이행하는 현상인데 인터넷 공간에서는 정치적·이기적 극단주의자들에 의하여 네티즌들이 쉽게 동원·조작됨으로써 집단극화의 가능성을 높이게 됨
선택적 정보접촉 (selective exposure to information)	정보의 범람 속에서 유리한 정보만을 선별적으로 취하는 행태
정보격차 (digital divide)	인터넷을 이용하는 사람과 그렇지 않은 사람들 간에 정보접근능력의 차이로 인하여 발생하는 혜택의 격차

정답

p. 38

01	② PART 2	06	④ PART 2	11	③ PART 3	16	④ PART 4	21	① PART 3
02	④ PART 1	07	④ PART 5	12	④ PART 4	17	② PART 4	22	② PART 3
03	② PART 1	08	④ PART 5	13	① PART 4	18	① PART 5	23	① PART 5
04	③ PART 2	09	④ PART 3	14	② PART 3	19	③ PART 5	24	① PART 1
05	③ PART 1	10	④ PART 3	15	③ PART 4	20	④ PART 7	25	① PART 1

취약 단원 분석표

단원	맞힌 답의 개수
PART 1	/ 5
PART 2	/ 3
PART 3	/ 6
PART 4	/ 5
PART 5	/ 5
PART 6	/ 0
PART 7	/ 1
TOTAL	/ 25

PART 1 행정학 총설 / PART 2 정책학 / PART 3 행정조직론 / PART 4 인사행정론 / PART 5 재무행정론 / PART 6 지식정보화 사회와 환류론 / PART 7 지방행정론

---

01 살라몬(Salamon)의 정책수단유형 정답 ②

조세지출은 직접성이 중간인 간접수단에 해당한다.

📋 **직접성의 정도에 따른 정책수단과 효과**

낮음	중간	높음
• 손해책임법 • 보조금 • 대출보증 • 정부출자기업 • 바우처(Voucher)	• 조세지출 • 계약 • 사회적 규제 • 벌금	• 보험, 국민연금 • 산재보험, 직접 대출 • 경제적 규제, 정보 제공 • 공기업, 정부 소비

02 공공서비스 정답 ④

공동생산(coproduction)에는 집합적(collective) 공동생산과 집단적(group) 공동생산 두 가지가 있다. 집합적(collective) 공동생산(협동생산)이란 전체 공동체 구성원 모두가 향유할 수 있는 집합적 재화를 공동으로 창출하는 것으로, 시민들의 참여도에 관계없이 혜택이 공통적으로 돌아가게 한다는 재분배적 사고가 깔려있다. 반면, 집단적(group) 공동생산은 다수 시민의 능동적·자발적 참여에 의한 공동생산으로서, 소수 부유층 집단에 혜택이 돌아가거나 공무원 집단의 거부현상이 발생할 우려가 있어 서비스기관과 시민집단 간의 공식적 조정 메커니즘을 필요로 한다는 점에서 집합적 공동생산과는 다르다.

(선지분석)

① 민간위탁이란 주로 조사·검사·검정 등 국민의 권리·의무와 직접 관계가 없는 사무 일부를 민간부문에 위탁하는 것이다.
② 공공성보다는 시장성이 강한 조직일수록 시장에 잘 적응하여 공기업의 민영화 효과가 크게 나타난다.
③ 계약과 면허 두 방식 모두 공급에 대한 책임은 정부가 지면서 서비스의 생산만 민간에 의뢰하는 방식이다. 그러나 계약(위탁)은 정부가 생산자에게 비용을 부담하지만(쓰레기 처리 등), 면허는 소비자가 생산자에게 비용을 지불한다는 점(주차장 등)이 다르다.

---

03 신공공관리론과 뉴거버넌스론 정답 ②

신공공관리론과 뉴거버넌스론은 모두 공공부문과 민간부문을 명확하게 구분하지 않는다는 공통점이 있다.

📋 **관료제와 신공공관리, 신국정관리의 비교**

구분	관료제 패러다임	신공공관리 (국정관리; Governance)	신국정관리 (New Governance)
인식론적 기초	현실주의	신자유주의	공동체주의
관리기구	계층제	시장	서비스 연계망(공동체)
관리가치	능률성	결과 (효율성·생산성)	신뢰 / 과정 (민주성·정치성)
정부 역할	방향키, 노젓기	방향키(steering)	
관료 역할	행정가	공공기업가	조정자
작동원리	내부규제	경쟁체제 (시장메커니즘)	신뢰와 협력체제 (파트너십)
서비스	독점공급	민영화, 민간위탁	공동공급 (시민, 기업 등 참여)
분석수준	조직 내		조직 간

04 무의사결정 정답 ③

무의사결정은 엘리트들에게 안전한 이슈만을 논의하고 불리한 문제는 거론조차 못하게 봉쇄하는 것으로 가치중립적 행동과는 거리가 있다.

(선지분석)

① 변화를 주장하는 사람으로부터 기존에 누리는 혜택을 박탈하거나 새로운 혜택을 제시하여 매수하는 것은 권력의 행사이며, 이는 직접적이기는 하나 온전한 방법의 무의사결정의 수단이다.
② 현존하는 정치체재 내의 지배적 규범이나 절차를 강조하여 변화를 위한 주장을 꺾는 방법으로, 편견의 동원이라고 한다.
④ 폭력적 방법도 무의사결정의 한 수단이다.

05 행정학의 접근방법 정답 ③

공공선택론은 참여가 아닌 경쟁을 통해 서비스를 생산·공급하는 경제학의 방법론을 비시장영역에 도입한 이론이다.

(선지분석)
① 생태론적 접근방법은 행정체제를 하나의 유기체로 파악하여, 행정현상을 사회적·자연적·문화적 환경과 관련시켜 이해하려는 접근방법으로, 행정이 환경에 의해 결정된다는 환경결정론적 입장을 취한다.
② 후기행태주의의 성격은 적실성의 신조(credo of relevance)와 실천(action)이다. 후기행태주의는 가치지향적인 처방적 연구를 통하여 현실의 문제해결을 지향한다.
④ 사회학적 신제도주의는 사회문화가 정당하다고 인지하는 것을 제도로 본다.

06 정책분석 정답 ④

정책분석은 비용편익분석의 정치적·사회적·질적 분석에 치중하지만, 체제분석은 경제적·양적 분석을 중요시한다.

(선지분석)
① 체제분석은 자원배분의 효율성을 중시하는데 비해 정책분석은 비용·편익의 사회적 배분을 고려한 거시적 통합분석이다.
② 정책델파이분석은 다양한 전문가와 이해관계자들을 참여시켜 그들 간의 이해 차이를 확인한다.
③ 던(W. N. Dunn)은 미래를 예측하는 기법을 객관적 기법(양적 예측)과 주관적 기법(질적 예측)으로 분류하였다. 객관적 기법에는 이론적 예측 – 예견(predict)과 연장적 예측 – 투사(project)가 포함되고, 주관적 기법에는 직관적 예측 – 추측(conjecture)이 포함된다.

07 국가채무 정답 ④

국공채, 차입금, 차관 등은 국고채무부담행위에 포함되지 않는다.

📄 **국가채무와 국고채무부담행위의 비교**

국가채무	국고채무부담행위
국고채무부담행위, 공채, 차입금, 차관 등 국가의 모든 채무 포함	국공채, 차입금, 차관 등 포함 안 됨
차입금은 세입세출예산에 계상됨	국고채무부담행위는 세입세출예산에 계상 안 됨

(선지분석)
① 기획재정부장관은 국가채무관리계획을 수립하여 매년 국회 예산결산특별위원회에 보고하여야 한다.
② 국채는 국회의 의결을 거쳐 정부(기획재정부장관)가 발행한다(「국채법」제5조).
③ 우리나라가 발행하는 국채의 종류에는 국고채, 재정증권, 국민주택채권, 외국환평형기금채권(외평채)이 있다.

08 우리나라의 재정운용 정답 ④

환경부장관이 아닌 기획재정부장관이 필요하다고 인정하는 사항이 포함되어야 한다.

(선지분석)
① 「국가재정법」제85조의3 제1항에 규정되어 있다.
② 「국가재정법 시행령」제9조 제2항에 규정되어 있다.
③ 「국가재정법」제7조 제1항에 규정되어 있다.

09 균형성과관리(BSC) 정답 ④

균형성과관리(BSC)는 상향식·미시적 접근방법에 기초하여 공무원의 개인별 실적평가를 중시하는 목표관리(MBO)와 달리, 기관의 임무·비전 및 전략목표를 토대로 하는 하향적·거시적 성과관리방식이다.

(선지분석)
① 학습과 성장의 측정지표는 인적 자원의 역량, 지식의 축적, 정보시스템 구축, 학습동아리 수, 제안 건수, 직무만족도 등이다
② 균형성과표를 공공부문에 적용시킬 경우 가장 중요하게 일어나는 변화는 재무적 관점보다 정부기관의 임무 달성과 직결되는 고객관점이 가장 중시된다는 점이다.
③ 재무적 관점이란 공공서비스를 제공할 수 있는 재정자원을 확보해야 한다는 측면에서 공공부문에서는 제약조건에 해당하는 지표이다.

10 관료제의 병리현상 정답 ④

피터(Peter)의 원리란, 계층제적 관료제 조직에서 관료들이 자기의 능력을 넘는 수준까지 승진하는 현상을 말한다. 다양한 외부 환경의 변화에 둔감하고 조직목표의 혁신에 적극적으로 저항하는 현상을 '변화에 대한 저항'이라 한다.

(선지분석)
① 동조과잉이란 관료가 목표달성을 위한 수단인 규칙·절차에 지나치게 영합·동조하는 경향을 보이는 것을 말한다. 머튼(Merton)은 동조과잉이 목표전환 현상을 초래할 수 있다고 보았으며, 굴드너(Gouldner)는 부하를 통제하기 위한 규칙이 통제 위주의 관리를 가져올 수 있다고 보았다.
② 셀즈닉(Selznick)은 할거주의(割據主義, 국지주의)가 관료들이 자기의 소속 기관·소속 부서에 대해서만 관심을 가짐으로써 횡적인 조정·협조가 곤란해질 수 있음을 의미한다고 보았다.
③ 무사안일주의에 따르면 관료는 계층제에 의한 지위·명령에 의존하게 되어, 문제해결에 적극적·쇄신적 태도를 갖지 못하고, 상급자의 권위나 선례에만 의존하려는 경향이 나타나기 쉽다.

11 국가행정기관 정답 ③

과학기술정보통신부에 과학기술혁신사무를 담당하는 본부장 1명을 두되, 본부장은 정무직으로 한다.

(선지분석)

① 「정부조직법」 제19조에 규정되어 있다.
② 「정부조직법」 제30조에 규정되어 있다.
④ 「정부조직법」 제2조 제6항에 규정되어 있다.

12 배치전환 정답 ④

전입은 인사관할을 달리하는 기관 간에 공무원을 이동시켜 받아들이는 것으로, 원칙적으로 전입시험을 치러야 한다.

(선지분석)

① 겸임 기간은 2년 이내이며, 필요시에는 2년 범위에서 연장이 가능하다.

📄 배치전환

전직	• 직급은 동일하나 직렬을 달리 하는 직위로 수평적으로 이동하는 것 • 직렬이 달라지기 때문에 원칙적으로 전직시험을 거쳐야 함
전보	• 직무의 내용이나 책임이 유사한 동일한 직급·직렬 내에서 직위만 변동되는 보직변경 • 시험이 필요하지 않음
전입	• 다른 인사관할의 기관 간 인사이동 • 원칙적으로 시험이 필요 예 국회, 행정부, 법원 간의 인사이동

13 측정의 타당성 정답 ①

구성개념 타당성은 직무수행 성공과 관련 있다고 이론적으로 구성·추정한 능력요소(traits)를 얼마나 정확하게 측정하느냐에 관한 기준이다. 경험적으로 포착하기 어려운 자질을 잘 평가하는 것이다.

(선지분석)

② 시험이 직무수행능력을 어느 정도 측정했는지는 기준 타당성에 해당한다.
③ 직무수행에 필요한 지식·기술·태도 등 능력요소를 얼마나 정확하게 측정하느냐에 관한 타당성은 내용 타당성이다.
④ 같은 개념을 상이한 측정방법으로 측정했을 때, 그 측정값 사이의 상관관계의 정도는 수렴적 타당성이다.

📄 타당성

수렴적 타당성 (집중타당성)	같은 개념을 상이한 측정방법으로 측정했을 때 그 측정값 사이의 상관관계가 높은 경우 그 측정지표는 타당도가 높게 나타남
차별적 타당성 (판별타당성)	서로 다른 이론적 구성개념을 나타내는 측정지표들 간의 상관관계가 낮은 경우 그 측정지표는 타당도가 높게 나타남

14 조직구조 정답 ②

조직의 구조변수 중 집권화란 의사결정권이 상층부로 집중되어있는 현상을 말한다. 분화되어있는 정도를 의미하는 것은 복잡성이다.

(선지분석)

① 공식화란 업무수행에 관한 규칙과 절차가 표준화·정형화되는 현상을 의미하며, 조직의 규모가 커질수록 공식화가 높아질 것이다.
③ 지나친 전문화는 조직구성원을 기계화하고 비인간화시키며, 조직구성원 간의 조정을 어렵게 하는 단점이 있다.
④ 공식화의 정도가 높을수록 불확실한 환경에서의 탄력적 대응성이 저하된다.

15 계급제와 직위분류제 정답 ③

직위분류제는 공무원 신분이 특정 직위·직무에 연결되므로, 기구개혁 등에 따라 직무 자체가 없어진 경우 신분보장이 위협을 받는다. 계급제는 공무원이 기구개혁의 영향을 받지 않으므로 강한 신분보장에 의한 안정감이 유지된다.

(선지분석)

① 우리나라 「국가공무원법」에는 직위분류제의 구성요소인 직위, 직군, 직렬, 직류, 직급 등이 정의되어 있다.
② 직위분류제는 특정 직위의 직무수행능력에 관한 인물 적합성을 최우선으로 하므로, 공무원의 장기적 능력발전이나 잠재력·창의력 개발에는 소홀하다. 계급제는 직렬에 관계없이 수평적·수직적 이동이 가능하여 공무원의 창의력·적응력이 발전되고, 장기간의 복무로 조직 충성도가 제고되며, 그에 따라 장기적 행정계획을 추진한다.
④ 계급제는 강한 신분보장으로 공무원 간의 유대의식이 높아 행정의 능률성을 제고할 수 있다.

16 공무원연금의 재원형성방식 정답 ④

공무원연금 재원을 조달하는 방식 중 하나인 적립방식은 미리 기금을 조성하는 방식이다. 반면 부과방식이란 비기금제이다. 적립방식은 시행 초기에 기금 형성을 위한 거대재원을 미리 마련해두어야 하므로 개시비용(start-upcost)이 크게 든다.

(선지분석)

① 기금제는 관리운영이 복잡하고, 기금을 관리할 별도 조직 및 인원이 필요하므로 비용 역시 많이 든다.
② 적립방식은 소요재원을 미리 기금으로 확보하여 연금을 지급하는 방식이다.
③ 미리 기금을 통해 일정 재원을 마련해 두는 방식이므로 연금재정의 안정성이 높다고 본다.

17　공무원의 징계　정답 ②

정직의 징계 시에는 보수의 전액을 삭감한다.

(선지분석)

① 「국가공무원법」상 감봉 조항으로 옳은 지문이다.
③ 정직과 강등은 보수의 전액을 삭감한다.
④ 파면된 경우, 5년 이상 근무 시 퇴직급여는 2분의 1을 감액하여 지급하고, 5년 미만 근무 시 4분의 1을 감액하여 지급한다.

📄 **징계처분의 종류**

경징계	견책	전과에 대하여 훈계하고 회계하는 등 주의를 주는 것으로, 인사기록에 남음(6개월간 승급 정지)
	감봉	직무수행은 가능하나, 1개월 이상 3개월 이하의 기간 동안 보수의 3분의 1을 감함(12개월간 승급 정지)
중징계	정직	공무원의 신분은 보유하나, 1개월 이상 3개월 이하의 기간 동안 직무를 정지시키고 보수 전액을 감함(18개월간 승급 정지)
	강등	공무원의 신분은 보유하나, 1계급 아래로 직급을 내리고 3개월간 직무에 종사하지 못하게 하며, 보수는 전액을 감함(18개월간 승급 정지)
	해임	• 강제퇴직의 한 종류로서 공무원직이 박탈됨 • 퇴직급여에는 원칙적으로 영향을 주지 않으며, 3년간 공무원 재임용이 불가함 • 단, 공금횡령 및 유용 등으로 해임된 경우에는 퇴직급여의 8분의 1 내지는 4분의 1을 지급제한함
	파면	• 강제퇴직의 한 종류로서 공무원직이 박탈됨 • 5년간 재임용자격이 제한되며, 5년 미만 근무자는 퇴직급여의 4분의 1이 삭감되고, 5년 이상 근무자는 퇴직급여의 2분의 1을 삭감하여 지급함

18　예산의 원칙　정답 ①

정부는 예산과정의 전문성과 효율성을 제고하기 위하여 노력하여야 한다는 표현은 「국가재정법」 제16조(예산의 원칙)에 명시하고 있지 않다.

「국가재정법」 제16조 【예산의 원칙】 정부는 예산을 편성하거나 집행할 때 다음 각 호의 원칙을 준수하여야 한다.
1. 정부는 재정건전성의 확보를 위하여 최선을 다하여야 한다.
2. 정부는 국민부담의 최소화를 위하여 최선을 다하여야 한다.
3. 정부는 재정을 운용할 때 재정지출 및 「조세특례제한법」 제142조의2 제1항에 따른 조세지출의 성과를 제고하여야 한다.
4. 정부는 예산과정의 투명성과 예산과정에의 국민참여를 제고하기 위하여 노력하여야 한다.
5. 정부는 「성별영향평가법」 제2조 제1호에 따른 성별영향평가의 결과를 포함하여 예산이 여성과 남성에게 미치는 효과를 평가하고, 그 결과를 정부의 예산편성에 반영하기 위하여 노력하여야 한다.
6. 정부는 예산이 「기후위기 대응을 위한 탄소중립·녹색성장 기본법」 제2조 제5호에 따른 온실가스 감축에 미치는 효과를 평가하고, 그 결과를 정부의 예산편성에 반영하기 위하여 노력하여야 한다.

19　예비타당성조사제도　정답 ③

예비타당성조사는 건설사업, 정보화사업, 연구개발사업 외에 교육·보건·환경 분야 등에도 적용하고 있다.

(선지분석)

① 지역경제 파급 효과, 재원조달 가능성, 환경성, 추진 의지 등은 정책적 분석의 대상이다.
② 경제·재무성 평가와 민감도분석 등은 경제성 분석의 대상이다.
④ 「국가재정법」 제38조 제2항에 제외사항으로 규정하고 있다.

📄 **경제성 분석과 정책적 분석의 비교**

경제성 분석	정책적 분석
본격적인 타당성조사 필요성 여부를 판단하기 위한 개략적인 수준에서 조사 • 수요 및 편익 추정 • 비용 추정 • 경제·재무성 평가 • 민감도분석	경제성 분석 이외에 국민경제적·정책적 차원에서 고려되어야 할 사항들을 분석 • 지역경제 파급 효과 • 지역균형개발 • 상위계획과 연관성 • 국고지원의 적합성 • 재원조달 가능성 • 환경성, 추진 의지 등

20　자치경찰제　정답 ④

시·도자치경찰위원회 위원장과 위원의 임기는 3년으로 하며, 연임할 수 없다(「국가경찰과 자치경찰의 조직 및 운영에 관한 법률」 제23조).

(선지분석)

① 변호사 자격이 있는 사람으로서 국가기관 등에서 법률에 관한 사무에 5년 이상 종사한 경력이 있는 사람은 시·도자치경찰위원회 위원의 자격이 있다(「국가경찰과 자치경찰의 조직 및 운영에 관한 법률」 제20조).
② 시·도경찰청 및 경찰서의 명칭, 위치, 관할구역, 하부조직, 공무원의 정원, 그 밖에 필요한 사항은 「정부조직법」을 준용하여 대통령령 또는 행정안전부령으로 정한다(「국가경찰과 자치경찰의 조직 및 운영에 관한 법률」 제31조).
③ 국가는 지방자치단체가 이관 받은 사무를 원활히 수행할 수 있도록 인력, 장비 등에 소요되는 비용에 대하여 재정적 지원을 하여야 한다(「국가경찰과 자치경찰의 조직 및 운영에 관한 법률」 제34조).

21　조직의 갈등해소전략　정답 ①

ㄱ, ㄴ, ㄷ은 갈등해소전략에 해당하고, ㄹ은 갈등조성전략에 해당한다.

ㄱ. 토마스(Thomas)가 제시한 갈등해소전략 중 하나이자 비단정적인 전략으로, 자신의 이익과 상대방의 이익에 모두 무관심한 경우이다.
ㄴ. 하위부서 간 갈등은 상위목표를 제시함으로써 해결이 가능하다.

ㄷ. 토마스(Thomas)가 제시한 갈등해소전략 중 하나로, 자신의 욕구와 상대방에 대한 협조가 중간 정도인 경우이다. 갈등 당사자가 상호 일부 양보하는 전략이다.

(선지분석)

ㄹ. 정보전달통로의 변경은 갈등조성전략에 해당한다.

22 학습조직 정답 ②

자극 반응학습이란 조건화된 자극으로 조건화된 반응을 이끌어내는 고전적 학습이론이다. 학습조직은 이와 달리 구성원 모두가 스스로 시행착오나 실험적 행동을 통해 문제를 해결해나가는 자아실현적 학습주체임을 강조한다.

(선지분석)

① 학습조직은 개방체제와 자기실현적 인간관을 바탕으로 조직원이 새로운 지식을 창출하는 한편, 이를 조직 전체에 보급해 조직 자체의 성장·발전·업무수행능력을 증가시킬 수 있도록 지속적인 학습활동을 전개하는 조직을 말한다.

③ 역량기반 교육훈련의 대표적인 방식으로 멘토링이나 학습조직, 액션러닝, 워크아웃 등이 활용되고 있다.

④ 학습조직은 효율성을 핵심가치로 하는 전통적 조직과 달리 문제해결을 핵심가치로 한다.

23 정부예산과 기금의 관계 정답 ①

정부는 매년 기금운용계획안을 마련하여 국회에 제출하여 심의를 받아야 한다.

> 「국가재정법」 제66조 【기금운용계획안의 수립】 ① 기금관리주체는 매년 1월 31일까지 해당 회계연도부터 5회계연도 이상의 기간 동안의 신규 사업 및 기획재정부장관이 정하는 주요 계속사업에 대한 중기사업계획서를 기획재정부장관에게 제출하여야 한다.
> ② 기획재정부장관은 자문회의의 자문과 국무회의의 심의를 거쳐 대통령의 승인을 얻은 다음 연도의 기금운용계획안 작성지침을 매년 3월 31일까지 기금관리주체에게 통보하여야 한다.
> 제68조 【기금운용계획안의 국회제출 등】 ① 정부는 제67조 제3항의 규정에 따른 주요항목 단위로 마련된 기금운용계획안을 회계연도 개시 120일 전까지 국회에 제출하여야 한다. 이 경우 중앙관서의 장이 관리하는 기금의 기금운용계획안에 계상된 국채발행 및 차입금의 한도액은 제20조의 규정에 따른 예산총칙에 규정하여야 한다.

(선지분석)

② 기금은 통일성 원칙의 예외라는 점에서 특별회계와 공통점이 있다.

③ 예산과 기금은 통합예산의 구성요소이며, 매년 국회의 심의·의결을 받는다.

④ 기금은 국가가 특정한 목적을 위해 특정한 자금을 운용할 필요가 있을 때, 법률로 설치되는 예산 외의 특별재원이다.

24 사회적 자본 정답 ①

사회적 자본은 무형의 자원으로서 사회적 자본은 경제적 자본에 비해 형성과정이 불투명하고 불확실하다.

(선지분석)

② 무형적 자본이므로 객관적인 측정이 쉽지가 않다.

③ 사회적 자본은 공동체 내에서 신뢰를 통해 거래비용을 감소시킨다.

④ 다른 집단과의 관계에서 배타성을 띠는 부정적 효과가 나타날 수 있다.

25 행정의 가외성 정답 ①

가외성은 조직의 적응력을 높여주지만 능률성과는 상충된다.

(선지분석)

② 전체를 구성하는 각 부분이 어느 정도 동의할 수 있는 범위 내에서 독립적으로 움직여야 가외성이 전체의 신뢰성을 증가시킬 수 있게 된다.

③ 가외성은 대체수단의 확보 등으로 수단과 목표의 전도 현상을 완화시켜준다.

④ 위기가 존재하거나 과업환경이 불확실할 때에 가외적 구조를 가진 조직은 생존가능성이 높다.

정답

p. 43

01	② PART 1	06	③ PART 6	11	④ PART 1	16	① PART 1	21	① PART 2
02	① PART 1	07	① PART 2	12	④ PART 3	17	② PART 5	22	② PART 4
03	③ PART 1	08	③ PART 4	13	② PART 4	18	② PART 6	23	③ PART 5
04	② PART 1	09	③ PART 3	14	② PART 4	19	② PART 7	24	③ PART 4
05	④ PART 2	10	② PART 1	15	④ PART 1	20	④ PART 3	25	① PART 7

취약 단원 분석표

단원	맞힌 답의 개수
PART 1	/ 8
PART 2	/ 3
PART 3	/ 3
PART 4	/ 5
PART 5	/ 2
PART 6	/ 2
PART 7	/ 2
TOTAL	/ 25

PART 1 행정학 총설 / PART 2 정책학 / PART 3 행정조직론 / PART 4 인사행정론 / PART 5 재무행정론 / PART 6 지식정보화 사회와 환류론 / PART 7 지방행정론

01　정부규제　　　정답 ②

네거티브 규제는 원칙허용·예외금지를 의미하는 것으로 '~할 수 없다' 혹은 '~가 아니다'의 형식을 띤다. 포지티브 규제는 원칙금지·예외허용을 의미하는 것으로 '~할 수 있다' 혹은 '~이다'의 형식을 띤다.

(선지분석)
① 수단규제는 특정 목표를 달성하기 위해 필요한 기술이나 행위를 사전적으로 규제하는 것이다
③ 「행정규제기본법」은 '규제는 법률에 근거하여야 한다'는 규제법정주의를 채택하고 있다.
④ 네거티브 규제는 원칙허용·예외금지를 의미하는 것으로 포지티브 규제에 비해 피규제자의 자율성을 더 보장해준다.

02　민간화(privatization) 방법　　　정답 ①

공기업의 설립은 정부의 시장에 대한 개입수단이며, 공기업의 민영화가 민간화의 방식에 해당한다.

(선지분석)
② 바우처는 저소득층과 같은 특정 계층의 소비자에게 구매권에 명시된 금액만큼 특정 재화나 서비스를 구매할 수 있는 증서(쿠폰)를 제공하는 방식이다.
③ 정부계약은 정부가 민간부문과 위탁계약을 맺고 비용을 지불하며, 민간부문으로 하여금 공공서비스를 생산하게 하는 방식이다.
④ 공동생산은 정부와 민간이 공동으로 서비스를 제공하는 방식으로, 민간화의 일종으로 보는 견해가 있다.

03　행정의 가치　　　정답 ③

자율적이고 적극적인 행정책임을 의미하는 것은 제도적 책임이 아닌 주관적 책임이다.

(선지분석)
① 환경이 급변하는 경우 신속한 대응성은 절차와 규칙을 규정하고 있는 합법성과 충돌될 가능성이 있다.
② 대응성은 고객인 국민의 필요와 요청에 얼마나 신속하고 정확하게 반응을 보이는지의 여부를 말한다. 주민이 원하는 서비스를 제공하는 것과 관련된 것으로, 책임성과 함께 민주성의 주요 내용이 된다.
④ 가외성은 중복된 기능의 수행으로 인한 비용의 문제가 발생하므로 능률성과 대치된다.

04　포스트모더니티 행정이론　　　정답 ②

포스트모더니티(post-modernity) 행정이론은 서구의 합리주의인 과학적 합리성(rationality)보다는 상상, 해체, 영역해체, 타자성(도덕적 타자) 등을 중시한다. '상상'이란 소극적으로는 규칙에 얽매이지 않는 행정의 운영이며, 적극적으로는 문제의 특수성을 인정하는 것이다.

(선지분석)
① 모더니즘에 대한 회의와 비판을 의미(서구의 합리주의를 배격)하는 포스트모더니즘(post-modernism)의 등장과 함께 행정학 분야에서도 포스트모더니티(post-modernity) 행정이론이 대두하였다.
③ 포스트모더니티(post-modernity)는 다품종·소량생산체제에서의 다양성을 존중한다.
④ 포스트모더니티(post-modernity)에서 말하는 해체는 텍스트(언어, 몸짓, 이야기, 설화, 이론)의 근거를 파헤쳐 보는 것으로, 이를 당연한 것으로 여기지 않고 해체해보면 텍스트를 더 잘 이해할 수 있게 된다고 주장한다.

05　정책의제설정　　　정답 ④

선례가 없는 새로운 문제보다 일상화된 문제가 더 쉽게 정책의제화된다.

① 외부주도형은 사회문제당사자인 외부집단이 주도하여 정책의제의 채택을 정부에 강요한다는 의미로, 허쉬만(Hirshman)은 이를 환경에 의하여 강요된 정책문제라고 하였다.
② 내부접근형은 사회문제가 정책 담당자들에 의해 바로 정책의제로 채택되나, 공중의제화가 억제되는 의사결정과정이다.
③ 킹던(J. Kingdon)의 정책의 창 모형은 문제·정책·정치의 세 가지 흐름(streams)이 독자적으로 흘러 다니다가 우연히 만나서 의제설정이 이루어진다고 보았다.

06　데이터기반 및 증거기반 행정　정답 ③

증거기반 정책결정의 적용이 상대적으로 용이한 분야는 보건정책 분야, 사회복지정책 분야, 교육정책 분야, 형사정책 분야 등을 들 수 있다. 소위 휴먼 서비스 정책 관련 분야로 명명되는 이 분야들은 증거 분석이 가능한 기존 정책결정 접근방법이 다른 영역보다 더 확고하게 정립되어 있고, 인간의 보편적 존엄을 구현한다는 관점에서 이념적 다툼이 상대적으로 적어 성공 가능성이 큰 것으로 간주되고 있다.

선지분석
① 데이터기반 행정이란 공공기관 및 법인 단체가 관리하고 있는 데이터를 정책수립 및 의사결정에 활용함으로써 객관적이고 과학적으로 수행하는 행정을 말한다.
② 정책결정 현장에서는 이상적이고 엄밀하나 과학적 분석에 기반하여 정책이 결정되기보다는 정책결정자들이 이해관계의 조정이나 정책수용성 등 정치적 결정과정을 거치는 경우가 많다는 것이다.
④ 데이터기반 행정은 정부가 보유하고 있는 빅데이터를 적극 활용함으로써 공공기관의 책임성, 대응성 및 신뢰성을 높이고 국민의 삶의 질 향상을 위한 목적으로 도입되었다(「데이터 기반행정 활성화에 관한 법률」 제1조).

07　정책의 유형과 분류　정답 ①

로위(Lowi)는 다원주의(규제정책)와 엘리트주의(재분배정책)의 통합을 시도하였다.

선지분석
② 알몬드와 포웰(Almond & Powell)에 따르면 조세 및 부담금, 공무원 모집 등은 추출정책에 해당한다.
③ 로위(Lowi)는 보수나 연금에 관한 정책을 구성정책으로 분류한다.
④ 로위(Lowi)는 강제력의 행사방법과 강제력의 적용대상을 기준으로 정책을 4가지로 구분하였다. 수직적 차원에서 강제력의 적용이 직접적(immediate)인가, 간접적(remote)인가에 따라 나누고 수평적 차원에서 강제력의 적용대상이 개인의 행위인가 행위의 환경(사회 전체)인가에 따라서 나누었다.

08　공직자의 이해충돌　정답 ③

이해충돌 위반행위는 위반행위가 발생한 공공기관 및 그 감독기관에도 신고할 수 있다.

> 「공직자의 이해충돌 방지법」 제18조 【위반행위의 신고 등】 ① 누구든지 이 법의 위반행위가 발생하였거나 발생하고 있다는 사실을 알게 된 경우에는 다음 각 호의 어느 하나에 해당하는 기관에 신고할 수 있다.
> 1. 이 법의 위반행위가 발생한 공공기관 또는 그 감독기관
> 2. 감사원 또는 수사기관
> 3. 국민권익위원회

선지분석
① 「공직자의 이해충돌 방지법」은 2021년 5월 18일 제정되었고, 2022년 5월 19일 시행되었다.

📄 이해충돌의 유형

실질적 이해충돌	현재도 발생하고 있고 과거에도 발생한 이해충돌
외견상 이해충돌	공무원의 사익이 부적절하게 공적 의무의 수행에 영향을 미칠 가능성이 있는 상태로서, 부정적 영향이 현재화한 것은 아닌 상태의 이해충돌
잠재적 이해충돌	공무원이 미래에 공적 책임에 관련되는 일에 연루되는 경우에 발생하는 이해충돌

09　호프스테드(Hofetede)의 다섯 가지 문화차원　정답 ③

보수주의 대 진보주의는 호프스테드(Hofetede)가 제시한 문화차원에 해당하지 않는다. 호프스테드(Hofetede)는 지향점에 따라 조직문화를 다섯 가지로 유형화하고 문화별 특성을 제시하였다.

선지분석
①, ②, ④ 모두 호프스테드(Hofetede)가 제시한 다섯 가지 문화차원에 포함된다.

📄 호프스테드(Hofstede)의 다섯 가지 문화차원

권력거리	구성원이 권력의 불평등한 분배를 수용하고 기대하는 정도 ⇨ 권력거리가 클수록 권력의 차이(불평등)를 인정하고, 작을수록 민주적인 문화
개인주의 - 집단주의	개인들이 단체에 통합되는 정도 ⇨ 개인주의적 사회에서는 개인 간 관계가 느슨하고 개인적 성취와 권리를 강조하는 반면, 집단주의적 사회에서는 개인 간 긴밀한 결속력을 강조
불확실성 회피	불확실성과 애매성에 대한 사회적 저항력의 정도 ⇨ 불확실성 회피 정도가 강할수록 구성원이 공식화 등을 통해 불확실성을 최소화하여 불안에 대처하려고 함
남성성 - 여성성	성별 간 감정적 역할의 분화 ⇨ 남성적인 문화에서는 성 역할의 차이가 크고 유동성이 작음
장기지향 - 단기지향	사회의 시간 범위 ⇨ 장기지향적 사회는 미래를 중시하고, 단기지향적 사회는 현재를 중시함

10 진보주의와 보수주의　　　정답 ②

진보주의에서 강조하는 적극적 자유의 개념으로 옳은 지문이다.

(선지분석)

① 시장의 효율과 공정, 번영과 진보에 대한 시장의 잠재력을 인정하되, 시장의 결함과 윤리적 결여 강조하는 것은 진보주의 시장관이다.
③ 정부에 대한 불신이 강하고 정부실패를 우려하는 것은 진보주의가 아니라 보수주의 정부관이다.
④ 신자유주의는 고전적 자유주의와 달리, 영국의 대처리즘(Thatcherism)과 같이 복지국가의 해체를 위해 '강한' 정부의 역할을 강조한다.

11 규제샌드박스의 유형　　　정답 ④

규제품질관리는 규제샌드박스의 유형에 해당하지 않는다.

📄 규제샌드박스의 유형

규제 신속 확인	시장 행위자가 제품 출시 등에 직면하여 발생하는 규제의 불확실성을 제거해 주기 위해 신기술 신산업 관련 규제 존재 여부와 내용을 문의하면 30일 이내에 회신받을 수 있도록 하는 것
임시 허가	• 혁신적인 신제품이 시장 출시를 앞두고 관련 규제가 해당 신기술이나 신서비스가 적용된 제품에 적용하는 것이 곤란하거나 맞지 않는 경우, 또는 해당 신기술이나 신서비스가 적용된 제품에 대해 명확히 규정되어 있지 않아 어려움을 겪는 경우에 임시 허가를 통해 제품 출시를 허용하고 2년 이내에 법령 정비를 의무화한 제도 • 만약 2년 이내에 관련 법령 정비가 완결되지 않을 때에는 2년을 연장할 수 있도록 하여 최대 4년 이내에 법령 정비를 완료하여 정식 허가를 취득하도록 한 제도
실증특례	• 관련 법령의 모호성이나 불합리성 혹은 금지규정의 존재로 인해 신제품이나 신서비스의 사업화가 제한적일 경우 일정한 조건 하에서 기존 규제의 적용을 배제한 실증 테스트가 가능하도록 한 제도 • 임시 허가와 같은 방식으로 최대 4년 이내에 법령 정비를 통해 정식허가를 통한 시장 출시를 의무화하고 있으며 만약 법령 정비가 그 이상 지연될 경우 임시 허가를 통한 시장 출시도 가능

12 조직이론의 발전 과정　　　정답 ④

고전적 조직이론 – 신고전적 조직이론 – 현대적 조직이론이 옳게 연결되어 있는 지문은 ④이다.
ㄱ. 개방체제론으로, 현대적 조직이론에 해당한다.
ㄴ. 인간관계론이며, 신고전적 조직이론에 해당한다.
ㄷ. 과학적 관리론과 관료제는 고전적 조직이론에 해당한다.
ㄹ. 상황이론과 자원의존이론 등이 대표적인 것은 거시조직론으로, 현대적 조직이론에 해당한다.
ㅁ. 과학적 관리론의 특징으로, 고전적 조직이론에 해당한다.
ㅂ. 인간관계론은 신고전적 조직이론에 해당한다.

13 대표관료제　　　정답 ②

대표관료제는 집단 중심으로 형평성을 추구하므로 개인주의 및 자유주의 원칙을 침해할 우려가 있다.

(선지분석)

① 미국은 대표관료제를 우대정책(Affirmative action program)이라고 하고, 우리나라는 균형인사정책이라고 한다.
③ 관료가 국민 전체에 대한 봉사자가 아니라 출신 계층에 대한 봉사자이므로 정치적 중립이 저해될 수 있다.
④ 대표관료제는 사회적 약자에게 실질적인 공직 임용의 기회를 부여함으로써 결과의 평등을 추구한다.

14 유연근무제　　　정답 ②

출퇴근 의무 없이 전문 프로젝트를 수행하며, 주 40시간이 인정되는 근무 형태는 재량근무형이다.

📄 유연근무제의 형태

구분	세부형태		활용방법
시간 선택 근무제	주 40시간보다 짧은 시간 근무		
	시간선택제 채용공무원	15~35 시간	이들을 통상 근무시간(주당 40시간) 근무 공무원으로 임용하는 경우, 어떠한 우선권도 인정하지 않음
	시간선택제 전환공무원		시간선택제채용공무원, 시간선택제 임기제공무원 및 한시임기제공무원은 대상에서 제외
	시간선택제 임기제공무원		일반임기제공무원과 전문임기제공무원 중 통상 근무시간보다 짧은 시간 근무
탄력 근무제	시차출퇴근형		1일 8시간 근무체제 유지하되, 출근시간 선택 가능
	근무시간선택형		1일 4~12시간 근무, 주 5일 근무
	집약근무형		1일 10~12시간 근무, 주 3.5~4일 근무
	재량근무형		출퇴근 의무 없이 전문 프로젝트 수행, 주 40시간 인정
원격 근무제	재택근무형		사무실이 아닌 자택에서 근무(시간외 근무 수당은 정액분만 지급, 실적분은 지급 금지)
	스마트워크근무형		자택 인근 스마트워크센터 등 별도 사무실에서 근무

15 능률성과 효과성　　　정답 ④

영향평가는 정책집행의 결과 또는 영향을 평가하는 것으로 사후평가이며 효과성 평가라 할 수 있다.

(선지분석)

① 효과성이란 '목표의 달성도'를 의미하며, 자원의 낭비 없는 사용은 능률성에 대한 설명이다.

② 사회문제의 해결정도는 정책의 목표달성도라고 볼 수 있으므로, 이는 능률성보다는 효과성을 의미한다.
③ 어떤 대안이 목표를 달성하여 효과성이 높더라도 비용을 지나치게 많이 투입했다면 능률성이 낮은 대안이 된다.

16 디징(Diesing)의 합리성의 유형 정답 ①

정치적 합리성이란 정책결정구조의 합리성을 의미한다. 경쟁 상태에 있는 목표를 어떻게 비교하고 선택할 것인가의 합리성을 의미하는 것은 경제적 합리성이다.

디징(Diesing)의 합리성

기술적 합리성	목표를 성취하기 위한 적합한 수단
경제적 합리성	비용·편익을 측정하여 경쟁적 목표 또는 대안을 평가
사회적 합리성	사회체제의 구성요소 간의 조화로운 통합성
법적 합리성	예측 가능성, 공식적 법질서
정치적 합리성	정책결정구조의 합리성(가장 비중이 큼)

17 영기준예산(ZBB) 정답 ②

공공부문에서는 국방비, 인건비, 교육비 등 경직성 업무나 경비가 많고 국민생활의 연속성이 고려되어야 하며, 법령상의 제약이 심하기 때문에 사업의 축소나 폐지가 용이하지 않아 영기준예산의 적용이 제한될 수밖에 없다.

(선지분석)
① 영기준예산은 우선순위가 낮은 사업의 폐지를 통해서 조세 부담의 증가를 방지하고, 예산절감을 통한 자원난 극복에 기여한다. 또한 조직의 모든 사업과 활동을 새롭게 평가하고 분석하는 과정을 통하여 효율성이 높은 사업활동을 계속하거나 새로이 추가하며, 그에 대한 합리적 자원배분이 이루어지도록 한다.
③ 영기준예산의 절차는 보통 의사결정 단위의 확인 – 의사결정 패키지의 작성 – 우선순위의 결정 – 실행예산의 편성의 순으로 이루어진다.
④ 상향적인 의사결정을 택함으로써 모든 수준의 관리자들이 참여하고, 이를 통하여 관리자들이 자기 업무를 개선하여 경제성을 추구하도록 동기를 부여한다.

18 정보기술아키텍처 정답 ②

「전자정부법」제2조에 의하면 '정보기술아키텍처'란 일정한 기준과 절차에 따라 업무·응용·데이터·기술·보안 등 조직 전체의 구성요소들을 통합적으로 분석한 뒤, 이들 간의 관계를 구조적으로 정리한 체제 및 이를 바탕으로 정보화 등을 통하여 구성요소들을 최적화하기 위한 방법을 말한다.

19 지방자치단체 정답 ②

지방자치단체에 대한 설명으로 옳은 것은 ㄱ, ㄹ이다.
ㄱ. 규칙은 자치법규로, 법령이나 조례의 범위 안에서 제정된다(법 개정으로 '법령과 조례가 위임한 범위 내'가 '법령이나 조례의 범위'로 바뀜을 주의해야 한다).
ㄹ. 「지방자치법」상 옳은 지문이다.

(선지분석)
ㄴ. 지방의회에서 의결된 조례안은 20일이 아니라, 5일 이내에 지방자치단체의 장에게 이송되어야 한다.
ㄷ. 재의요구를 받은 조례안은 재적의원 과반수의 출석과 출석의원 3분의 2 이상의 찬성으로 재의결되면 조례로 확정된다.

「지방자치법」제29조【규칙】지방자치단체의 장은 법령 또는 조례의 범위에서 그 권한에 속하는 사무에 관하여 규칙을 제정할 수 있다.
제32조【조례와 규칙의 제정 절차 등】① 조례안이 지방의회에서 의결되면 지방의회의 의장은 의결된 날부터 5일 이내에 그 지방자치단체의 장에게 이송하여야 한다.
제192조【지방의회 의결의 재의와 제소】③ 제1항 또는 제2항의 요구에 대하여 재의한 결과 재적의원 과반수의 출석과 출석의원 3분의 2 이상의 찬성으로 전과 같은 의결을 하면 그 의결사항은 확정된다.
④ 지방자치단체의 장은 제3항에 따라 재의결된 사항이 법령에 위반된다고 판단되면 재의결된 날부터 20일 이내에 대법원에 소를 제기할 수 있다. 이 경우 필요하다고 인정되면 그 의결의 집행을 정지하게 하는 집행정지결정을 신청할 수 있다.

20 공무원 보수제도 정답 ④

고위공무원의 기본연봉은 개인의 경력 및 누적성과를 반영하여 책정되는 기준급과 직무의 곤란성 및 책임의 정도를 반영하여 직무등급에 따라 책정되는 직무급으로 구성된다. 성과연봉은 전년도 업무실적의 평가 결과를 반영하여 지급되는 급여의 연간 금액이다.

(선지분석)
① 인사혁신처장은 보수를 합리적으로 책정하기 위하여 민간의 임금, 표준생계비 및 물가의 변동 등에 대한 조사를 한다(「공무원보수규정」제3조).
② 봉급은 직무의 곤란성과 책임의 정도에 따라 직책별로 지급되는 기본급여 또는 직무의 곤란성과 책임의 정도 및 재직기간 등에 따라 계급(직무등급이나 직위를 포함)별, 호봉별로 지급되는 기본급여다(「공무원보수규정」제4조).
③ 호봉 간의 승급에 필요한 기간은 1년으로 한다(「공무원보수규정」제13조).

21 전통적 델파이(Delphi)기법 정답 ①

전통적 델파이(Delphi)에서 응답의 통계 값으로 제공될 수 있는 자료는 평균뿐 아니라 중앙값, 분산도, 도수분포 등으로 다양하다.

선지분석

② 집단토론에서 나타나는 고집부리기, 체면세우기, 집단사고 등의 왜곡된 의사전달의 문제를 해결하기 위해 고안되었다.

③ 전통적 델파이(Delphi)기법에 대한 옳은 설명이다.

④ 전통적 델파이(Delphi)기법은 미국 랜드연구소가 개발하였다.

22　근무성적평정　정답 ②

도표식 평정척도법이 연쇄효과를 예방하기 위해 개발된 것이 아니라, 도표식 평정척도법의 한계가 연쇄효과이다.

📄 도표식 평정척도법의 장점과 단점

장점	단점
• 평정표 작성과 평정이 용이함 • 평정의 결과가 점수로 환산되기 때문에 평정 대상자에 대한 상대적 비교를 확실히 할 수 있어, 상벌 결정의 목적으로 사용하는 데 효과적임	• 평정요소의 합리적 선정이 어렵고 평정요소에 대한 등급을 정한 기준이 모호하며, 자의적 해석에 의한 평가가 이루어지기 쉬움 • 연쇄효과(halo effect), 집중화·관대화 경향 등의 오류가 일어날 수 있음

선지분석

① 연쇄효과는 전반적인 인상이 특정 평정요소에 영향을 미치거나, 특정 평정요소의 평정결과가 다른 평정요소에 영향을 미치는 착오이다.

③ 근접효과는 평정실시 시점에 시간적으로 근접한 시기의 근무성적이 평정에 더 많은 영향을 주는 착오이다.

④ 상동적 오차, 유형화·정형화·집단화의 착오에 해당하는 것으로, 사람에 대한 경직된 편견이나 선입견 또는 고정관념에 의한 오차이다.

23　자본예산제도　정답 ③

자본예산제도는 불경기에 적합하며, 인플레이션기에는 오히려 경제안정을 해칠 수 있다.

선지분석

① 자본예산은 예산을 경상계정과 자본계정으로 구분하고 경상지출은 경상세입으로, 자본지출은 공채발행으로 충당하는 복식예산(double budget)이다.

② 자본예산은 경상지출보다 자본지출에 대해 특별한 심사분석이 가능하다.

④ 자본예산은 공채발행으로 세대 간에 공평하게 분담하자는 취지의 예산제도이다.

24　「국가공무원법」　정답 ③

고도의 정책결정 업무를 담당하거나 이러한 업무를 보조하는 공무원은 정무직공무원이다.

「국가공무원법」 제2조【공무원의 구분】① 국가공무원(이하 "공무원"이라 한다)은 경력직공무원과 특수경력직공무원으로 구분한다.

② "경력직공무원"이란 실적과 자격에 따라 임용되고 그 신분이 보장되며 평생 동안(근무기간을 정하여 임용하는 공무원의 경우에는 그 기간 동안을 말한다) 공무원으로 근무할 것이 예정되는 공무원을 말하며, 그 종류는 다음 각 호와 같다.

1. 일반직공무원: 기술·연구 또는 행정 일반에 대한 업무를 담당하는 공무원

2. 특정직공무원: 법관, 검사, 외무공무원, 경찰공무원, 소방공무원, 교육공무원, 군인, 군무원, 헌법재판소 헌법연구관, 국가정보원의 직원, 경호공무원과 특수 분야의 업무를 담당하는 공무원으로서 다른 법률에서 특정직공무원으로 지정하는 공무원

③ "특수경력직공무원"이란 경력직공무원 외의 공무원을 말하며, 그 종류는 다음 각 호와 같다.

1. 정무직공무원
   가. 선거로 취임하거나 임명할 때 국회의 동의가 필요한 공무원
   나. 고도의 정책결정 업무를 담당하거나 이러한 업무를 보조하는 공무원으로서 법률이나 대통령령(대통령비서실 및 국가안보실의 조직에 관한 대통령령만 해당한다)에서 정무직으로 지정하는 공무원

2. 별정직공무원: 비서관·비서 등 보좌업무 등을 수행하거나 특정한 업무 수행을 위하여 법령에서 별정직으로 지정하는 공무원

제2조의2【고위공무원단】③ 인사혁신처장은 고위공무원단에 속하는 공무원이 갖추어야 할 능력과 자질을 설정하고 이를 기준으로 고위공무원단 직위에 임용되려는 자를 평가하여 신규채용·승진임용 등 인사관리에 활용할 수 있다.

25　「주민투표법」상 주민투표　정답 ①

「주민투표법」 제18조의2【전자적 방법에 의한 투표·개표】① 제18조에도 불구하고 지방자치단체의 장은 다음 각 호의 어느 하나에 해당하는 경우에는 중앙선거관리위원회규칙으로 정하는 정보시스템을 사용하는 방법에 따른 투표(이하 이 조에서 "전자투표"라 한다) 및 개표(이하 이 조에서 "전자개표"라 한다)를 실시할 수 있다.

1. 청구인대표자가 요구하는 경우
2. 지방의회가 요구하는 경우
3. 지방자치단체의 장이 필요하다고 판단하는 경우

선지분석

② 「공직선거법」상 선거권이 없는 사람은 주민투표권이 없다.

③ 주민투표권자의 연령은 투표일 현재를 기준으로 산정한다.

④ 지문에 해당하는 외국인도 주민투표권이 있다.

정답

p. 48

01 ③ PART 2	06 ② PART 5	11 ② PART 6	16 ③ PART 4	21 ④ PART 1
02 ① PART 1	07 ④ PART 1	12 ③ PART 3	17 ① PART 5	22 ② PART 4
03 ② PART 4	08 ④ PART 1	13 ② PART 4	18 ④ PART 5	23 ② PART 5
04 ② PART 1	09 ④ PART 2	14 ② PART 4	19 ③ PART 1	24 ④ PART 2
05 ① PART 2	10 ① PART 5	15 ② PART 5	20 ② PART 7	25 ③ PART 6

취약 단원 분석표

단원	맞힌 답의 개수
PART 1	/ 6
PART 2	/ 4
PART 3	/ 1
PART 4	/ 5
PART 5	/ 6
PART 6	/ 2
PART 7	/ 1
TOTAL	/ 25

PART 1 행정학 총설 / PART 2 정책학 / PART 3 행정조직론 / PART 4 인사행정론 / PART 5 재무행정론 / PART 6 지식정보화 사회와 환류론 / PART 7 지방행정론

---

01 비용편익분석과 비용효과분석 정답 ③

비용효과분석은 효과를 금전으로 표시하지 않아도 되므로 상대적으로 외부효과나 무형적 가치 등을 분석해야 하는 공공부문의 사업분석에 더 유용한 기법이다.

(선지분석)
① 사업별 표시단위가 다르므로 비용효과분석은 비용이 동일하거나(고정비용분석) 효과가 동일한 경우(고정효과분석)에만 사용 가능하다.
② 비용효과분석은 정책대안의 기술적 합리성(효과성)을 강조하며, 경제적 합리성(능률성)은 비용편익분석에서 강조된다.
④ 비용효과분석은 효과를 금전으로 표시하지 않아도 되므로 외부효과나 무형적 가치분석에 적합하다.

02 시장실패 정답 ①

공공재의 존재는 정부규제가 아니라 공적 공급으로 대응하는 것이 타당하다.

📄 시장실패와 정부의 대응 방식(이종수 외 공저, 새 행정학)

구분	공적 공급 (조직)	공적 유도 (보조금)	정부규제 (권위)
공공재의 존재	○		
외부효과의 발생		○	○
자연독점	○		○
불완전 경쟁			○
정보의 비대칭성		○	○

03 다양성 관리(Diversity Management) 정답 ②

다양성의 구성요소는 가시성(visibility)과 변화가능성(variability)의 정도에 따라 4가지 유형으로 나누어진다. 출신 지역이나 학교, 성적(性的) 지향, 종교 등은 잘 드러나지 않으므로 가시성이 낮다.

(선지분석)
① 직업, 직급, 직위, 교육수준 등은 개인의 노력·능력에 따라 변화시킬 수 있는 요소이다.
③ 협의의 다양성 관리는 균형인사정책(대표관료제)을 의미하지만, 광의로는 일과 삶의 균형정책까지 포함된다.
④ 다양성 관리는 이질적인 조직구성원들을 채용하고 유지하며 보상과 함께 역량 개발을 증진하기 위한 조직의 체계적이고 계획된 노력으로 정의된다.

04 숙의민주주의 정답 ②

실현가능한 방법론의 불명확성(방법론의 미비)이 단점으로 지적된다.

📄 숙의민주주의

공론조사	• 대표성 있는 시민의 선발과 정보 제공에 기초한 토론 • 참여자들의 변화된 의견을 공공정책 결정에 반영
합의회의	• 시민들이 전문가에게 질의하고 의견청취 • 의견교환과 심의 통해 일치된 의견을 도출
시민회의	• 공공정책 결정과정에 시민이 참여하여 결론 도출 • 시민회의의 결정을 의회 동의를 얻어 입법화
주민배심	• 대표 시민들이 정책 질의 및 심의과정에 참여 • 정책 권고안 제시

05　내적 타당성의 저해 요인　정답 ①

제시문은 내적 타당성 저해요인 중 측정요인(검사요인)에 해당한다.

(선지분석)

② 선정요인(선발요인)은 실험집단과 통제집단을 구성할 때 두 집단에 서 로 다른 개인들을 선발하여 할당함으로써 오게 될지도 모르는 편견을 말한다.

③ 도구요인은 측정수단(도구) 자체가 실험결과에 영향을 미치는 것으로, 프로그램이나 정책의 집행 전과 집행 후에 사용하는 측정절차나 측정 도구가 변화됨으로써 나타나는 현상을 말한다.

④ 역사요인은 실험기간 동안에 실험자의 의도와는 관계없이 일어난 역사 적 사건을 말한다.

06　발생주의 회계　정답 ②

발생주의는 현금의 수불과 관계없이 거래가 발생된 시점에 거래를 인식하 는 방식으로 미지급비용은 미래에 지급해야 할 의무가 있으므로 부채로, 미수수익은 미래에 받을 권리가 있으므로 자산으로 인식한다.

(선지분석)

① 재정상태표와 재정운영표 모두 발생주의와 복식부기가 적용되고 있다.

③ 감가상각은 고정자산의 가치 감소분을 의미하고 대손상각은 회수하지 못하는 부실채권을 비용으로 계상하는 것을 의미한다. 감가상각과 대 손상각은 발생주의에서 비용으로 인식한다.

④ 국가회계는 기획재정부가 구축한 통합재정관리시스템인 디브레인 (dBrain)시스템을 통해, 지방자치단체회계는 행정안전부가 2005년 구축한 통합지방재정관리시스템인 e-호조시스템을 통해 처리된다.

07　민영화의 유형　정답 ④

정부가 서비스 제공자에게 서비스 비용을 직접 지불하는 방식은 계약 (contracting-out)에 의한 민간위탁방식이다. 면허는 시민이 서비스 제 공자에게 서비스 비용을 직접 지불하는 방식이다.

(선지분석)

① 전자 바우처(카드형태)는 바우처 사용의 실시간 모니터링으로 바우처 관리의 투명성을 확보한다.

② 보조금 방식은 공공서비스가 기술적으로 복잡한 경우 이용되는 민영화 방식이다.

③ 자조활동은 주민 스스로가 이웃끼리 서비스를 계획하고 생산·소비하 는 자급자족 활동이다.

08　미국 행정학의 특징　정답 ④

ㄷ - ㅁ - ㄴ - ㄱ - ㄹ 순이 옳다.

ㄷ. 테일러(Taylor)의 과학적 관리론(1910년대)에 대한 설명이다.

ㅁ. 메이요(E. Mayo)의 인간관계론(1930년대)에 대한 설명이다.

ㄴ. 사이먼(Simon)의 행정행태론(1940년대)에 대한 설명이다.

ㄱ. 왈도(Waldo)의 신행정론(1968년~1970년대)에 대한 설명이다.

ㄹ. 오스트롬(Ostrom)의 공공선택론(1970년대)에 대한 설명이다.

09　최적모형　정답 ④

드로(Y. Dror)는 최적모형에서 정책결정의 여러 국면들(초정책결정, 본래 의미의 정책결정, 후정책결정)이 서로 중첩적이고 가외적임을 인정하며, 이러한 정책결정구조의 중첩성이 정책결정의 오류를 방지하고 정책결정의 최적수준을 보장해 준다고 보고 있다.

(선지분석)

① 제한된 자원·불확실한 상황·지식 및 정보의 결여 등으로 합리성 및 경제성이 제약을 받게 되므로, 합리적 요소 이외에 결정자의 직관·판 단·영감·육감 등과 같은 초합리적 요인도 고려해야 한다는 것이다.

② 초정책결정 단계(Meta-Policy Making Stage)는 고도의 초합리성 이 작용하는 단계로, '정책결정에 대한 결정'이 이루어지는 단계이다. 즉, 정책결정을 어떻게 해야 할 것인가에 관한 결정으로, 정책문제의 파악·상위목표와 우선순위의 설정·자원의 동원가능성을 확인하고, 바 람직한 정책결정체제의 설계와 문제·자원·가치를 각 기관에 배분하 고 전략을 결정한다.

③ 정책결정 이후 단계(Post-Policy Making Stage)에서는 작성된 정 책을 실제에 적용하고자 정책을 집행하고, 그 결과를 평가한다.

10　예산결정이론　정답 ①

단절적 균형이론(punctuated equilibrium theory)은 예산이 상당 기 간 점증적 변화를 보이기도 하지만 일시적으로 급격한 변화를 보이다가 다 시 점증적 변화를 보인다고 주장한다.

(선지분석)

② 점증주의 예산결정은 타협과 조정이라는 정치적 합리성으로 갈등을 완 화시키는 장점이 있다.

③ 다중합리성모형은 중앙예산기관의 분석가가 예산 결정에 사회적 합리 성, 정치적 합리성, 경제적 합리성 등 여러 합리성을 고려한다고 본다.

④ 니스카넨(Niskanen)의 예산극대화모형은 관료가 자신의 이익을 위하여 자기가 소속된 부서의 예산을 극대화하려는 행태에 분석 초점을 둔다.

11 행정통제 정답 ②

감사원은 직무상 독립기관이지만 조직상 대통령 소속이므로, 감사원에 의한 통제는 내부통제이다.

(선지분석)

① 이상적인 통제는 스스로 자기를 규제하는 자율적 통제이다. 이상적인 통제가 현실에서 잘 지켜지지 않기 때문에 다양한 타율적 통제가 실시되고 있는 것이다.

③ 스웨덴의 옴부즈만은 의회 소속이므로, 옴부즈만에 의한 통제는 외부통제이다.

④ 고도의 전문성과 복잡성을 지니게 된 현대행정국가에서는 행정에 대한 전문성이 부족한 입법통제나 민중통제와 같은 외부통제만으로는 통제의 효과성을 높일 수가 없다. 따라서 행정을 수행하는 행정인 스스로에 의한 통제와 같은 내부통제의 중요성이 한층 더 강조되고 있다.

12 경로 - 목표모형(Path - goal Model) 정답 ③

하우스(House)와 에반스(Evans)의 경로 - 목표모형(Path - goal Model)에서는 부하의 특성과 과업환경을 상황변수로 고려한다.

(선지분석)

① 수단성은 매개변수이다.

②, ④ 결과변수이다.

📋 **경로 - 목표모형(Path - goal Model)의 변수**

원인변수	상황변수	매개변수	결과변수
• 지시적 리더십 • 지원적 리더십 • 참여적 리더십 • 성취적 리더십	• 부하의 특성 • 과업환경	• 기대감 • 수단성 • 유의성	• 구성원의 만족도 • 근무성과

13 고위공무원단제도 정답 ②

고위공무원단의 대상에는 일반직, 별정직, 특정직(외무직)이 포함된다.

(선지분석)

① 고위공무원단의 보수는 직무성과급적 연봉제로, 기본연봉은 기준급과 직무급으로 나누어지고 성과연봉은 전년도 근무성과에 따라 결정된다.

③ 고위공무원단제도는 국가직공무원을 대상으로 하고 있으며, 지방직공무원은 대상이 아니다.

④ 고위공무원단은 개방형 직위를 통한 민간과의 경쟁뿐만 아니라 공모직위제도를 도입하여 부처 간 경쟁을 통해 적격자를 충원하고, 고위공무원단으로 신규 진입할 경우 역량평가와 후보자교육과정 이수가 필요하다.

14 엽관주의와 실적주의 정답 ②

본격적인 행정국가는 뉴딜 이후부터이지만 행정기능의 양적 팽창과 질적 전문화 등 행정국가 현상의 등장은 19세기 말부터 시작되었다. 행정기능이 전문화되면서 전문능력과 기술을 갖춘 전문행정가를 임용할 수 있는 실적주의가 필요하였기 때문이다.

(선지분석)

① 실적주의에 대한 설명이다. 다른 사람들과의 경쟁 속에서 그 자신의 실력에 의해 평가된 개인을 중시하는 개인주의 · 자유주의를 배경으로 하는 실적주의는 임용의 기회균등하에 능력의 차이를 인정하는 상대적 평등주의를 신봉한다.

③ 초기의 실적주의는 반엽관주의에 치중하여 인사행정의 소극성 · 경직성을 초래함으로써 적극적으로 유능한 인재를 공직에 유인하거나 장기적으로 잠재적인 능력을 발전시키는 일에 소홀하였다.

④ Northcote - Trevelyan 보고서 발표와 1855년 추밀원령(Order - in - Council)에 의한 공무원제도 개혁(독립적인 인사위원회 설치)으로 영국 실적주의의 기초가 형성되었다.

15 재정관리 정답 ②

예비타당성조사 대상사업은 총사업비가 500억 이상이고 국가재정지원이 300억 이상인 신규사업 중 일부를 대상으로 하는 것이지, 기존사업을 대상으로 하지 않는다.

(선지분석)

① 총사업비가 500억 원 이상이고 국가재정 지원 규모가 300억 원 이상인 신규사업 중 지능정보화사업이나 연구개발사업 등은 예비타당성조사의 대상사업이 된다.

📋 **총사업비 관리제도**

국가가 직접시행 또는 위탁사업 국가예산 · 기금의 보조를 받아 자치단체나 공공기관이 시행하는 사업 중 2년 이상이 소요되는 다음 사업
• 총사업비가 500억 이상이고 국가재정지원이 300억 이상인 토목 및 정보화사업
• 총사업비가 200억 이상인 건축사업
• 총사업비가 200억 이상인 연구개발사업

16 공무원고충처리 정답 ③

고충심사위원회 결정의 기속력은 없으나, 임용권자에게 결정 결과에 따라 고충 해소를 위한 노력을 할 의무를 부과한다.

(선지분석)

① 5급 이상 공무원 및 고위공무원단에 속하는 일반직공무원의 고충을 다루는 중앙고충심사위원회는 그 기능을 인사혁신처의 소청심사위원회가 관장한다.

② 고충처리는 공무원의 정당한 권리 보호와 공무원의 사기양양을 위한 것이다.

④ 고충심사위원회가 청구서를 접수한 때에는 30일 이내에 고충심사에 대한 결정을 하여야 한다. 다만, 부득이하다고 인정되는 경우에는 고충심사위원회의 의결로 30일을 연장할 수 있다.

---

17 예산의 원칙과 예외 사항 　　　　정답 ①

ㄱ. 단일성의 원칙으로, 예외는 추가경정예산·특별회계 등이 있다.
ㄴ. 예산총계주의로, 예외는 현물출자·차관전대·수입대체경비·차관물자대 등이 있다.
ㄷ. 한정성의 원칙으로, 예외는 이용과 전용·예비비·이월·이체 등이 있다.

📋 전통적 예산원칙	
공개성 원칙	• 예산의 편성·심의·집행 등에 관한 정보를 공개해야 함 • 의회가 예산의 총액만 승인해주는 신임예산, 우리나라의 경우 국정원의 예산은 공개하지 않음
명료성 원칙	• 예산은 모든 국민이 이해할 수 있도록 편성되어야 함 • 예외: 총괄예산, 총액계상예산
엄밀성(정확성) 원칙	예산은 계획한 대로 정확히 지출하여 가급적 결산과 일치해야 함
완전성 원칙 (예산총계주의)	• 예산에는 모든 세입·세출이 완전히 계상되어야 함 • 예외: 순계예산, 현물출자, 외국차관의 전대
통일성 원칙	• 특정수입과 특정지출이 연계되어서는 안 되며, 국가의 모든 수입은 일단 국고에 편입되고 여기서부터 모든 지출이 이루어져야 함 • 예외: 특별회계예산, 목적세, 수입대체경비
사전의결 원칙	• 예산은 집행이 이루어지기 전에 입법부에 제출되고 심의·의결되어야 함 • 예외: 준예산, 예비비 지출, 사고이월, 전용
한정성 원칙	예산은 주어진 목적·금액·시간에 따라 한정된 범위 내에서 집행되어야 한다는 원칙으로, 세 가지 한정성으로 구분됨 • 질적 한정성: 비목 외 사용금지(예외: 이용, 전용) • 양적 한정성: 금액초과 사용금지(예외: 예비비, 추경예산) • 시간적 한정성: 회계연도 독립원칙 준수(예외: 이월, 계속비)
단일성 원칙	• 예산은 가능한 한 단일의 회계 내에서 정리되어야 함 • 예외: 특별회계, 기금, 추경예산

---

18 품목별예산제도 　　　　정답 ④

품목별예산제도는 투입중심의 예산제도로 지출의 목적을 알 수 없다는 단점이 있다.

(선지분석)

① 품목별예산제도는 지출의 대상에 따라 예산을 편성하는 통제 중심의 예산으로, 회계책임을 명확하게 할 수 있고 운영이 쉽다는 장점이 있다.
② 예산과목의 최종단계인 '목' 중심으로 예산액이 배분되기 때문에 회계책임과 예산통제를 용이하게 하여, 재정민주주의 구현에 유리하다.
③ 품목별예산제도는 1912년 미국 '능률과 절약을 위한 대통령위원회(일명 태프트위원회)'에서 도입을 권장하였다.

---

19 블랙스버그 선언 　　　　정답 ③

행정과 경영은 중요하지 않은 면에서 유사하다는 세이어(Sayre)의 견해를 받아들이면서, 행정의 특수성을 인식하고 유지하는 것이 행정의 정당성을 향상시키는 최선의 방법이라고 본다. 즉, 행정관리는 정치적 맥락에서 이루어진다는 점에서 일반 관리 이상의 개념을 내포하고 있다고 본다.

(선지분석)

①, ② 블랙스버그 선언은 국가의 역할이나 행정의 정당성을 부정하다시피 하는 신공공관리론에 대한 반발로, 일종의 신행정론 정신의 계승이다. 행정의 정당성을 회복하려는 것을 주목적으로 하는 1980년대 중반의 미국 내 학문적 개혁운동이다.
④ 관료제는 가치중립적인 도구가 아니라, 사회적 관계 및 정치·경제적 역학을 포함하여 공익 추구를 위해 나름대로의 가치와 미션을 지닌 것으로 파악한다.

---

20 지방의회 　　　　정답 ②

지방의회의원은 「지방공기업법」에 규정된 지방공사와 지방공단의 임직원을 겸할 수 없다.

(선지분석)

① 지방의회는 조례로 정하는 바에 따라 위원회를 둘 수 있다. 위원회의 종류는 소관 의안과 청원 등을 심사·처리하는 상임위원회와 특정한 안건을 일시적으로 심사·처리하기 위한 특별위원회 두 가지로 한다.
③ 광역(시·도)의회에는 사무를 처리하기 위하여 조례로 정하는 바에 따라 사무처를 둘 수 있으며, 사무처에는 사무처장과 직원을 둔다. 기초(시·군 및 자치구)의회에는 사무를 처리하기 위하여 조례로 정하는 바에 따라 사무국이나 사무과를 둘 수 있으며, 사무국·사무과에는 사무국장 또는 사무과장과 직원을 둘 수 있다.
④ 지방의회는 매년 2회 정례회를 개최한다.

---

21 경쟁적 가치접근법 　　　　정답 ④

창업 단계에서는 개방체제모형으로 평가하는 것이 적절하지만, 집단공동체 단계에서는 인간관계모형을 적용하는 것이 적절하다.

(선지분석)

① 퀸(Quinn)과 로보그(Rohrbaugh)는 어떤 조직이 효과적인가는 가치판단적인 것이라고 주장하였다.
②, ③ 경쟁적 가치접근법에 대한 옳은 설명이다.

📋 퀸(Quinn)과 로보그(Rohrbaugh)의 조직효과성 평가모형		
구분	조직	인간
통제	합리적목표모형	내부과정모형
유연성	개방체제모형	인간관계모형

22 직무급(Job-based Pay)의 장점   정답 ②

배치전환, 노동의 자유 이동 등의 인사관리상 융통성 강화는 직무급이나 직위분류제와는 관계가 없으며, 계급제의 장점이다.

(선지분석)

① 직무급은 동일 직무에 대한 동일 보수의 원칙에 입각하여, 공무원이 현재 수행하고 있는 직무의 상대적인 곤란도나 책임도를 기준으로 보수를 결정하는 직무 중심의 보수결정방식이다.

③ 직무의 책임도와 곤란도에 따라 보수를 지급하는 것이 직무급이기 때문에 보수와 업무분담의 형평성이 높아 보수 차등에 대한 불만을 해소한다.

④ 직무급을 채택하는 직위분류제는 능력 위주의 전문행정가를 추구한다.

23 국가의 재정지출   정답 ②

납세자인 국민들이 정부지출을 통제하거나, 성과에 대한 직접적인 책임을 요구하기 어려운 점은 조세가 아닌 공채에 의한 재원조성의 단점이다.

(선지분석)

① 조세는 현세대들이 납부주체이므로 다음 세대로 부담이 전가되지 않는다.

③ 조세는 수익자부담주의가 적용되기 힘들므로 비용부담에 대한 인식이 부족하여 과잉소비 또는 과잉공급되는 경우가 많다.

④ 조세는 과세대상과 세율 결정 등 법적절차의 복잡성·경직성이 따른다.

📄 **차입(공채)에 대한 조세의 장단점**

장점	단점
• 이자부담이 없으며 부채관리와 재원관리 비용이 발생하지 않아 장기적으로 차입보다 비용이 저렴 • 납세자인 국민이 정부지출에 직접적인 책임 요구 가능 • 현세대의 의사결정에 대한 재정부담이 미래세대로 전가되지 않음	• 세대 간 비용·편익의 형평성 문제가 발생 • 자유재라는 인식으로 과다수요 혹은 과다지출되는 비효율성 발생 • 일시적인 대규모 투자재원 동원의 시의성 결여 • 과세대상과 세율 결정 등 법적 절차의 복잡성·경직성 • 차입에 비하여 경기회복 효과 기대 곤란

24 회사모형   정답 ④

회사모형은 갈등을 상급자의 권위를 바탕으로 통합적으로 해결하는 것이 아니다. 회사모형은 기본적으로 느슨하게 연결된 하부조직의 연합체로 구성되기 때문에, 서로 다른 목표들의 갈등으로 인하여 협상과 타협을 통해 갈등을 준해결하게 된다.

(선지분석)

① 회사모형은 개인적 차원의 만족모형을 조직 차원의 의사결정에 적용한 모형이다.

② 회사모형은 조직을 상이한 개성과 목표를 하부조직의 느슨한 연합체로 정의한다.

③ 회사모형은 합리모형과 달리 환경을 불확실한 것으로 가정한다.

25 전자정부와 지능정보화   정답 ③

공동이용을 신청한 행정정보가 국가안전보장 등에 관한 사항인 경우 공동이용을 승인하여서는 아니 된다.

(선지분석)

① 「전자정부법」 제5조에 규정되어 있다.

② 「지능정보화 기본법」 제8조에 규정되어 있다.

④ 「전자정부법」 제5조3에 규정되어 있다.

➡ 정답

p. 53

01	④ PART 2	06	③ PART 2	11	③ PART 4	16	④ PART 5	21	③ PART 4
02	② PART 1	07	① PART 3	12	① PART 3	17	② PART 5	22	④ PART 4
03	④ PART 1	08	③ PART 2	13	③ PART 2	18	③ PART 6	23	④ PART 7
04	① PART 1	09	③ PART 3	14	④ PART 7	19	④ PART 7	24	② PART 4
05	④ PART 2	10	④ PART 4	15	③ PART 4	20	④ PART 5	25	① PART 5

➡ 취약 단원 분석표

단원	맞힌 답의 개수
PART 1	/ 3
PART 2	/ 5
PART 3	/ 3
PART 4	/ 6
PART 5	/ 4
PART 6	/ 1
PART 7	/ 3
TOTAL	/ 25

PART 1 행정학 총설 / PART 2 정책학 / PART 3 행정조직론 / PART 4 인사행정론 / PART 5 재무행정론 / PART 6 지식정보화 사회와 환류론 / PART 7 지방행정론

---

01 던(W. Dunn)의 정책대안 예측유형과 기법 정답 ④

던(W. Dunn)의 정책대안 예측유형과 그에 따른 기법의 분류가 옳지 않은 것은 ㄷ, ㅁ, ㅅ이다.
ㄷ. 시나리오 분석은 이론적 예측, 즉 예견(Predict)에 해당한다.
ㅁ. 자료전환법은 투사(Project)에 해당한다.
ㅅ. 투입-산출분석은 이론적 예측인 예견(Predict)에 해당한다.

02 신공공서비스론 정답 ②

조직 내 유보된 분권화된 조직은 신공공서비스이론이 아니라 신공공관리론에서 기대하는 조직구조이다. 신공공서비스이론이 기대하는 조직구조는 리더십을 공유하는 협동적 구조이다.

(선지분석)
① 신공공서비스론은 민주적 시민이론, 비판이론, 지역공동체와 시민사회 모형, 조직인본주의와 담론이론, 포스트모더니즘 등에 기초한다.
③ 신공공관리론이 기업가적 목표 달성을 위해 폭넓은 재량을 허용하는 데 비해 신공공서비스론은 재량이 필요하지만 제약과 책임 수반을 강조한다.
④ 신공공서비스론은 행정의 역할이 방향잡기가 아닌 서비스를 제공을 통한 봉사라고 본다.

03 행정이론 정답 ④

발전행정론은 행정체제가 다른 분야의 발전을 이끌어 나가는 불균형적 접근법을 중시한다.

(선지분석)
① 행정관리론(과학적 관리론)은 계획과 집행을 분리하는 정치행정이원론이며, 법에 의한 명확한 규정의 정립을 강조한다.

② 신행정학은 정부의 적극적인 역할을 강조하며, 적실성을 추구한다.
③ 뉴거버넌스론에서 정부는 네트워크 조정자로서의 역할을 강조한다.

04 행정학의 패러다임 정답 ①

뉴거버넌스는 국민, 시장, 시민 간 네트워크를 통한 협치를 중시하므로 정부 외부의 다양한 조직 간 협력 및 조정 등 상호작용과 연계를 중시한다.

(선지분석)
② 신공공관리는 경쟁을 강조하고, 뉴거버넌스는 협력을 강조한다.
③ 생태론적 접근방법은 '행정체제를 하나의 유기체로 파악하여 행정현상을 사회적·자연적·문화적 환경과 관련시켜 이해하려는 접근방법'으로, 분석수준은 행위자 중심의 미시분석보다 집합적 행위나 제도에 초점을 두는 거시분석의 성격을 지닌다.
④ 변화에 대한 유연한 적응에 유리한 것은 전통적인 관료제가 아니라 탈관료제적 조직이다.

05 내적 타당성 저해 요인 정답 ④

- ㄱ. 성숙요인, ㄴ. 회귀인공요인, ㄹ. 역사요인, ㅁ. 측정요인, ㅂ. 선발과 성숙의 상호작용, ㅅ. 측정도구요인은 내적 타당성을 저해하는 요인이다.
- ㄷ. 실험조작의 반응효과, ㅇ. 표본추출의 대표성 문제, ㅈ. 다수 처리의 간섭, ㅊ. 실험조작과 측정의 상호작용은 외적 타당성을 저해하는 요인이다.

06 정책유형 정답 ③

정책유형에 대한 설명으로 옳은 것은 ㄱ, ㄴ, ㄹ이다.
ㄱ. 국·공립학교를 통한 교육서비스는 분배정책에 해당한다.
ㄴ. 영세민을 위한 임대주택 건설은 재분배정책에 해당한다.
ㄹ. 정부기관이나 기구 신설에 관한 정책은 구성정책에 해당한다.

(선지분석)
ㄷ. 탄소배출권거래제는 규제정책에 해당한다.

07 포터(Porter)와 롤러(Lawler)의 기대이론 정답 ①

포터(Porter)와 롤러(Lawler)는 개인의 노력이 성취에 직접적으로 영향을 미치는 요인이 되고, 만족은 성취에 대한 간접적인 환류를 통해서만 영향을 미친다고 주장한다. 포터(Porter)와 롤러(Lawler)의 업적만족이론의 환류과정은 노력 → 업적 → 보상 → 만족이다.

(선지분석)
② 능력과 역할인지 등도 업적에 영향을 미친다고 본다.
③ 직무성과에 따른 보상을 외재적 보상과 내재적 보상으로 구별하며, 외재적 보상(예 승진, 보수인상 등)보다 내재적 보상(예 성취감 등)이 동기부여에 훨씬 중요하다.
④ 직무성과의 수준이 업무만족의 원인이 된다고 본다.

08 정책결정만족모형 정답 ③

만족모형은 모든 대안을 탐색하지 않고 몇 개의 대안만을 탐색하는데, 대안 탐색은 순차적으로 이루어지는 것이며 병렬적으로 이루어지지 않는다.

(선지분석)
① 사이먼(H. A. Simon)은 만족모형의 의사결정자가 경제인이 아니라 인지능력상의 한계를 지닌 '행정인'이라고 가정하였다.
② 인간의 인지능력·시간·비용·정보의 부족 등으로 합리모형이 가정하는 포괄적 합리성이 제약을 받아, 최선의 대안보다는 현실적으로 만족할 만한 대안을 선택하게 된다는 이른바 '제한된 합리성'을 가정한다.
④ 습득 가능한 몇 개의 대안을 순차적 관심에 의하여 단계적·우선적으로 검토하여, 현실적으로 만족하다고 생각하는 선에서 대안을 선택한다고 본다.

📄 합리모형과 만족모형의 비교

내용	합리모형	만족모형
목표 설정	극대화	만족 수준
대안 탐색	모든 대안	몇 개의 대안
결과 예측	복잡한 상황 고려	상황의 단순화
대안 선택	최적 대안	만족할만한 대안

09 조직이론 정답 ③

허시(Hersey)와 블랜차드(Blanchard)는 리더십에서 부하의 성숙도가 높을수록 위임형이 효율적이라고 주장하였다.

(선지분석)
① 관리그리드모형은 관리망이론이라고도 한다. 과업 지향과 인간관계 지향을 기준으로 리더십의 유형을 무관심형, 친목형, 과업형, 타협형, 단합형으로 나누었다. 그들의 연구 결과, 단합형이 가장 이상적인 리더십 유형으로 나타났다.
② 단순구조는 단순하지만 동적인 환경하에서 엄격한 통제가 요구되는 초창기의 소규모 조직으로, 최고관리층에 권력이 집중된 유기적 구조를 띤다. 조정의 방식도 최고관리자에 의한 직접통제이다.
④ 베버(Weber)의 관료제의 특징으로, 옳은 설명이다.

10 계급제 정답 ③

계급제는 직위분류제에 비해 분류 구조와 보수 체계가 단순하고 융통성이 있으므로, 인력 활용의 유연성을 높여준다.

(선지분석)
① 계급제는 직무가 아닌 사람(능력과 자격) 중심의 공직 분류이다.
② 수직적 이동(융통성)이 제약된다.
④ 계급만 동일하면 전직·전보가 가능하여, 공무원의 능력을 여러 분야에 걸쳐 발전시킬 수 있다.

11 역량평가 정답 ③

피평가자의 과거 실적이나 성과를 평가하는 것은 근무성적평가이다. 역량평가에서 개인역량을 객관적으로 평가 가능한 것은 구조화된 상황하에서 외부변수들을 통제하는 평가방식이기 때문이다.

(선지분석)
①, ④ 외부 민간전문가와 공직 내부 고위공무원단 소속 공무원이 포함된 다수의 평가자들이 그룹토론·역할연기·서류함기법·면접 등의 평가기법을 활용하여 실제 업무에서 나타날 수 있는 모의 상황을 통해 피평가자의 행동양식을 평가하는 것이다.
② 역량평가는 실제 업무에서 나타날 수 있는 모의 상황을 통해 피평가자의 행동양식을 다양한 과제를 활용하여 평가하는 것이다.

12 동기요인이론 정답 ①

로크(Locke)의 목표설정이론에 의하면, 동기유발을 위해서는 구체성이 높고 난이도가 높은 목표가 채택되어야 한다.

(선지분석)

② 맥클리랜드(McClleland)의 성취동기론에 따르면 개인들의 욕구는 사회화 과정과 학습을 통해 형성되므로 개인마다 욕구의 계층이 다르다고 본다.

③ 허즈버그(Herzberg)는 인간의 욕구를 불만과 만족이라는 이원적 구조로 파악하여, 불만을 일으키는 요인(불만·위생요인)과 만족을 주는 요인(만족·동기부여요인)은 상호 독립적이라는 욕구충족요인2원론을 제시하였다. 만족의 반대를 불만족이 아니라 만족이 없는 상태로, 불만족의 반대를 만족이 아니라 불만족이 없는 상태로 규정한다.

④ 앨더퍼(Alderfer)의 ERG이론은 매슬로우(Maslow)의 욕구 5단계를 3단계로 통합하고, 욕구 추구는 따로·분절적으로 일어날 수도 있지만, 두 가지 이상의 욕구를 동시에 추구하기도 한다는 복합연결욕구모형을 제시하였다.

13 　정책네트워크모형(policy network model) 　정답 ③

정책네트워크는 참여자와 비참여자를 구분하는 경계가 존재하며, 이슈네트워크도 특정 경계가 없는 것일 뿐 경계는 존재한다.

(선지분석)

① 정책네트워크모형은 정책과정에 참여하는 공식·비공식의 다양한 참여자들 간의 상호작용을 중시하는 모형으로, 미국에서 처음 등장하였다.

② 정책네트워크모형은 사회학이나 문화인류학의 연구에 이용되어 왔던 네트워크 분석을 정책과정의 연구에 적용한 것이다.

④ 정책네트워크모형은 공적부문과 사적부문 간 경계가 불분명해지고 있으며, 다양한 공식·비공식 참여자들 간의 상호작용과 관계를 중심으로 정책과정을 분석하므로, 국가와 사회의 이분법을 극복하고 있다고 할 수 있다.

14 　정부 간 관계모형 　정답 ④

무라마츠는 일본의 정부 간 관계가 제도상으로는 수직적 행정통제모형이지만 실제는 수평적 경쟁모형에 가깝게 운영된다고 주장한다.

(선지분석)

③ 로즈(Rhodes)는 집권화된 영국의 수직적인 중앙-지방 관계하에서도 상호의존현상이 나타남을 권력의존모형을 통해 설명하였다. 로즈(Rhodes)의 분석에 따르면 중앙정부는 입법권한과 재원의 확보라는 측면에서 지방정부보다 우위에 있는 반면, 지방정부는 행정서비스 집행에 필수적인 조직자원과 정보의 수집, 처리능력 면에서 중앙정부보다 우위에 있다. 따라서 양자는 부족한 자원을 교환하기 위해 상호협력하며, 이때 권력은 협상과정에서 결정되는 상대적 개념이라는 것이다.

📄 정부 간 관계모형

학자	모형		
라이트(D.Wright)	분리권위형	포괄권위형	중첩권위형
엘콕(Elcock)	동반자모형	대리자모형	교환모형
로즈(Rhodes)	동반자모형	대리인모형	전략적 협상형
던사이어(Dunsire)	지방자치모델	하향식모델	정치체제모델
윌다브스키(Wildavsky)	갈등-합의모형	협조-강제모형	-

📄 무라마츠모형

수직적 통제모형	중앙정부는 지방정부에 대해 권력적 수단과 지시명령에 의해 일방적으로 통제하고, 지방정부는 중앙정부의 정책을 행정적으로 집행하며 중앙정부의 지시와 명령에 복종하는 수직적인 상하관계를 형성
수평적 경쟁모형	• 중앙정부와 지방정부는 정책을 둘러싸고 서로 경쟁관계를 유지하며 지방정부는 정책의 실험을 통해 성공한 정책을 중앙정부에 요구하기도 하고, 중앙정부와 지방정부가 상호협력하면서 경쟁하는 상호의존적인 관계를 형성 • 무라마츠는 일본의 정부 간 관계가 제도상으로는 수직적 행정통제 모형이지만 실제는 수평적 경쟁모형에 가깝게 운영된다고 주장

15 　근무성적평정 과정상의 오류와 완화방법 　정답 ③

관대화 경향은 하급자와의 인간관계를 의식하여 평정등급이 전반적으로 높아지는 현상으로, 평정자의 통솔력 부족이나 부하와의 인간관계 고려·평정결과 공개 등으로 인해 발생한다. 이는 평정결과의 공개로 인해 발생하는 오류이기 때문에 공개가 완화방법이 될 수 없다.

(선지분석)

① 일관적 오류는 규칙적 오류로, 평정자의 기준이 다른 사람보다 높거나 낮은데서 비롯되므로, 완화방법으로 강제배분법을 고려할 수 있다.

② 근접오류라고도 하며, 쉽게 기억할 수 있는 최근의 실적과 능력 중심으로 평가하는 것이다. 이를 시정하기 위해 목표관리평정, 중요사건기록법 등을 사용한다.

④ 연쇄효과가 나타나는 이유는 관찰이 곤란하거나, 피평정자를 잘 모르기 때문이다. 연쇄효과를 방지하기 위하여 체크리스트 방법 또는 강제선택법을 사용하거나, 피평정자를 평정요소별로 순차적으로 평정하는 방법을 사용할 수 있다.

16 　결산 　정답 ④

국무회의의 의결과 대통령의 승인은 행정부 내에서 결산이 확정되는 것이고, 최종적으로 결산은 국회의 최종 심의와 의결을 거쳐 종료된다.

(선지분석)

① 예산이 예정서라면, 결산은 확정서이다.

② 각 중앙관서의 장은 매 회계연도마다 소관 결산보고서를 작성하여, 다음 연도 2월 말까지 기획재정부장관에게 제출하여야 한다.

③ 한 회계연도 동안의 출납에 관한 사무가 완료되어야 하는 기한을 출납 기한이라고 하며, 장부정리가 마감되어야 하는 기한을 의미한다. 우리 나라는 2월 10일까지를 출납기한으로 정하고 있다.

17 예산제도 정답 ②

예비타당성조사는 총사업비가 500억 원 이상이고 국가의 재정지원 규모 가 300억 원 이상인 신규 사업 중 건설공사가 포함된 사업, 지능정보화사 업, 국가연구개발사업 등에 대하여 실시하며, 국회가 의결로 요구하는 사 업에 대해서도 실시하여야 한다.

(선지분석)
① 주민참여 예산제도는 예산운영의 효율성보다는 민주성을 추구하는데 목적이 있다.
③ 예산성과금은 수입이 증대되거나 지출이 절약된 때에 이에 기여한 자 에게 지급할 수 있으며 절약된 예산은 다른 사업에도 사용할 수 있다.
④ 예비타당성조사는 기획재정부장관이 실시한다.

18 내부통제 정답 ③

내부통제는 ㄷ, ㅁ이다.
ㄷ. 감사원에 의한 통제는 내부·공식적 통제에 해당한다.
ㅁ. 대표관료제는 내부·비공식적 통제에 해당한다.

(선지분석)
ㄱ. 옴부즈만에 의한 통제는 외부·공식적 통제에 해당한다.
ㄴ. 사법부에 의한 통제는 외부·공식적 통제에 해당한다.
ㄹ. 시민에 의한 통제는 외부·비공식적 통제에 해당한다.

19 신중앙집권화 정답 ④

미국의 자치(Home Rule, 자치헌장제도) 운동과 레이건(Reagan) 정부 의 신연방주의(New Federalism), 프랑스 미테랑(Mitterrand) 정부의 분권화 경향 등은 신지방분권화와 관련이 있다.

(선지분석)
① 신중앙집권화는 새로운 집권화에 의한 능률성과 지방자치에 의한 민주 성의 조화를 추구한다.
② 중앙과 지방의 관계는 독립적 관계가 아니라 기능적 협력관계가 된다.
③ 국가의 재정지원 확대로 지방정부에 대한 행정상·재정상 통제가 강화 되어 지방정부의 자율성이 상대적으로 제한될 수 있다.

20 재정사업자율평가제도 정답 ④

재정사업자율평가제도는 각 부처가 모든 소관 재정사업을 매년 자체적으 로 평가하고 기획재정부가 이를 확인·점검하는 성과관리제도이다.

(선지분석)
① 예비타당성조사에 대한 설명이다.
② 총사업비관리제도에 대한 설명이다.
③ 민자유치제도에 대한 설명이다.

21 소청심사제도 정답 ③

「국가공무원법」 제14조 제8항에 규정되어 있다.

(선지분석)
① 정당의 당원은 소청심사위원회의 위원이 될 수 없다.
② 본인의 의사에 반한 불리한 처분에 관한 행정소송은 소청심사위원회의 심사·결정을 거치지 않고 제기할 수 없다.
④ 소청심사위원회의 위원은 금고 이상의 형벌이나 장기의 심신 쇠약으로 직무를 수행할 수 없게 된 경우 외에는 본인의 의사에 반하여 면직되지 아니한다.

22 「공직자윤리법」상 공직자재산등록제도 정답 ④

공직자윤리위원회가 등록된 재산내역을 심사하기 위하여 공공기관의 장에 게 필요한 자료나 보고를 요구할 수 있으며, 이 경우 그 기관·단체의 장은 다른 법률에도 불구하고 보고나 자료 제출 등을 거부할 수 없다.

(선지분석)
① 「공직자윤리법」상 옳은 지문이다.
② 최근 시행된 개정 「공직자윤리법」 제3조 내용으로 옳은 지문이다.
③ 「공직자윤리법」상 옳은 지문이다.

23 지방의회의원에 대한 징계 정답 ④

자격심사에 따른 자격상실 의결은 「지방자치법」상 징계의 종류에 해당하 지 않는다.

> 「지방자치법」제100조【징계의 종류와 의결】① 징계의 종류는 다음 과 같다.
> 1. 공개회의에서의 경고
> 2. 공개회의에서의 사과
> 3. 30일 이내의 출석정지
> 4. 제명

24	인사행정제도	정답 ②

정실주의는 영국에서 처음 발달한 것으로, 인사권자의 개인적 신임이나 친분관계를 기준으로 한다.

(선지분석)
① 대표관료제는 강력한 내부통제수단으로서의 기능을 한다.
③ 실적주의는 객관적 기준이나 공개경쟁채용에만 의존하는 소극적인 인사제도이다.
④ 직업공무원제는 계급제, 폐쇄형, 일반행정가를 기반으로 하므로 전문성을 저해한다.

25	국고채무부담행위	정답 ①

완성에 수년이 필요한 공사나 제조 및 연구개발사업에 한정되어 있는 것은 국고채무부담행위가 아니라 계속비제도이다. 국고채무부담행위는 그 용도나 대상에 제한이 없다.

(선지분석)
② 국고채무부담행위는 예산의 형식을 구성하는 한 부분으로, 미리 예산으로써 국회의 의결을 얻어야 한다.
③ 재해 복구를 위해 필요한 때에는 일반회계 예비비의 사용절차에 준하여 집행한다.
④ 국고채무부담행위는 국가가 법률에 따른 것과 세출예산금액 또는 계속비의 총액의 범위 안의 것 외에 채무를 부담하는 행위를 의미한다.

정답

p. 58

01	④ PART 1	06	② PART 5	11	① PART 4	16	② PART 4	21	④ PART 1
02	④ PART 1	07	④ PART 2	12	④ PART 3	17	② PART 5	22	② PART 2
03	① PART 5	08	③ PART 2	13	④ PART 4	18	② PART 5	23	① PART 1
04	① PART 5	09	② PART 3	14	③ PART 1	19	① PART 7	24	④ PART 7
05	④ PART 5	10	① PART 3	15	② PART 4	20	③ PART 7	25	④ PART 4

취약 단원 분석표

단원	맞힌 답의 개수
PART 1	/ 5
PART 2	/ 3
PART 3	/ 3
PART 4	/ 5
PART 5	/ 6
PART 6	/ 0
PART 7	/ 3
TOTAL	/ 25

PART 1 행정학 총설 / PART 2 정책학 / PART 3 행정조직론 / PART 4 인사행정론 / PART 5 재무행정론 / PART 6 지식정보화 사회와 환류론 / PART 7 지방행정론

---

01   기업가적 정부 운영의 10대 원리   정답 ④

기업가적 정부는 지출보다는 수익 창출을 중시한다.

(선지분석)

①, ②, ③ 기업가적 정부에 대한 옳은 설명이다.

📄 오스본(Osborne)과 게블러(Gaebler)의
『정부재창조론(Reinventing Government), 1992』

신공공관리 원칙	정부재창조	전통적 관료제		기업가적 정부
목적달성 수단의 제고	촉매적·촉진적 정부	노젓기(rowing), 사공	⇨	방향키(steering), 조타수
	시장지향적 정부	행정 메커니즘 (인위적 질서체제)	⇨	시장 메커니즘 (자율적 질서체제)
통제의 위치 전환	분권적 정부	집권적 계층제 (명령·통제)	⇨	분권·참여·팀워크· 협의·network
	지역사회가 주도하는 정부	서비스 직접 제공	⇨	권한의 부여 (empowering)
성과의 향상	성과·결과지향 정부	투입 중심 예산	⇨	성과·결과 중심 예산
	경쟁적 정부	독점적 공급	⇨	경쟁 도입 (민영화, 민간위탁)
	기업가적 정부	지출 지향	⇨	수익 창출
목표의 명확화	사명·임무 중심 정부	규칙·규정 중심 관리	⇨	임무·사명 중심 관리
	고객지향 정부	관료(행정) 중심	⇨	고객(국민) 중심
	미래지향적· 예견적 정부	사후 치료·치유	⇨	예측·예견과 사전예방

---

02   신행정학(New Public Administration)   정답 ④

신행정학은 정치행정일원론의 입장이다.

(선지분석)

② 신행정학은 미국의 사회문제 해결에 초점을 맞춘 반면, 발전행정은 제 3세계(개발도상국)의 국가 발전을 연구하였다.

③ 신행정학은 능동적 행정을 추구하고, 적극적인 가치판단을 통해 빈부 격차 등의 문제를 해결하고자 하였다.

---

03   행정부패   정답 ①

기능주의 관점이 국가의 발전 후에는 부패가 자동적으로 소멸한다고 본다.

(선지분석)

② 거래형 부패는 공무원과 시민이 뇌물을 매개로, 이권이나 특혜 등을 주 고받는 행위이다.

③ 회색부패는 부패에 대한 태도가 애매한 일상화된 부패로 일부 구성원 들은 처벌을 요구하고 일부의 구성원들은 처벌을 원하지 않는 부패이 다. 즉, 금지 행위를 법률로 규정할 것인지 윤리강령으로 규정할 것인 지 논란이 있는 부패이다.

④ 부패척결은 공직윤리의 소극적 측면이다.

---

04   긴급배정   정답 ①

추가경정예산은 긴급배정 대상경비에 포함되지 않는다.

📄 긴급배정 가능 대상경비

- 외국에서 지급하는 경비
- 선박의 운영·수리 경비
- 교통·통신이 불편한 지역에서의 경비
- 부식물의 매입경비
- 범죄수사 등 특수활동경비
- 여비
- 경제정책상 조기집행을 요하는 공공사업비
- 재해복구비

05 예비타당성조사 대상 사업   정답 ④

「과학기술기본법」제11조에 따른 국가연구개발사업은 예비타당성조사 대상 사업이다.

(선지분석)

①, ②, ③ 모두 예비타당성조사 면제 사업에 해당한다.

> 「국가재정법」제38조【예비타당성조사】② 제1항에도 불구하고 다음 각 호의 어느 하나에 해당하는 사업은 대통령령으로 정하는 절차에 따라 예비타당성조사 대상에서 제외한다.
> 1. 공공청사, 교정시설, 초·중등 교육시설의 신·증축 사업
> 2. 문화재 복원사업
> 3. 국가안보와 관계되거나 보안이 필요한 국방 관련 사업
> 4. 남북교류협력과 관계되거나 국가 간 협약·조약에 따라 추진하는 사업
> 5. 도로 유지보수, 노후 상수도 개량 등 기존 시설의 효용 증진을 위한 단순개량 및 유지보수사업
> 6. 「재난 및 안전관리기본법」제3조 제1호에 따른 재난(이하 "재난"이라 한다)복구 지원, 시설 안전성 확보, 보건·식품 안전 문제 등으로 시급한 추진이 필요한 사업
> 7. 재난예방을 위하여 시급한 추진이 필요한 사업으로서 국회 소관 상임위원회의 동의를 받은 사업
> 8. 법령에 따라 추진하여야 하는 사업
> 9. 출연·보조기관의 인건비 및 경상비 지원, 융자 사업 등과 같이 예비타당성조사의 실익이 없는 사업
> 10. 지역 균형발전, 긴급한 경제·사회적 상황 대응 등을 위하여 국가 정책적으로 추진이 필요한 사업(종전에 경제성 부족 등을 이유로 예비타당성조사를 통과하지 못한 사업은 연계사업의 시행, 주변지역의 개발 등으로 해당 사업과 관련한 경제·사회 여건이 변동하였거나, 예비타당성조사 결과 등을 반영하여 사업을 재기획한 경우에 한정한다)로서 다음 각 목의 요건을 모두 갖춘 사업. 이 경우, 예비타당성조사 면제 사업의 내역 및 사유를 지체 없이 국회 소관 상임위원회에 보고하여야 한다.
>   가. 사업목적 및 규모, 추진방안 등 구체적인 사업계획이 수립된 사업
>   나. 국가 정책적으로 추진이 필요하여 국무회의를 거쳐 확정된 사업

06 계획예산제도   정답 ②

실시계획의 근간이 되는 사업구조의 계층적 구조는 다음과 같이 3단계로 구성된다.

사업범주 (program category)	각 기관의 목표나 임무를 나타내는 프로그램 체계의 최상위 수준의 분류 항목
하위사업 (sub-category)	• 사업범주를 세분화한 것 • 하나의 하위 사업은 몇 개의 사업요소로 구성됨
사업요소 (program element)	• 계획예산제도의 사업구조의 기본 단위 • 최종 산물을 생산하는 부처의 활동에 해당함

(선지분석)

① 계획예산제도(PPBS)는 중기전략계획에 따라 재원을 배정하는 구조이기 때문에 단기적인 상황 변화에 대한 신축성은 취약할 수 있다.

③ 계획예산제도(PPBS)는 하향식 접근을 적용하여 구성원의 참여는 제한적이다.

④ 의사결정 패키지는 영기준예산에서 활용한 장치이다.

07 정책유형과 사례   정답 ④

정책유형과 사례를 옳게 연결한 것은 ㄷ, ㄹ, ㅁ이다.

ㄷ. 개발제한구역의 설정은 재산권 행사를 제한하는 규제정책에 해당한다.

ㄹ. 정부조직 신설 및 선거구역 획정, 공무원연금 개혁 등은 구성정책에 해당한다.

ㅁ. 국·공립학교를 통한 교육서비스는 분배정책이다.

(선지분석)

ㄱ. 근로장려금제도는 생산적 복지정책의 한 유형으로, 재분배정책에 해당한다.

ㄴ. 농산물 최저가격제는 규제정책(가격규제)에 해당한다.

08 점증주의적 정책결정   정답 ③

점증모형은 보수적 성격으로, 환경변화에 대한 적응력이 약하다.

(선지분석)

① 점증모형은 인간의 지적 능력의 한계와 정책결정수단의 기술적 제약을 인정한다. 정책결정과정에 있어서의 대안의 선택이 종래의 정책이나 결정의 점진적·순차적 수정 내지 약간의 향상으로 이루어지며, 정책수립과정을 '그럭저럭 헤쳐 나가는(muddling through)' 과정으로 이해한다.

② 점증주의는 제한된 합리성을 수용하면서 정치적 합리성을 결합시킨 것이다.

④ 점증주의는 현실적이고 실증적인 모형이므로 옳은 지문이다.

09 브룸(Vroom)의 기대이론(Expectancy Theory)   정답 ②

VIE 이론에서 수단성(Instrumentality)이란, 성과(1차산출)가 바람직한 보상(2차산출, 결과)을 가져다 줄 것이라고 믿는 주관적인 정도를 의미한다. 지문의 내용이 의미하는 것은 성과가 보상으로 연결되지 않는 상황을 개선하여 수단성(Instrumentality)의 정도를 높여야 한다는 것이다.

(선지분석)

① 역할 인지(Role Recognition)란 구성원이 스스로 수행해야 하는 역할을 지각하고 있는 상태를 의미한다. 브룸(Vroom)의 기대이론과는 관련 없는 요소이다.

③ 기대치(Expectancy)는 일정한 노력을 기울이면 근무 성과를 가져올 수 있으리라는 가능성에 대한 인간의 주관적인 확률과 관련된 믿음이다.

④ 유인성(Valence)은 특정 결과에 대해 개인이 갖는 선호의 강도를 말한다.

10 조직의 갈등관리 정답 ①

자원이 제한되어 있어 제로섬 방식을 기본 전제로 하는 협상은 통합형 협상이 아닌 분배형 협상이다. 통합형 협상은 자원이 제한되어 있지 않아 제로섬 방식을 할 필요가 없는 상황을 전제로 하는 협상이다.

(선지분석)

② 기존의 구성원과 서로 다른 마인드나 경력, 태도를 가진 구성원의 투입으로 긴장을 조성한다.
③ 행정학에서 갈등에 대한 연구는 인간관계론과 행태론부터 본격적으로 시작하였다.
④ 마치(March)와 사이먼(Simon)은 개인적 갈등의 원인을 비수락성(대안의 결과는 알지만 수락할 수 없는 상황), 비비교성(대안의 결과는 알지만 비교할 수 없는 상황), 불확실성(대안의 결과를 알 수 없는 상황)으로 구분하였다.

📄 **협상의 종류**

• 분배적 협상: 목표가 경쟁·갈등일 때 한정된 자원을 나누어야 하는 협상으로 제로섬게임(win-lose)이 발생
• 통합적 협상: 전체 파이의 크기를 크게 하여 양측의 필요를 모두 충족시켜주는 논제로섬게임(win-win) 발생

11 도표식 평정척도법 정답 ①

도표식 평정척도법은 평정요소에 대한 등급을 정한 기준이 모호하며, 자의적 해석에 의한 평가가 이루어지기 쉽다.

(선지분석)

② 평정의 결과가 점수로 환산되기 때문에 평정대상자에 대한 상대적 비교를 확실히 할 수 있어, 상벌 결정의 목적으로 사용하는 데 효과적이라고 할 수 있다.
③ 연쇄효과(halo effect), 집중화 경향, 관대화 경향 등의 오류가 일어날 수 있다.
④ 가장 많이 활용되는 근무성적평정방법으로, 평정표 작성과 평정이 용이하다는 장점이 있다.

12 학습조직 정답 ④

반대이다. 학습조직은 비공식적이거나 비정규적인 자발적 학습을 공식적 교육·훈련보다 강조한다.

📄 **학습조직**

• 개방체제와 자기실현적 인간관을 바탕으로 조직원이 새로운 지식을 창출하는 한편, 이를 조직 전체에 보급해 조직 자체의 성장·발전·업무수행능력을 증가시킬 수 있도록 지속적인 학습활동을 전개하는 조직
• 탈관료제를 지향하는 분권적·신축적·인간적·수평적·유기체적 조직
• 학습이 강제적으로 이루어지지 않고 주체적·자발적으로 이루어짐
• 환류를 통한 의사소통, 부분보다는 전체를 중시하는 문화를 강조
• 개인별 성과급이 아닌 학습에 대한 보상과 사려 깊은 리더십을 중시

13 개방형 직위 정답 ④

개방형 직위 중에서도 민간인들로만 선발할 수 있는 직위를 경력개방형 직위라고 한다.

(선지분석)

① 일반직·특정직공무원 뿐 아니라 별정직으로 보할 수 있는 직위도 포함된다.
② 30%가 아니라 20%이다.
③ 협의하여야 한다는 법조항이 삭제되었다.

14 정부서비스의 비시장적 특성 정답 ③

정치인들의 짧은 임기에 따른 단기적·근시안적 사고방식이 장기적 시계에서 결정·추진되어야 하는 정책을 비효율적으로 추진하여 국가적 낭비를 초래하는 측면을 지닌다.

(선지분석)

① 어떤 활동에 있어서 수입이 비용과 연결되어 있지 않으면, 이윤(=수입-비용) 개념이 부재하여 비효율이 발생할 수밖에 없다.
② 정치적 보상구조의 왜곡이란, 사회문제에 대한 정부활동 과정에서 정치인이나 관료에 대한 정치적 평가와 보상이 실질적인 성과보다 상징적이고 현시적인 결과(사회문제의 해악 강조나 문제해결의 당위성 강조, 추상적인 입법화)에 의존하여 이루어지는 왜곡성을 지니고 있음을 의미한다. 그 결과 정치인들이나 공무원들의 소위 '한건주의'나 '인기관리'에 치중한 문제 제기와 행정수요 제기에 따라, 무책임하고 현실성 없는 정부활동이 확대되는 경향을 지닌다.
④ 파생적 외부성의 개념으로 옳은 지문이다.

15 직위분류제 정답 ②

직위분류제에 대한 설명으로 옳은 것은 ㄱ, ㄹ이다.
ㄱ. 과학적 관리론의 영향으로 능률 향상과 보수 균등화를 위한 직무분석과 직무평가가 촉진되었다.
ㄹ. 직위분류제는 직책이 요구하는 능력과 자격이 객관적으로 제시되므로 근무성적평정이나 교육훈련 수요파악을 객관적으로 할 수 있다는 장점이 있다.

(선지분석)

ㄴ. 직무종류와 곤란도·책임도가 유사한 직위의 군은 직급에 해당한다.
ㄷ. 직위분류제는 전문적인 직무송류와 책임도에 따라 직위에 임용되므로 유연하고 탄력적인 수평적 이동이 어려워진다.

16 직권면직과 직위해제 정답 ②

직권면직과 직위해제에 대한 설명으로 옳은 것은 ㄱ, ㄴ이다.
ㄱ. 「국가공무원법」 제73조의3 제3항
ㄴ. 파면된 경우, 5년 이상 근무자는 퇴직급여의 2분의 1을 삭감하고, 5년 미만 근무자는 퇴직급여의 4분의 1을 삭감한다.

(선지분석)
ㄷ. 공무원에 대하여 근무성적이 극히 나쁘다는 사유와 형사 사건으로 기소되었다는 사유가 경합(競合)할 때에는 형사 사건으로 기소되었다는 사유로 직위해제 처분을 하여야 한다.

17 예산 정답 ②

ㄱ, ㄴ, ㄷ, ㄹ에 들어갈 숫자는 각각 5, 3, 10, 31이다.
ㄱ. 각 중앙관서의 장은 매년 1월 31일까지 당해 회계연도부터 5회계연도 이상의 기간 동안의 신규사업 및 기획재정부장관이 정하는 주요 계속사업에 대한 중기사업계획서를 기획재정부장관에게 제출하여야 한다.
ㄴ. 기획재정부장관(중앙예산기관장)은 매년 3월 31일까지 예산안편성지침을 국무회의 심의와 대통령의 승인을 받아 각 중앙관서의 장에게 시달하여야 한다.
ㄷ. 기획재정부장관은 다음 연도 4월 10일까지 총결산을 작성하여 국무회의 심의와 대통령 승인을 얻어 감사원에 제출한다.
ㄹ. 정부결산안은 5월 31일까지 국회로 제출되어야 한다.

18 예산 분류 정답 ②

조직별 분류는 예산 내용의 편성과 집행 책임을 담당하는 조직단위별로 예산을 분류한 것을 말한다. 따라서 경비 지출의 목적을 밝힐 수 없다는 한계가 있다.

(선지분석)
① 프로그램예산제도는 통제 중심의 품목별 분류를 탈피하고 정책과 성과 중심의 예산운영을 지향한다.
③ 기능별 분류는 정부활동에 대한 일반적이며 총체적인 내용을 보여 주어 일반납세자가 정부의 예산내용을 쉽게 이해할 수 있기 때문에 시민을 위한 분류라고도 부른다.
④ 품목별 분류는 행정의 재량범위를 줄여 행정부 통제가 용이하지만 예산집행의 신축성 저해 가능성이 있다.

19 지방재정조정제도 정답 ①

지방교부세는 지방자치단체 간의 재정적 불균형을 시정(수평적 재정조정제도에 해당)하고, 전국적인 최저생활을 확보하기 위하여 지방자치단체의 재정수요에 필요한 부족재원을 보전할 목적으로 국가가 지방자치단체에 교부하는 재원이다.

(선지분석)
② 지방교부세가 아니라 국고보조금에 해당한다.
③ 조정교부금은 중앙정부가 교부하는 것이 아니라 광역자치단체가 기초자치단체에 이전하는 재원이다.
④ 「지방교부세법」상 지방교부세는 보통교부세, 특별교부세, 부동산교부세 및 소방안전교부세로 구분된다.

20 지방자치의 계보 정답 ③

단체자치에서는 지방자치단체를 지방자치단체와 국가의 하급 일선기관으로서의 성격을 갖는 이중적 지위를 가진다. 지방자치단체의 성격으로 하는 사무는 자치사무이고 국가의 하급 일선기관으로서의 성격으로 하는 사무는 위임사무이다. 따라서 고유사무와 구별되는 위임사무의 존재를 인정한다. 반면 주민자치는 지방자치단체를 지방자치단체의 성격으로만 보기 때문에 위임사무를 인정하지 않는다. 따라서 사무의 구별이 없다.

(선지분석)
①, ④ 단체자치는 국가-지방자치단체의 법적인 관계에 초점을 둔 접근이라면, 주민자치는 지방자치단체-주민의 정치적인 주민권리에 중심을 둔다.
② 단체자치는 자치권을 '국가에서 전래된 법적 권리'로, 주민자치는 자치권을 '자연적·천부적 고유 권리'로 본다.

21 공익(Public Interest)을 보는 관점 정답 ④

정부의 적극적 역할을 강조하는 것은 실체설이다. 과정설에서 공익 도출의 적극적인 주체는 다수의 이익집단이나 개인이다.

(선지분석)
① 실체설에서 공익은 사익을 초월한 도덕적·규범적인 것으로, 사회구성원이 보편적으로 공유하는 절대적 가치이다.
② 과정설에서 공익은 사익들 간 타협과 조정 과정의 결과로 산출된다.
③ 실체설은 공익우선주의이므로 사익은 공익에 종속되며 궁극적으로는 공익과 갈등할 수 없다.

📄 **과정설과 실체설의 비교**

과정설	실체설
• 사익의 합 = 공익	• 사익의 합 ≠ 공익
• 개인과 구별되는 전체를 인정하지 않음	• 개인과 구별되는 전체를 인정
	• 전체의 이익이 공익
• 사익 간의 타협·조정	• 국가나 정부의 적극적 역할 강조
• 사익과 공익은 본질적으로 차이가 없음	• 사익과 공익은 본질적으로 다름(공익이 우월적 지위)
• 사익과 공익의 충돌	• 사익과 공익은 충돌하지 않음
• 지역·집단 이기주의 발생	• 이기주의 극복
• 선진·민주·다원화된 사회에 적용	• 후진국·권위주의 사회에 적용

22 정책순응(policy compliance)　　정답 ②

정책대상집단이 정책에 순응하는 경우에 지불해야 할 희생 또는 부담이 크면 불응하게 된다. 경제적 비용에 기인하는 불응의 대책으로는 순응에 대한 유인이 필요하다.

(선지분석)

① 정책집행에 있어서 참여자의 순응은 정책효과가 나타나기 위한 필요조건이지 충분조건은 아니다. 따라서 모든 참여자가 완전하게 순응한다고 하더라도 결정자의 원래 의도가 보장된다고는 볼 수 없다.
③ 정책집행에 개입하는 일선집행담당자와 중간매개집단의 순응의 주체가 된다.
④ 배분정책이 규제정책보다 저항이나 갈등이 작기 때문에 순응이 쉽다.

23 인간관계론　　정답 ①

인간관계론은 환경을 고려하지 않는 폐쇄조직이론이다.

(선지분석)

② 인간관계론은 조직의 관리자가 조직의 구성원을 통제하는 '젖소 사회학(cow sociology)'이라고 비판을 받기도 한다.
③ 호손실험으로 인해 인간관계론이 태동하였다.
④ 인간관계론의 공헌에 대한 옳은 설명이다.

24 지방세　　정답 ④

등록면허세는 특별시·광역시세가 아니라 재산세와 함께 자치구세이다.

(선지분석)

① 지역자원시설세는 목적세로, 특별시·광역시세이다. 기초단체는 목적세를 부과할 수 없다.
② 담배소비세는 자동차세·주민세·재산세·지방소득세 등과 함께 시·군세에 해당한다.
③ 레저세는 도세에 해당한다.

25 내부임용　　정답 ④

전직은 직렬을 달리하는 임명을 말한다(「국가공무원법」 제5조 제5호). 동일한 직렬·직급 내에서 직위를 바꾸는 것은 전보이다.

(선지분석)

① 승진은 하위 직급에서 상위 직급으로 이동하는 것이다. 직무의 곤란도와 책임의 증대를 의미하고 일반적으로 보수가 증액된다.
② 승급은 동일한 계급 내에서 보수만 증액된다. 승진과는 다른 개념이다.
③ 강임(降任)이란 같은 직렬 내에서, 혹은 다른 직렬의 하위 직급으로 임명하는 것으로, 강등과 달리 징계는 아니다.

▶ 정답

p. 63

01	② PART 1	06	④ PART 2	11	① PART 3	16	② PART 6	21	③ PART 1
02	① PART 1	07	③ PART 2	12	② PART 5	17	② PART 5	22	④ PART 3
03	③ PART 5	08	① PART 2	13	④ PART 4	18	① PART 7	23	③ PART 5
04	① PART 1	09	④ PART 2	14	④ PART 5	19	② PART 7	24	④ PART 3
05	④ PART 7	10	④ PART 2	15	② PART 4	20	④ PART 7	25	④ PART 7

▶ 취약 단원 분석표

단원	맞힌 답의 개수
PART 1	/ 4
PART 2	/ 5
PART 3	/ 3
PART 4	/ 2
PART 5	/ 5
PART 6	/ 1
PART 7	/ 5
TOTAL	/ 25

PART 1 행정학 총설 / PART 2 정책학 / PART 3 행정조직론 / PART 4 인사행정론 / PART 5 재무행정론 / PART 6 지식정보화 사회와 환류론 / PART 7 지방행정론

01　행정학의 접근방법　정답 ②

체제론은 거시적인 환경요소를 지나치게 중시한 나머지 조직 내 권력이나 갈등, 의사전달, 정책결정, 가치문제, 인간의 행태 요인을 고려하지 않는다.

(선지분석)

① 공공선택론은 정부의 역할을 대폭 시장에 맡겨야 한다는 점에서 국가의 역할을 지나치게 경시하고 개인의 기득권을 유지하려는 균형이론이자 보수적 접근이라는 비판을 받는다.

③ 테일러(Taylor)는 '시간과 동작 연구(time & motion study)에 의한 구체적인 표준작업량 부과'를 통해 조직의 기계적 능률을 극대화할 수 있다는 최선의 방법(one best way)을 추구하였다.

④ 신제도론은 정책이나 환경을 외생변수로만 다루었던 구제도주의, 다원주의, 행태주의와 달리, 이들을 내생변수로 취급하여 제도와 정책, 환경 간의 연관성까지도 다룬다.

02　행태론　정답 ①

사이먼(Simon)의 행정행태론은 보편적인 행정 원리를 주장한 고전적 원리주의에 대한 비판으로부터 시작하였다. 그는 고전적 조직 원리들은 검증되지 않은 속담이나 격언에 불과하다고 비판하였다.

(선지분석)

② 개념의 조작적 정의를 통해 객관적인 측정방법을 사용하며, 계량적 방법에 의한 분석을 중시한다.

③ 행태론은 논리실증주의에 입각하여 인과관계를 규명하고자 하였다.

④ 사이먼(Simon)은 행정학 연구에 있어서 논리실증주의에 입각한 과학적 연구를 강조하고, 과학으로서의 행정학은 가치와 사실을 구분하여 사실만을 다루어야 한다고 주장하면서 행태주의를 행정학에 도입하였다.

03　예산의 분류　정답 ③

국민경제활동의 구성과 수준에 미치는 영향을 파악하고, 고위정책결정자들에게 유용한 정보를 제공해 주는 것은 경제성질별 분류의 장점에 해당한다.

📄 **경제성질별 분류의 장단점**

장점	단점
• 정부 예산이 거시적인 국민경제(실업, 물가, 국제수지 등)에 미치는 영향 파악 가능 • 정부 거래의 경제적 효과 분석 용이 • 경제 정책·재정정책 수립에 유용 • 국가 간 예산경비의 비교 가능	• 세입·세출의 양과 구조의 변화로 인한 영향만 측정(세입·세출 이외의 요인 분석 곤란) • 소득배분에 대한 정부활동의 영향을 밝혀주지 못함 • 재정정책을 수립하는 고위직에만 유용 • 자체만으로는 완전하지 않으므로 항상 다른 예산분류방법과 병용되어야 함

04　뉴거버넌스(New Governance)　정답 ①

팀제와 TQM은 참여정부모형의 관리개혁방안이다. 신축정부모형의 관리개혁방안은 가상조직과 가변인사관리이다.

(선지분석)

② 뉴거버넌스론은 관료의 역할로 조정자의 역할을 강조하였다.

③ 분석단위에 있어서 신공공관리론은 조직 내부의 문제를 중시하지만, 뉴거버넌스는 조직 간 관계(네트워크)에 중점을 둔다.

④ 국민을 국정의 객체(고객)가 아닌 주체(시민)로 인식한다.

05 광역행정의 방식 정답 ④

법인격을 갖춘 새로운 기관이 신설되는 경우는 ㄷ. 자치단체조합과 ㄹ. 「지방자치법」 제12장의 특별지방자치단체이다.

ㄷ. 2개 이상의 지방자치단체가 하나 또는 둘 이상의 사무를 공동처리할 필요가 있을 때 설립하는 지방자치단체조합은 법인격을 가진다.

ㄹ. 「지방자치법」 제12장상 특별지방자치단체는 법인격이 있다.

(선지분석)

ㄱ. 자치단체가 소관사무의 일부를 다른 자치단체에 위탁하여 처리하게 하는 것으로 새 기관을 설립하지 않는다.

ㄴ. 2개 이상의 지방자치단체에 관련된 사무의 일부를 공동으로 처리하기 위해 협의회를 구성할 수 있다. 하지만 행정협의회는 법인격이 없다.

06 평가의 타당성 저해 요인 정답 ④

프로그램이나 정책의 집행 전과 집행 후에 사용하는 측정절차나 측정도구가 변화됨으로써 나타나는 현상은 측정도구요인이다. 측정요소는 프로그램을 도입하기에 앞서 측정을 받은 것의 효과가 개개인들의 신경을 자극함으로써 프로그램을 집행한 후의 그들의 측정 점수를 높이는 현상을 말한다. 그러므로 프로그램을 집행하기 전후의 측정점수의 차이가 반드시 프로그램에서 결과한 것이라고 할 수 없으며, 오히려 프로그램을 집행하기 전에 개인들이 측정경험을 통해 얻어진 것이라고도 할 수 있다.

(선지분석)

① 역사요인은 실험기간 동안에 실험자의 의도와는 관계없이 일어난 역사적 사건을 말한다. 이러한 역사요인이 작용할 경우 정책이나 실험의 정확한 효과추정이 어려워진다.

② 실험조작과 측정의 상호작용은 실험 전 측정(pretest)이 피조사자의 실험조작에 대한 감각에 영향을 줄 수 있다. 이렇게 하여 얻은 결과를 일반적인 모집단에도 일반화할 수 있는가가 문제될 수 있다는 외적 타당도의 저해요인이다.

③ 실험조작의 반응효과는 호손효과를 말하는 것으로, 옳은 지문이다.

07 정책델파이(policy delphi)기법 정답 ③

정책대안에 대한 주장들이 표면화된 후에는 참가자들로 하여금 공개적으로 토론을 벌이게 한다.

(선지분석)

① 정책델파이(policy delphi)에는 전문가와 이해관계인이 참여한다.

② 델파이기법과 달리, 정책문제 해결을 둘러싸고 발생할 수 있는 대립된 의견을 드러내고자 하는 의도에서 개발된 것이다.

④ 정책델파이(policy delphi)란 정책문제 해결을 위한 것으로, 정책대안을 개발하고 정책대안의 결과를 예측하기 위한 방법이다.

08 쓰레기통모형 정답 ①

쓰레기통모형은 조직화된 무질서 상태에서 문제(problem), 해결책(solution), 참여자(participant), 의사결정의 기회(chance)가 구비되어야 하며, 이 네 가지 요소들이 아무 관계없이 독자적으로 움직이다가 어떤 계기로 우연히 만나게 될 때 의사결정이 이루어진다고 본다.

(선지분석)

② 합리모형에 대한 설명이다. 쓰레기통모형은 인과관계의 분석이 가능한 상황이 아닌 조직화된 혼란 상태에서의 의사결정에 관한 모형이다.

③ 갈등의 준해결은 회사모형의 특징이며, 쓰레기통모형의 특징은 진빼기 결정(choice by flight)과 날치기 통과(choice by oversight) 의사결정이 이루어진다는 점이다.

④ 목표와 수단 사이의 인과관계가 명확하지 않음을 의미하는 것을 불명확한 기술이다.

09 이슈네트워크 정답 ④

이슈네트워크(issue network)의 특성이다. 이슈네트워크란 다양한 이해관계와 견해를 가진 대규모의 참여자들을 함께 묶는 불안정한 지식공유집단(shared knowledge group)이며 특정한 경계가 존재하지 않는 광범위한 정책연계망이다. 미국에서 '철의 삼각(하위정부모형)'을 비판·대체하려는 개념으로 1970년대 후반 헤클로(Heclo)에 의하여 논의된 모형이다.

10 시뮬레이션 정답 ④

시뮬레이션(모의실험)은 실제와 유사한 모형을 만들어 실험을 하고, 그 결과를 이용하여 실제 현상의 특성을 예측하려는 기법이다.

(선지분석)

① 브레인스토밍이란 주관적 예측기법의 하나로 전문가들이 자유분방하게 의견을 교환하는 기법이다.

② 정책델파이란 전문가들의 판단을 종합하여 정리하는 주관적 예측기법이다.

③ 회귀모형이란 독립변수와 종속변수 간의 인과관계를 분석하려는 것으로서, 독립변수의 값이 변할 때 종속변수의 미래 변화를 예측하는 통계적 기법이다.

11 일반적인 조직구조의 설계원리 정답 ①

일반적인 조직구조의 설계원리에 대한 설명으로 옳은 것은 ㄱ, ㄴ이다.

ㄱ. 계선은 명령통일의 원리에 따라 직접 업무를 행하며 참모는 정보제공, 기획 등의 기능을 수행한다.

ㄴ. 부문화(departmentation)의 원리란 서로 기능이 같거나 유사한 업무를 조직단위로 묶는 것을 말한다.

ㄷ. 통솔범위가 넓을수록 저층구조가 형성되고, 반대로 통솔범위가 좁을수록 고층구조가 나타난다.

ㄹ. 명령통일의 원리란 한 사람의 상급자로부터만 명령·지시를 받고, 한 사람의 상급자에게만 보고해야 한다는 명령일원화의 원칙이다.

12　자본예산제도　정답 ②

자본적 지출이 경상적 지출과 구분되므로 정부의 순자산 상태의 변동파악이 용이하여 예산운영을 합리화할 수 있다.

① 계획과 예산 간의 불일치를 해소하고 이들 간에 서로 밀접한 관련성을 갖게 하는 것은 자본예산제도의 장점이 아니라 계획예산제도(PPBS)의 특징이다.

③ 경기침체 시에는 공채 발행 등 적자예산을, 경기과열 시에는 흑자예산을 편성하여 경기변동의 조절에 도움을 준다.

④ 자본예산은 투자재원의 조달에 대한 현세대와 다음 세대 간의 비용부담을 공평하게 할 수 있다는 장점이 있다.

13　고위공무원단　정답 ④

고위공무원단의 구성은 소속 장관별로 개방형 직위 20%, 공모직위 30%, 기관자율 50%로 이루어져 있다.

① 고위공무원단의 보수 제도는 직무성과급적 연봉제가 도입되어 있다.

② 고위공무원단은 실·국장급 이상 국가직공무원만을 대상으로 하며, 지방직공무원은 대상이 아니다. 「지방자치법」 및 「지방교육자치에 관한 법률」에 따라 국가공무원으로 보하는 지방자치단체 및 지방교육행정기관의 행정부지사, 행정부시장, 부교육감은 지방직공무원이 아니라 고위공무원단 소속의 국가직공무원임에 주의하여야 한다.

③ 공직사회의 경쟁분위기를 확산시키고 정부의 경쟁력·효율성 제고를 위해 개방형 직위제도와 고위공무원단제도가 도입되었다.

> 📄 **우리나라의 고위공무원단제도**
>
> • 중앙정부의 실·국장급 고위공무원에 대하여 개방과 경쟁을 확대하고, 성과관리와 책임을 강화하는 고위공무원단제도를 시행
> • 고위공무원에 대하여 계급을 폐지하고 부처와 소속 중심의 폐쇄적 인사관리를 개방하여 전 정부 차원에서 경쟁을 통해 최적임자를 선임하게 함으로써 적재적소 인사를 실현
> • 고위공무원마다 성과계약을 체결하여 담당 직무와 업무성과에 따라 보수를 지급하고 성과가 부진한 경우 적격심사를 거쳐 직권면직할 수 있도록 하는 등 성과책임을 엄격히 묻고 있음

14　조세의 성격　정답 ④

차입(국공채발행)에 비해 경기회복 효과 기대가 곤란하다.

① 벌금이나 과태료에 비교한 조세의 특성으로 옳은 지문이다.

② 국공채가 미래세대에게 부담이 전가되는 반면, 조세는 재정부담이 미래세대에 전가되지 않는다.

③ 수수료나 수익자부담금에 비교한 조세의 특성으로 옳은 지문이다.

> 📄 **조세와 공채**
>
> | 구분 | 조세 | 공채 |
> |---|---|---|
> | 부담 | 현세대
[재정부담이 미래세대로 전가(분담)되지 않음] | 세대 간 분담
[이용자·세대 간에 비용부담 전가(분담)] |
> | 관리 | 간편, 비용 절감 | 복잡(이자상환 등) |
> | 효과 | 경기회복 효과 작음 | 경기회복 효과 큼 |
> | 저항 | 큼 | 작음 |
> | 낭비 | ○(무임승차) | ×(수익자부담) |

15　공직윤리 확보를 위한 제도　정답 ②

공직자 윤리 판단기준은 행위의 결과나 성과에 따라 판단하는 목적론(상대론)적 접근방법과 그 행위의 이유와 의도에 따라 판단하는 의무론(절대론)적 접근방법으로 구분된다.

① 국민권익위원회는 직접적으로 취소나 무효화시킬 수는 없고 간접적으로 권고나 요구가 가능하다.

③ 공직자의 통제 방식은 입법적·사법적 통제에 초점을 둔 외부통제와 직업가치 및 윤리 기준에 의한 내부통제로 구분된다.

④ 국민권익위원회는 접수된 부패행위 신고사항을 그 접수일부터 60일 이내에 처리하여야 한다. 단, 신고내용의 특정에 필요한 사항을 확인하기 위한 보완 등이 필요하다고 인정되는 경우에는 그 기간을 30일 이내에서 연장할 수 있다.

> 📄 **국민권익위원회의 주요 기능**
>
> • 국민의 권리보호·권익구제 및 부패방지를 위한 정책을 수립 및 시행
> • 고충민원의 조사와 처리 및 이와 관련된 시정권고 또는 의견표명
> • 고충민원을 유발하는 관련 행정제도 및 그 제도의 운영에 개선이 필요하다고 판단되는 경우 이에 대한 권고 또는 의견표명
> • 위원회가 처리한 고충민원의 결과 및 행정제도의 개선에 관한 실태조사와 평가
> • 공공기관의 부패방지를 위한 시책 및 제도개선 사항의 수립·권고와 이를 위한 공공기관에 대한 실태조사를 진행
> • 공공기관의 부패방지시책 추진상황에 대한 실태조사 및 평가

16 4차 산업혁명 정답 ②

4차 산업혁명에서는 대량생산 및 규모의 경제보다는 다품종·소량생산이나 속도의 경제를 중시한다.

(선지분석)

① 초연결성·초지능성을 토대로 미래를 정확히 예측하는 것을 초예측성이라 한다.
③ 물리적·가상적·생물학적 영역의 융합을 통하여 사이버물리시스템(Cyber-Physical System)을 구축하는 것이다
④ 빅데이터를 활용한 맞춤형 공공서비스 제공이 가능하다.

📄 **4차 산업혁명**

의의	• 3차 산업혁명(지식·정보혁명)을 기반으로 물리적·가상적·생물학적 영역의 융합을 통해 사이버물리시스템(Cyber-Physical System)을 구축하는 것 • 2016년 1월 다보스포럼에서 클라우스 슈밥(K. Schwab)에 의하여 처음 사용
특징	• 초연결성: 사람-사람, 사물-사물, 사람-사물 등 인간생활의 모든 영역을 연결(사물인터넷: IoT) • 초지능성: 방대한 빅데이터 분석으로 인간생활의 패턴 파악 • 초예측성: 초연결성·초지능성을 토대로 미래를 정확히 예측
3차 산업혁명과의 차이	3차 산업혁명의 연장선상에 있지만, 기술발전의 속도와 범위, 시스템적 충격이라는 측면에서 3차 산업혁명과는 비교할 수 없는 전반적인 문화혁명

17 발생주의 회계제도 정답 ②

발생주의 회계제도에 대한 설명으로 옳은 것은 ㄱ, ㄹ이다.
ㄱ. 발생주의는 현금주의와는 달리 자산의 감가상각을 반영할 수 있다.
ㄹ. 발생주의 회계제도는 차변과 대변으로 나누어 기록하는 이중적 회계작성으로 비용과 수익·부채규모 등 경영성과 파악이 용이하고, 회계상 오류방지가 용이하다.

(선지분석)

ㄴ. 발생주의는 비용과 편익·부채규모 등 경영성과 파악이 용이하고, 부채규모 파악으로 재정건전성 확보가 가능하다.
ㄷ. 발생주의는 복식부기 기장방식을 채택하는 것이 일반적이다.

18 지방재정조정제도 정답 ①

특별교부세는 특정한 사유 발생 시 행정안전부장관이 일정한 기준에 의하여 교부한다.

(선지분석)

② 지방교부세 중 가장 최근에 신설된 교부세는 소방안전교부세이다.
③ 소방안전교부세는 담배에 부과되는 개별소비세의 100분의 45를 재원으로 한다. 담배소비세가 아니라 담배에 부과되는 개별소비세의 100분의 45이다.
④ 국고보조금은 구체적인 보조 목적 사업에만 사용되는 특정재원이다.

19 지방자치단체 간 분쟁조정 정답 ②

지방자치단체 간 분쟁조정에 대한 설명으로 옳은 것은 ㄱ, ㄹ이다.
ㄱ. 중앙분쟁조정위원회는 시·도를 달리하는 시·군 및 자치구 간 또는 그 장 간의 분쟁을 심의·의결한다(「지방자치법」 제166조 제2항 제2호).
ㄹ. 지방자치단체 간 분쟁조정의 수단으로 헌법재판소의 권한쟁의심판이 있다.

(선지분석)

ㄴ. 분쟁조정위원회는 위원장을 포함한 위원 7명 이상의 출석으로 개의하고, 출석위원 3분의 2 이상의 찬성으로 의결한다.
ㄷ. 중앙정부와 지방정부 간 갈등을 해결하기 위하여 설치된 국무총리실의 행정협의조정위원회의 결정은 관계 중앙행정기관의 장과 지방자치단체의 장이 그 협의·조정 결정사항을 이행하여야 하나 강제력을 지니지 않는다. 왜냐하면 직무이행명령권이나 대집행권이 없어 실질적인 구속력은 없다고 평가되기 때문이다.

20 특별지방자치단체 정답 ④

특별지방자치단체가 그 설치목적 달성 등 해산의 사유가 있을 때에는 해당 지방의회의 의결을 거쳐 행정안전부장관의 승인을 받아 특별지방자치단체를 해산하여야 한다.

(선지분석)

① 특별지방자치단체도 법인으로 설립한다.
② 특별지방자치단체의 장은 규약으로 정하는 바에 따라 특별지방자치단체의 의회에서 선출하며, 구성 지방자치단체의 장은 특별지방자치단체의 장을 겸할 수 있다.
③ 특별지방자치단체의 운영 및 사무처리에 필요한 경비는 규약으로 정하는 바에 따라 구성 지방자치단체가 분담하며, 구성 지방자치단체는 분담경비에 대하여 특별회계를 설치하여 운영하여야 한다.

21 행정PR 정답 ③

행정PR 또는 공공관계는 행정기관이 행정의 내용이나 방향을 국민에게 알리는 공보기능뿐만 아니라 국민의 요구를 듣는 공청기능까지도 포함된다. 따라서 일방적으로 국민에게 정부의 주장이나 견해를 알리는 선전이나 광고활동과 다르다. 이러한 행정PR은 상호교류적이며, 왜곡된 정보의 전달이 아닌 사실을 그대로 알리는 것이다.

(선지분석)

① 국민들에게 정보를 제공함으로써 국민의 알 권리를 보장한다.
② 행정PR에 있어서 국민은 알 권리가 있으며 정부는 알려 주어야 할 의무가 있다.
④ 정부는 사실이나 정보를 진실하게 객관적으로 알려 국민이 이를 정확하고 올바르게 판단하도록 해야 한다.

22　막스 베버(Max Weber)의 관료제　정답 ④

막스 베버(Max Weber)의 관료제는 실적이나 능력보다는 연공서열에 따라 보수를 결정하는 직업관료제를 특징으로 한다.

(선지분석)

① 막스 베버(Max Weber)는 권한(권위)의 유형을 전통적 권위, 카리스마적 권위, 합법적·합리적 권위로 나누고 이에 따라 조직도 가산관료제, 카리스마적 관료제, 합법적 관료제로 구분하였다.
② 막스 베버(Max Weber)의 이상적 관료제는 정치적 전문성이 아니라 기술적·행정적 전문성에 의한 충원을 강조한다.
③ 신행정학에서는 변화에 대한 동태적 적응성과 조직의 쇄신을 도모하기 위해 탈관료제 조직이 대두되게 된다.

23　점증주의예산이론　정답 ③

점증주의는 예산을 타협과 협상 등 정치적 과정으로 본다. 예산을 분석과 계산 등 경제적 과정으로 보는 입장은 합리주의예산이다.

(선지분석)

① 점증주의는 인간 능력의 부족을 전제로 한다.
② 점증주의는 예산이 큰 폭의 변화 없이 전년도를 기준으로 소폭으로 가감된다고 본다.
④ 점증주의는 안정되고 다원화된 선진국 사회의 예산 현실을 설명할 수 있는 모형이다.

24　우리나라의 행정정보공개제도　정답 ④

국회, 법원, 헌법재판소, 중앙선거관리위원회 등 헌법상 독립기관도 행정부와 마찬가지로 정보공개 대상 기관에 모두 포함된다.

(선지분석)

① 「공공기관의 정보공개에 관한 법률」 제정에 앞서 청주시 등은 1992년 「행정정보공개조례」를 제정·운영하였다.
② 우리나라 「공공기관의 정보공개에 관한 법률」 제1조에 규정된 내용으로, 옳은 지문이다.
③ 「공공기관의 정보공개에 관한 법률」의 내용으로 옳은 지문이다.

25　지방자치단체의 사무　정답 ④

「지방자치법」 제15조상 국가사무에 해당한다.

> 제15조【국가사무의 처리 제한】 지방자치단체는 다음 각 호의 국가사무를 처리할 수 없다. 다만, 법률에 이와 다른 규정이 있는 경우에는 국가사무를 처리할 수 있다.
> 1. 외교, 국방, 사법(司法), 국세 등 국가의 존립에 필요한 사무
> 2. 물가정책, 금융정책, 수출입정책 등 전국적으로 통일적 처리를 할 필요가 있는 사무
> 3. 농산물·임산물·축산물·수산물 및 양곡의 수급조절과 수출입 등 전국적 규모의 사무
> 4. 국가종합경제개발계획, 국가하천, 국유림, 국토종합개발계획, 지정항만, 고속국도·일반국도, 국립공원 등 전국적 규모나 이와 비슷한 규모의 사무
> 5. 근로기준, 측량단위 등 전국적으로 기준을 통일하고 조정하여야 할 필요가 있는 사무
> 6. 우편, 철도 등 전국적 규모나 이와 비슷한 규모의 사무
> 7. 고도의 기술이 필요한 검사·시험·연구, 항공관리, 기상행정, 원자력개발 등 지방자치단체의 기술과 재정능력으로 감당하기 어려운 사무

(선지분석)

①, ②, ③ 「지방자치법」 제13조 제2항에 따른 지방자치단체의 사무에 해당한다.

> 제13조【지방자치단체의 사무 범위】 ① 지방자치단체는 관할 구역의 자치사무와 법령에 따라 지방자치단체에 속하는 사무를 처리한다.
> ② 제1항에 따른 지방자치단체의 사무를 예시하면 다음 각 호와 같다. 다만, 법률에 이와 다른 규정이 있으면 그러하지 아니하다.
> 1. 지방자치단체의 구역, 조직, 행정관리 등
> 2. 주민의 복지증진
> 3. 농림·수산·상공업 등 산업 진흥
> 4. 지역개발과 자연환경보전 및 생활환경시설의 설치·관리
> 5. 교육·체육·문화·예술의 진
> 6. 지역민방위 및 지방소방
> 7. 국제교류 및 협력

해커스군무원 army.Hackers.com

군무원 학원 · 군무원 인강 · 군무원 행정학 무료 특강 · OMR 답안지 · 합격예측 온라인 모의고사

해커스공무원 gosi.Hackers.com

해커스 회독증강 콘텐츠 · 모바일 자동 채점 및 성적 분석 서비스

공무원 교육 1위* 해커스공무원
모바일 자동 채점 + 성적 분석 서비스